# ANNALES DE GÉOLOGIE

## ET DE PALÉONTOLOGIE



PUBLIÉES SOUS LA DIRECTION

DU

MARQUIS ANTOINE DE GREGORIO

21 Livraison

(Juin-Nov.bre)

CHARLES CLAUSEN
TURIN — PALERME

1896.

ANNALES DE GÉOLOGIE ET DE PALÉONTOLOGIE
PUBLIÉES À PALERME SOUS LA DIRECTION
DU MARQUIS ANTOINE DE GREGORIO
21 Livraison. — Juin 1896.



# DESCRIPTION DES FAUNES TERTIAIRES DE LA VÉNÉTIE

# MONOGRAPHIE DE LA FAUNE ÉOCÉNIQUE

DE

# RONCÀ

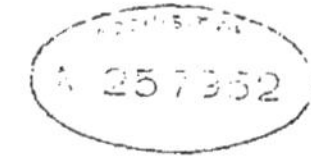

AVEC UNE APPENDICE

## sur les fossiles de Monte Pulli

PAR LE

MARQ. ANTOINE DE GREGORIO

CHARLES CLAUSEN
TURIN — PALERME

1896.

Comme cet ouvrage a été ecrit par moi depuis plusieurs années et en langue italienne, je préfère le publier comme il a été conçu, en y faisant pourtant les modifications et les rectifications necessaires à cause des ouvrages publiés par les différents auteurs qui ont gagné le droit de priorité.

**A.° d. G.°**

Scuola Tipografica Boccone del Povero

# MONOGRAFIA DELLA FAUNA EOCENICA

DI

# RONCÀ

CON UN'APPENDICE

## sui fossili di Monte Pulli



(Orizzonte a Strombus Fortisi Brongt. Cerithium corvinum Brongt. Velates Schmideliana Montf. Fusus longaevus Lamk.)

PEL

MARCH. ANTONIO DE GREGORIO

PALERMO

1896.

# PREFAZIONE

Pochi sono i cultori di paleontologia, cui non sia noto il nome di Roncà. Di coloro poi che s' interessano alle faune del terziario inferiore credo che non vi abbia per avventura alcuno, cui tal nome non sia familiare.— Il nome di Roncà corre in tutti i trattati di paleontologia, è citato qua e là come punto di confronto in quasi tutti i libri, che trattano di faune eoceneniche. Ciò non è a meravigliare, infatti dee tenersi conto di due circostanze speciali: 1° tale giacimento fossilifero fu noto fino agli antichi cultori di scienza, tanto che parecchi fossili si vedono figurati senza nome in vari libri anteriori a Linneo; 2° le specie che tale giacimento contiene sono relativamente ben conservate, si trovano in abbondanza e contengono delle forme molto caratteristiche e singolari e talune di esse raggiungono delle dimensioni veramente considerevoli. Si aggiunga a ciò, che fossili di Roncà si trovano ormai in quasi tutti i musei paleontologici di Europa.

Studiando le faune terziarie del vicentino, fin da molti anni addietro mi venne idea di passare in rivista la fauna di Roncà, la quale mi avrebbe potuto servire come uno dei punti solidi per la sincronizzazione o per meglio dire per la ricostruzione cronologica sistematica delle altre. Un'altra ragione mi spingeva a tale studio ed è la seguente: che sebbene tale fauna fosse abbastanza nota, non esisteva però alcun lavoro monografico speciale. Infatti, come vedremo di seguito, gli autori non citano che di sghembo la fauna di Roncà. Talune specie sono descritte in un libro, altre in un altro; talune specie sono appena menzionate; molte altre non sono nè mentovate nè descritte.

Un lavoro, nel quale fosse descritta tutta intera la fauna di codesta località, credevo non dovesse riuscire superfluo, ma anzi di vantaggio al progresso della scienza e che sarebbe stato senza fallo ben accolto. Fu per tale intendimento che io mi decisi a far di tutto per procurarmi una collezione delle più ricche e migliori. Per raggiungere tale intento avrei potuto ricorrere ai vari amici e a ricercare le collezioni dei vari musei italiani. Però una riflessione mi distolse da tale pensiero ed è questa: che così facendo avrei lavorato su un campo sfruttato e non avrei fatto un'opera originale; si aggiunga che l'essere i vari cataloghi di fossili, pubblicati dai vari autori, differenti fra loro, mi dava argomento a supporre che non si conoscesse interamente la fauna suddetta, o per dire più esattamente, non fossero ritrovate tutte quante le specie intercluse nel detto deposito. Del resto, non avrei potuto farmi una giusta idea della relativa importanza delle singole specie e della loro relativa diffusione.

Fu per tali considerazioni, che mi decisi a ordinare una grande raccolta di fossili della stessa località, che mi avrebbe porto occasione di studiare tutte le specie finora note, nella loro rispettiva importanza e nelle loro molteplici forme; e mi avrebbe porto occasione altresì per la probabile scoverta di nuove forme.

Io stimo che la diversità delle specie mentovate dai vari autori dipenda dall'esserci in Roncà vari siti fossiliferi, fra loro quasi coevi e che tale diversità (del resto lieve, essendo le più caratteristiche comuni) dipenda più che dalla età loro, dalla varia deposizione; alla stessa guisa che nei nostri stessi mari anche in una medesima spiaggia varie specie si trovano nei vari siti di essa. Infatti Fortis fa mensione di Val di Mulino, val del Buso, val del Rosso e del Corso, che non sono altro che successive denominazioni dello stesso torrente a cui confluiscono la val Cunella (che è la più sovente menzionata dagli antichi autori) la valle dello Spuntone, la val del Gavinello etc. La maggior parte dei fossili si trovano nell'alveo del torrente maggiore.— Però, potendo anche sospettarsi che qualche lieve differenza sincronologica esista, io ho creduto disporre che tutto il materiale fossilifero, che avrebbe dovuto essere soggetto del mio studio, fosse estratto esclusivamente da unico sito, in modo da essere assolutamente e rigorosamente sicuro della sincronizzazione delle varie specie. A ciò mi indusse anche un'altra considerazione: sovente quando si fanno delle collezioni in una contrada, tanto a chi raccoglie i fossili, tanto a chi li studia, accade di essere indotti a trascurare le specie dubbie o i frammenti, infine le specie " critiche „ e non belle. Ed è questo un male; perocchè, se è spesso arrischiato e deplorevole il voler fare delle congetture su dei frammenti o cattive specie di una località dubbia, è invece molto utile non trascurare anche i frammenti e le specie dubbie di una località, di cui la fauna è nota e caratteristica e ci porge chiari elementi specifici di sincronizzazione. Infatti dalla conoscenza di specie rare e talora anche dubbie e dall'investigazione delle ultime ramificazioni delle specie di una data località, spesso utili e istruttive conclusioni se ne ritraggono, e ciò non solo pel completamento della conoscenza della fauna in questione, ma bensì per i rapporti che essa per avventura con altre in apparenza dissimili presenta.

Adunque, per tali considerazioni, io disposi che per mio conto fossero eseguiti, senza limite alcuno di spesa, dei vasti scavi e mine in un'unica località in Val Nera. Tale lavoro mi è costato non meno di seicento lire e mi ha fornito molto materiale, di cui una parte grezzo. Esaminandolo però attentamente io fui da un lato molto contento e dall'altro deluso: Fui contento perchè in esso ho trovato varie specie nuove affatto e rare e di molta importanza e molte varietà di specie note ma rimarchevoli; fui deluso perchè io mi aspettavo di trovare ben rappresentate tutte o quasi tutte le specie menzionate dei Depositi di Roncà, laddove talune mi mancano affatto, tal altre sono mal rappresentate.

Devo aggiungere che esaminando i miei fossili ho trovato che taluni provengono dalle brecciole, la maggior parte provengono dal calcare, segno che la mia ingiunzione di estrarre tutta intera la collezione da unico strato non fu eseguita rigorosamente.

Fu così che io dovetti smettere dalla mia idea di pubblicare in questa monografia tutte le figure dei fossili di Roncà, e mi convinsi che miglior partito era quello di pubblicare un catalogo sistematico di tutte le specie citate dai vari autori come provenienti di Roncà e la descrizione di tutte le specie, del resto abbastanza numerose, del deposito di Val Nera da me studiato.

Ciò premesso, parmi non del tutto fuor di luogo nè superfluo passare in rivista i vari libri, in cui sono mentovati o descritti fossili di Roncà; giacchè sono essi molteplici, stampati in tempi diversi e in paesi diversi e non tutti noti. Io credo che un lavoro simile possa essere di qualche utilità e possa fare risparmiare molto tempo a chi voglia interessarsi di tale fauna; perocchè se non sono pochi gli autori citati, sono però moltissimi quelli consultati. Infatti in questi ultimi tempi i terreni vicentini sono stati esplorati e studiati da molti scienziati.

Forse potrà essermi accaduta qualche omissione, ma nell'insieme credo sia un catalogo abbastanza esatto. Con mio rincrescimento non ho potuto avere il lavoro del sig. Munier Chalmas (Etude du Tithonique Crétacé et du tertiaire du Vicentin Thèse présentée à la faculté des sciences de Paris pour le grade de doct. ès. sc. n. 1891), perocchè dopo aver fatto lunghissime e infruttuose ricerche di detto opuscolo presso tutte le principali librerie del mondo, anche con promessa di lauta ricompensa, ho dovuto rinunziarvi e ho dovuto contentarmi dei rari resoconti del detto lavoro, che con grande stento ho potuto procurarmi.

Nella bibliografia delle varie specie non ho citato che gli autori che hanno menzionato la località di Roncà, perocchè, se no, avrei dovuto per certe specie dilungarmi di troppo e senza alcun risultato pratico.

La località fossilifera di Roncà (come ho già detto) era nota sin da tempi remoti. Gli antichi autori riportano qua e là qualche figura di petrefatti di Roncà però senza specificarli. Per citarne qualcuno ricorderò i seguenti:

| | | |
|---|---|---|
| 1755-1773. | Knorr | Samm. Werk. Nat. alt. Erdb. T. 2, T. 80, tav. B 2, f. 1 (Valle Cunella di Roncà) tav. 24, f. 1-2. |
| | „ | (idem) tav. C 1 (Valle detta Busati). |
| 1742. | Gualtieri | Index test. T. 90, f. D (concha longa recta striata) della Valle detta Busati, nel veronese tav. 66, f. N 8 (Valle Busati sito vulcanico di Roncà). |
| | „ | tav. 85, f. E (concha inaequilatera, striis minimis et aliquibus lineis fasciata, della valle Cunella di Roncà. |
| 1778. | Martini | Bande der Abhand. der Berlin. Gesel. (tab. 7, f. 15-16) sito vulcanico di valle Cunella in Roncà. |
| 1769. | „ | Conchylier. T. 3, tav. 84, f. 841 (in valle di Roncà). |
| | „ | „ tav. 850, f. 847, — tav. 96, f. 924 (idem). |
| 1685-92. | Lister | Historia Conch. tav. 873, f. 29 (in valle Cunella in Roncà) tav. 809, f. 18, tav. 812, f. 21 (idem). |
| 1770. | Klein | Petref. Gedanen. tav. 6, f. 16 (valle Cunella in Roncà). |
| 1742. | D'Argenville | Hist. nat. éclair. Conch. tav. 11, f. A. tav. 30-35, sei specie (sito vulcanico di Roncà). |

Delle specie di Roncà quelle nominate da Defrance sono tre. Io non so però in qual lavoro sono state pubblicate dall'autore; neppure sono nominate nell'Enc. méth. Io credo che forse Brongnart le avrà visto nelle collezioni con queti nomi e così li ha adottate nel suo lavoro. Infatti egli, nella sua memoria, non cita punto il testo del Defrance

Ampullaria perusta Defr.
Cerithium combustum Defr.
„ baccatum Defr.

Hacquet (Nachricht Verstein. Schalth. Roncà in Veron. Gebiete 1780) dà la descrizione di 15 specie pag. 50-52 e le rispettive figure. La descrizione non vale punto, ma le figure sono riconoscibili. Egli non dà però alcun nome specifico come gli autori antichi.

Fortis (1778. Della Valle vulcanico-marina di Roncà) descrive ampiamente la valle di Roncà dando anche una bella grande tavola (tav. 1, p. 15) in cui sono riprodotti i fossili più caratteristici, e varie tavole panoramiche ben fatte.

Lo stesso autore (1002 Mém. Hist. Nat. Italic. t. 1, p. 250, tav. 8), dà la veduta panoramica e stratigrafica della Val Nera di Roncà. A pag. 70 parla dei basalti colonnari di detta località e a pag. 241 descrive il torrente, che ne determinò l'escavazione.

Fortis dice che fu lui che invitò i vari naturalisti a visitare la valle di Roncà e ciò nel 1767. Posteriormente molti scienziati parlarono di Roncà nelle loro opere (Ferber Lettere minerologiche sull'Italia, Desmarest Sopra il basalto di Auvergne, Raspe sul trattato dei vulcani, Born nel Litofilanio.

Schlotheim (1820 Petref.) cita le seguenti specie:

Helicites Roncanus Schlotheim (Petref. p. 106, n. 19) secondo Brongnart corrisponde all'Ampullaria depressa Lamk. cioè alla Natica depressa.
Muricites costatus Schloth. p. 146 (affine al Turbo torulosus Brocc.
„ trapeziiformis Schloth. (Schröter Journ. B. VI, p. 269, t. 1, f. 3).
„ aculeatus Schloth. (valle Cunella).
„ vulcanicus Schloth 148 (idem).
„ pentagonatus Schloth. 148.
„ turritellatus Schloth. 149 (affine al moluccanum e al radulaeformis) 149.
„ melaniaeformis Schloth. (affine alla Melania lactea Lamk.).
„ auriculatum Schloth. (l'autore non cita la località di Roncà ma " dintorni di Verona ". Però Brongnart cita la località di Roncà).

Brongnart (nel suo lavoro 1813 Mém. terr. éd. sup. calc. trapp. Vicentino) descrive le seguenti specie di Roncà:

Nummulites nummiformis Defr. p. 51.
Bulla Fortisii Brongt. p. 52, tav. 2, f. 1.
Helix damnata Brongt p. 52, tav. 2, f. 2.
Monodonta Cerberi Brongt. p. 53, tav. 2, f. 5.
Turritella incisa Brongt. p. 54, tav. 2, f. 4.
„ imbricataria Lamk. p. 54.
„ asperula Brongt. p. 54, tav. 2, f. 9.
„ Archimedis Brongt. p. 55, tav. 2, f. 8.
Solarium umbrosum Brongt. p. 57, tav. 2, f. 12.
Ampullaria Vulcani Brongt. p. 57, tav. 2, f. 16.
„ perusta Defr. p. 57, tav. 2, f. 17.
„ depressa Lamk. p. 58.
Melania Stygii Brongt. p. 59.
„ costellata Lamk.
„ Var. Roncana Brongt. p. 59, tav. 2, f. 18.

Nerita conoidea Lamk. p. 60, tav. 2, f. 22.
" Acherontis Brongt. p. 60, tav. 2, f. 15.
Natica epiglottina Lamk. p. 61.
Conus deperditus Brongt. p. 61, tav. 3, f. 1.
" alsiosus Brongt. p. 61.
Cypræa inflata? Lamk. p. 62.
" amygdalum? Brocc. p. 62.
" annulus Brocc. p. 62.
Terebellum obvolutum Brongt. p. 62, tav. 2, f. 5.
Voluta affinis Brocc. p. 63, tav. 3, f. 5.
" subspinosa Brongt. p. 64, tav. 3, f. 5.
Marginella eburnea Lamk. p. 69.
" phaseolus Brongt. p. 69, tav. 2, f. 21.
Nassa Caronis Brongt. p. 69, tav. 3, f. 10.
Cassis striata Sow. p. 66, tav. 3, f. 9.
" Thesei Brongt. p. 66, tav. 3, f. 7.
" Aeneae Brongt. p. 66, tav. 3, f. 8.
Terebra Vulcani Brongt. p. 67, tav. 3, f. 11.
Cerithium sulcatum Brug.
" var. Roncanum Brongt. p. 67, tav. 3, f. 23.
" multisulcatum Brongt. p. 68, tav. 3, f. 14.
" undosum Brongt. p. 68, tav. 3, f. 12.
" combustum Defr. p. 69, tav. 3, f. 17.
" calcaratum Brongt. p. 69, tav. 3, f. 15.
" bicalcaratum Brongt. p. 69, tav. 3, f. 16.
" Castellini Brongt. p. 70, tav. 3, f. 20.
" Maraschini Brongt. p. 70, tav. 3, f. 19.
" corrugatum Brongt. p. 70, tav. 3, f. 25.
" baccatum Brongt. p. 70, tav. 3, f. 22.
" lemniscatum Brongt. p. 71, tav. 3, f. 24.
Fusus intortus Lamk. p. 72, tav. 4, f. 4.
" Noe Lamk. p. 72, tav. 4, f. 2?
Fusus subcarinatus Lamk.
var. roncanus Brongt. p. 73, tav. 4, f. 1.
" polygonatus p. 73, tav. 4, f. 4.
" polygonus Lamk. p. 73, tav. 4, f. 3 b.
Strombus Fortis Brongt. p. 73, tav. 4, f. 7.
Rostellaria corvina Brongt. p. 74, tav. 4, f. 8.
" pescarbonis Brongt. p. 75, p. 4, f. 2.
Pecten lepidolaris Lamk.? p. 76.
Lucina scopulorum Brongt. p. 79.
" gibbosula Lamk. p. 79.
Venus Proserpina Brongt. p. 81, tav. 5, f. 7.
" ? Maura Brongt. p. 81, tav. 5, f. 11.
Mactra erebea Brongt. p. 81, tav. 5, f. 8.
" ? sirena Brongt. p. 81, tav. 5, 10.
Cassidulus testudinarius Brongt. p. 83, tav. 5, f. 15.
Astraea funesta p. 84, tav. 5, f. 16.

Maraschini (1874 Saggio geologico sulle formazioni delle rocce) dice a p. 183 che le specie comuni tra Roncà e a S. Giovanni Ilarione sono tre:

Natica cepacea Lamk.
Murex tricarinatus Lamk.
„ angulosus Brocc.

Bronn (1831 It tert.) cita le seguenti specie di Roncà:

Pyrula laevigata Lamk. p. 49.
Oliva Brongnarti Bronn p. 14.
Terebellum obvolutum Brongt. p. 15.
Cypræa antiqua Lamk. p. 15.
„ inflata Lamk. (Cypræantes inflatus Schloth) p. 15.
„ ruderalis Lamk. p. 16.
„ annulus Lamk. p. 16.
„ amygdalum Brongt. p. 16.
Marginella phaseolus Brongt. p. 18.
Voluta crenulata (Lamk.) Brug. p. 18.
„ subspinosa Brug. 19.
Cassis Rondeleti Ba p. 28.
Morio striatus Bronn p. 19.
„ Thesei Brongt. p. 29.
„ Aeneae Brongt. p. 29.
„ flexuosus Bronn 29.
Hippocrenes Fortisii Brongt. sp. p. 30.
Murex tricarinatus (Lamk.) Brug. p. 34.
Pyrula cingulifera Bronn (an Triton cynocephalum Lamk. var. ?) p. 38.
„ laevigata Lamk. p. 39.
Fusus subcarinatus Lamk. var. roncana Brongt. p. 41.
„ polygonatus Brongt. (=Muricites trapeziiformis Schloth) p. 42.
„ polygonus Lamk. p. 42.
„ Noae Lamk. p. 42.
„ intortus Lamk. p. 42.
Cerithium multisulcatum Brongt (Muricites turritellatus Schloth) p. 50.
„ undosum Brongt. p. 50.
„ auriculatum Schloth sp. (=Muricites auriculatus Schloth = combustum Defr. in Brongt.) p. 50.
„ calcaratum Brongt. p. 50.
„ bicalcaratum Brongt. ? (= Muricites aculeatus Schloth) p. 50.
„ vulcanicum Schloth sp. (= Muricites vulcanicus Schloth. = C. Castellini Brongt.) p. 50.
„ pentagonum Schloth (Buccinum pentagonum Fort. Muricites pentagonatus Schloth, C. Maraschini Brongt.) p. 50.
„ corrugatum Brongt. p. 50.
„ baccatum Defr. p. 50.
„ lemniscatum Brongt. ( = ? Muricites radulaeformis Schloth) p. 50.
„ corvinum Brongt. p. 51.
Turritella Archimedis Brongt. p. 55.
Trochus Cerberi Brongt. (Monodonta cerberi Brongt. Trochus depressus Bast.) p. 60.
Solarium umbrosum Brongt. p. 63.
Natica Vulcani Brongt. p. 72.
„ perusta Brongt. p. 72.
„ depressa Sol. (= Helicites roncanus Schloth) p. 72.

Natica spirata Lamk. p. 73.
Neritina perversa Gmelin (Nerita conoidea Lamk. Velates conoideus Montf.) p. 74.
Melania costellata Lamk. (= M. roncana D'Orb.) p. 76.
Helix damnata Brongt. p. 79.
Pholadomya sp. p. 88.
Mactra? erebea Brongt. p. 89.
Cyrena Brongnarti Bast. (Mactra sirena Brongt.) p. 96.
Venus? Proserpina Brongt. p. 100.
" maura Brongt. p. 100.
Venericardia Laurae Brongt. 101.
Cardium crenatocostatum Bronn 102.
Cypricardia Cyclopea Brongt. p. 105.
Pectunculus auriculatus Bronn p. 108.
Nucula pectinata Sow. p. 109 (con la descrizione).
Mytilus corrugata Brongt. p. 114.
Pecten lepidolaris Lamk. p. 118.
Nucleolites ovulum Lamk. p. 132.
Cassidulus testudinarius Brongt. p. 132.
Clypeaster fasciatus Cab. p. 132.

Edwards Haime (1848-49 Ann. sc. nat.) citano le due specie seguenti:
Flabellum appendiculatum (Turbinolia appendiculata Brongt.) p. 269.
Siderastrea funesta (Astrea funesta Brongt.) p. 143.

D'Orbigny riferisce gli strati di Roncà al Suessoniano superiore, cioè al disotto del parisiano (1850 Prodr. vol. 2). Egli cita le specie seguenti con la provenienza di Roncà. È a tener conto che egli non riportò semplicemente i nomi come fece Bronn (nell' Ind. Pal. 1848), ma citò la località di Roncà e descrisse varie specie. Ciò prova che egli non fece un semplice lavoro riassuntivo di libri altrui, ma un lavoro originale su delle collezioni.
Helix damnata Brongt. p. 309.
Turritella carinifera Brongt. p. 310.
" edita Sow. in Desh. p. 310.
" incisa Brongt. p. 310.
Turritella Archimedis Brongt. p. 310.
Chemnitzia lactea Lamk. (M. Stygii Brongt.) p. 310.
" costellata Lamk. p. 311.
Natica Vulcani Brongt. p. 311.
" perusta Brongt p. 311.
" Suessoniensis Desh. p. 312 (= spirata)
Nerita Schemidelliana Chemn. p. 312.
" Caronis Brongt. p. 312.
" Acherontis Brongt. p. 313.
Trochus Cerberi Brongt. p. 312.
" Lucasianus Brongt. p. 312.
Solarium umbrosum Brongt. p. 313.
Turbo scobina Brongt. p. 313.
Marginella phaseolus Brongt. p. 314.
Terebellum obvolutum Brongt p. 314.
Conus Brongnarti D'Orb. (= deperditus Brongt. p. 314).
" alsiosus Brongt. p. 314.

Voluta ambigua Lamk. p. 314.
Chenopus pescarbonis Brongt. sp. (Rostellaria) p. 315.
Strombus Fortis Brongt. p. 415.
Fusus polygonatus Brongt. p. 317.
" Noe Lamk. p. 317.
" roncanus D'Orb. (= subcarinatus Brongt.) p. 317.
" Brongnartianus D'Orb. (polygonus Brongt. tav. 4, f. 3 *b* tantum).
Cerithium Dufresnii Desh. p. 318.
" baccatum Brongt. p. 319.
" calcaratum Brongt. p. 319.
" bicalcaratum Brongt. p. 319.
" vulcanicum Schloth (Castellini Brongt. Geslini Desh. polygonus Leym.) p. 319.
" Maraschini Brongt. p. 319.
" corrugatum Brongt. p. 319.
" corvinum Brongt. p. 319.
" roncanum D'Orb. p. 319.
" multisulcatum Brongt. p. 319.
" undosum Brongt. p. 319.
" lemniscatum Brongt. p. 319.
" Vulcani D'Orb. (terebra Brongt.) p. 319.
Nassa Caronis Brongt. p. 320.
Cassis Thesei Brongt p. 320.
" Aeneae Brongt. p. 320.
Morio substriatus D'Orb. (Cassis striata Brongt. p. 320.)
Scaphander Fortisi Brongt. p: 321.
Solecurtus pudicus D'Orb. sp. (Psammobia pudica Brongt.) p. 321.
" cylopeus D'Orb. sp. (venericardia cyclopea Brongt.) p. 321.
" elongatus D'Orb. p.
Venus Maura Brongt. p. 322.
Cyclas erebea D'Orb. Mactra Brongt. p. 323.
" Sirena (Mactra Sirena Brongt.) p. 323.
" Proserpina (venus proserpina Brongt. p. 323.
Sphenia romboidea D'Arch. (1846 D'Archiac p. 208, tav. 7, f. 9, Mem. soc. géol.).
" Michelotti D'Orb. (1847. Così D'Orbigny definisce questa specie: Espèce voisine du C. tumida mais infiniment plus longue, plus anguleuse et plus comprimée).
" ponderosa Nyst (1843 tumida Desh.).
Lucina scopulorum Brongt. p. 324.
Mytilus corrugatus Brongt. p. 326.
Flabellum appendiculatum Brongt. 332.
Siderastrea funesta Brongt. sp. p. 324.

Catullo (1857 Terr. Sed. sup. Venez.) cita le seguenti specie di Roncà:
Orbitulites angulata Cat. p. 27.
" nummuliformis Cat. p. 27.
Cyclolites elliptica Lamk. p. 30
Lithodendron sarcucinuliformis Cat. 39.

Il sig. Zittel (1862 Die Obere Nummulit. in Ungarn) descrive una fauna che ha una veramente spiccata affinità con quella di Roncà. In talune specie dà anche la provenienza di Roncà. Io non so se egli fa ciò con l'autorità di altri o piuttosto esaminando le collezioni di Roncà conservate nel Museo di Monaco. Egli cita la provenienza di Roncà per le specie seguenti:

Marginella eburnea Lamk. p. 367.
Voluta subspinosa Brongt. p. 368.
Fusus Noae Lamk. p. 369.
" rugosus Lamk. p. 369.
" polygonus Lamk. p. 369.
" subcarinatus Lamk. p. 370.
Cerithium lemniscatum Brongt. p. 372.
" calcaratum Brongt. p. 374.
" bicalcaratum Brongt. 374.
" corvinum Brongt. 375.
" auriculatum Schloth p. 376.
Bulla Fortisii Brongt. p. 379.
Ampullaria perusta Brongt. p. 380.
Melania (Chemnitzia) Stygii Brongt. p. 382.
Diastoma costellata Lamk. p. 384.
Ostrea longirostris Lamk. p. 393.

Tutte le specie precedenti si trovano nel nummulitico dell'Ungheria descritto dal prof. Zittel, cioè negli strati sabbiosi di Tokod e in quelli di Dorogh. Vi è una somiglianza tale con la nostra fauna che le altre specie di dette località si possono bene considerare come appartenenti alla stessa fauna ed è probabile che ulteriori ricerche le faranno rinvenire anche a Roncà; tali specie sono le seguenti:

Corbula semicostata Bell.
" planata Zitt.
" angulata Lamk.
Pholadomya Puschi Goldf.
Cytherea Petersi Zitt.
" deltoidea Lamk.
Cardium gratum Desh.
Lucina Haueri Zitt.
Lucina crassula Zitt.
Cardita Laurae Brongt.
Nucula mixta Desh.
Leda striata Lam.
Trigonocoelia media Desh.
Arca quadrilatera Lamk.
Modiola Fornensis Zitt.
Avicula trigonata Lamk.
Ostrea supranummulitica Zitt.
Terebratula striatula Sow.
Ancillaria propinqua Zitt.
Marginella ovulata Lamk.
" nitidula Desh.
Buccinum Hornesi Zitt.
Pleurotoma Deshayesi Zitt.
" misera Zitt.
Cerithium hungaricum Zitt.
" trocleare Lamk.

Cerithium cristatum Lamk.
" muricoides Lamk.
Delphinula canalifera Lamk.
Bulla cylindroides Desh.
Eulima Haidingeri Zitt.
Pirena Fornesi Zitt.
Melania striatissima Zitt.
" distincta Zitt.
Diastoma elongata Brongt.
Rissoina Schwartzii Desh.
Turritella carinifera Desh.
" vinculata Zitt.
" elegantula Zitt.

Hébert nella sua nota " Note sur le terrain " numm. de l' Ital. sept. (Bull. Soc. géol. Décembre 1865) cita di Roncà le seguenti specie:

Natica Studeri Quenst. (1823 = Ampullaria depressa Brongt. nom Lamk. = Natica parisiensis Desh. D'Orb.
" turbinata Desh.
Cerithium angulatum Brander (= hexagonum Lamk. = Maraschini Brongt.)
" conulus Brug. (1789 = conoideum Lamk. 1803).
" baccatum Brongt.
" serratum Brug. (= calcaratum Brongt.)
Chemnitzia costellata
Melania Cuvieri Lamk.
Hipponyx cornucopiae Lamk.
Fusus polygonus Lamk. Brongt.
" costulatus Lamk. (= F. polygonatus Brongt.).
" Noe Lamk.
" subcarinatus Lamk.
" intortus Lamk.
Trochus monilifer. Brongt.
Cerithium bicalcaratum Brongt.
" conulus Brug.
" mixtum Defr.
" combustum Brongt.
" lemniscatum Brongt.
" emarginatum Lamk.
Cytherea polita Desh.
Cyrena roborata ? Desh.
Tellina scalaroides Lamk.
Cardium granulosum Lamk.
Chemnitzia lactea D'Orb.
Turritella incisa Brongt.

Addippiù egli cita con l'opinione di D'Archiac la Trochosmilia irregularis Desh. e le Nummulites contorta.

Il sig. Schauroth (1865 Verz. Verst. Cobusg.) descrive le seguenti specie di Roncà con talune sinonimie:

Trochocyathus sinuosus E. H. p. 182.
Turbinolia roncana Schaur. p. 182, tav. 5, f. 7.
Escharina Strachegi Asch. p. 195, tav. XI, f. 6.

Corbis lamellosa Desh. p. 208.
Rostellaria dentata Grat. (curvirostris Bast., bidentata Desh. = cerithium corvinum Brongt.)
Conus nisoides Schaur. p. 229, tav. 24, f. 4.
Voluta imbricata Schaur. p. 241; tav. 25, f. 4.
Cerithium vulcanicum Br. (= Castellini Brongt., Turbo heptagonus Fort., Muricites vulcanicus Schloth.) p. 247).
" auriculatum Br. (= combustum Defr.) p. 244.
" hexagonum Brug. p. 244.
" lemniscatum Brongt. p. 244.
" stroppus Bsongt. p. 244.
" baccatum Defr. p. 244.
" calcaratum Brongt. p. 244.
" bicalcaratum Brongt. 245.
" sulcatum Sow. (var. roncanum Brongt., plicatum Bast. p. 245).
Chemnitzia lactea D'Orb. p. 247.
Natica crassatina Desh. var. roncana Schaur. p. 252, tav. 27, f. 1.
" vulcani Brongt (= Ampullaria vulcani Brongt., Amp. perusta Brongt., Helicites roncanus Schloth.) p. 254.

Il sig. D'Acchiardi ( 1865 Cor. Foss. terr. numm. Alp. ven.) cita le seguenti specie di Roncà.
Juncella antiqua d'Arch. p. 2.
Paracyathus Spinelli D'Arch. p. 2.
" Roncaensis D'Arch. p. 2.
Heliastræa ellisiana Edw. H. p. 6.
Cyathoseris formosissima D'Arch. p. 8.
Porites microtheca D'Arch. 10.
" Pellegrini D'Arch. p. 10.
Pocillopora infundibuliformis D'Arch. p. 11.

Il sig. D'Acchiardi (1866 Cor. foss. terr. numm. Alp. ven.) descrive le seguenti specie di Roncà.
Trochocyathus sinuosus Brongt. sp. (Turbinolia sinuosa Brongt. tav. 6, f. 17) p. 15.
Paracyathus Spinellii D'Arch. p. 19, tav. 1, f. 4.
" Roncaensis D'Arch. p. 19, tav. 1, f. 5.
Dendrogyra aequalisepta D'Arch. p. 39, tav. 3, f. 10.
Lo stesso autore nel secondo volume (1868) della stessa opera descrive la seguente specie:
Spinellia pulchra D'Arch. p. 17, tav. X, f. 7.

Bayan (Bull. Soc. Géol. de France Tom. 77, (1869) p. 456) dà il seguente elenco di fossili delle brecciole di Roncà:
Helix damnata Brongt.
Clausilia sp.
Melania undosa Brongt. sp. (= Cerith. undosum Brongt.).
" vulcanica Schloth. sp. (= Muricites vulcanicus Schloth.=Cerithium Castellini Brongt.,=Melania Geslini Desh.
" melaniaeformis Schloth. sp. (Muricites melaniaeformis Schloth.)
Melanopsis (Pirena) auriculata Schloth. (Muricites auriculatus Schloth., Cerithium combustum Defr.).
Fusus (Clavella) Noae Chemn.
" Brongnarti D'Orb. (= F. polygonus Brongt. non Lamk.)
" subcarinatus Lamk. ( = F. roncanus D'Orb.)
Cerithium pentagonatum Schloth. sp. (= Muricites pentagonatus Schloth., Cerithium Maraschini Brongt., Cer. pentagonum Bronn.
" Vulcani Brongt. sp. (=Muricites costatus Schloth. non Gmelin, Terebra Vulcani Brongt. Cerithium Vulcani D'Orb.) Terebra Vulcani Brongt.).
" Roncanum D'Orb. (Cer. sulcatum Brongt. non Brug.)

Cerithium calcaratum Brongt.
" aculeatum Schloth. (= Muricites aculeatus Schloth (1820), non aculeatus Lamk.1812.Cer.bicalcaratum Brongt.
" corrugatum Brongt.
" baccatum Brongt.
" lemniscatum Brongt.
" corvinum Brongt. sp. (Rostellaria corvina Brongt., Cerithium corvinum Bronn.)
Rostellaria Fortisi Brongt. sp. (Strombus Fortisii Brongt. non D'Arch., Hippocrenes Fortisi Bronn. Strombus laevis, Mayer non Gmelin.).
Natica perusta Defr. sp. (Ampullaria perusta Defr. e Brongt., Natica perusta Bronn.)
" epiglottina Lamk.
" Pasinii Bayan.
" Parisiensis D'Orb.
" ventroplana Bayan.
Deshayesia sp.
" sp. (altra specie).
Nerita Acherontis Brongt.
" Thersites Brongt.
Ostrea Roncana Bayan.
" elegans Desh. ostr. aff.
Anomia gregaria Bayan.
Mytilus corrugatus Brongt.
Arca biangula Lamk.
" modioliformis Desh.
Lucina Hermonvillensis Desh.
Cytherea maura Brongt. (= Cyclas sirena D'Orb.?)
" Baylei Bayan.
Cypricardia cyclopea Brongt.
" Brongnarti Bayan.

Bayan nel suo lavoro sul terziario del vicentino (pubblicato nel Bull. Soc. geol. Franc. 1870) cita le seguenti specie:
Io enigmatica p. 476.
Trochus (Piramis) Saemani Bay. p. 477.
" subnovatus Bay. p. 477.
" Bolognai Bay. p. 14, tav. 4, f. 6.
Deshayesia fulminea Bay. p. 456.
Natica Pasinii Bay. p. 481.
" ventroplama Bay. p. 482.
Cerithium Lachesis Bay. p. 478.
" rarefurcatum Bay. p. 479.
" pentagonatum Bay. p. 456.
Strombus Boreli Bay. p. 480.
" Suessi Bay. p. 480.
" Pulcinella Bay. p. 480.
" Tornoueri Bay. p. 480.
Rostellaria Fortisi Brongt. p. 456.
Fusus (Clavella) Pachyrhaphe Bay. p. 477.
Cypræa Proserpinae Bayan p. 481.
Anomia gregaria Brongt p. 484.
Cardium polyptictum Bayan p. 485.

Cypricardia Brongnarti Bayan p. 485.
Lucina perornata Bayan p. 485.
Cyrena veronensis Bayan p. 485.
« Baylei Bayan p. 485.
Fimbria major Bayan p. 461.

Lo stesso Bayan (1870 Et. faites Coll. Ecol. Mines) descrive le seguenti specie di Roncà.
Io aenigmatica p. 4, tav. 6, f. 1-2.
Melania melaniæformis Schloth. p. 5. (Egli le rapporta la Stygii Brongt. e la lactea Desh.).
Melania? vulcanica Schloth. p. 6.
Pirena undosa Brongt. p. 7 (egli le riferisce la Melania Cuvierei Héb. e il Cerithium undosum Brongt.
„ auriculata Schloth. p. 8.
Planaxis Beaumonti Bayan p. 9, tav. 4, f. 9.
Trochus (Pyramis) Saemani Bayan p. 13, tav. 5, f. 1.
„ (Zizyphinus) subnovatus Bayan p. 14, tav. 4, f. 10.
„ „ Bolognai Bayan.
Deshayesia fulminea Bayan p. 22, tav. 7, f. 7.
Natica Pasinii Bayan p. 23, tav. 3, f. 6.
„ ventroplana Bayan p. 24, tav. 3, f. 3.
Cerithium Lachesis Bayan p. 33, tav. 2, f. 2, pl. 5, f. 2.
„ atropos Bayan p. 34, tav. 4, f. 5.
„ rarefurcatum Bayan p. 38, tav. 4, f. 4.
„ pentagonatum Bayan p. 39.
„ corvinum Brongt. p. 40, tav. 3, f. 5.
Strombus Boreli Bayan p. 42 bis, tav. 6, f. 3.
„ Suessi Bayan p. 43, tav. 7, f. 1.
Strombus Tornoueri Bayan p. 45, tav. 7, f. 5-6.
Rostellaria Fortisi Bayan p. 456.
Fusus (Clavella) Pachyrhaphe Bayan p. 50, tav. 6, f. 5.
Cypræa Proserpina e Bayan p. 57, tav. 5, f. 4.
„ Moloni Bayan p. 59, tav. 9, f. 1.
Bulla (Scaphander) Fortisi Brongt. p. 61, tav. 4, f. 7-3.
Anomia gregaria Bayan p. 65, tav. 3, f. 1-2.
Cardium polyptictum p. 70, tav. 6, f. 8.
Cypricardia Brongnarti Bayan p. 71, tav. 4, f. 1.
Lucina perornata Bayan p. 72, tav. 6, f. 9.
Cyrena veronensis Bayan p. 74, tav. 5, f. 5.
„ Baylei Bayan p. 75, tav. 3, f. 8.

Il sig. Bayan nel secondo fascicolo Et. fait école Mines 1873) descrive le seguenti specie:
Corbula italicula Bayan p. 115, tav. 13, f. 4-5.
Corbis major Bayan p. 125, tav. 13, f. 7, tav. 14, f. 1-2.
Perna centralis Bayan p. 131, tav. 13, f. 2.

Il sig. Reuss. (1873 Pal. Stud. Alt. tert. Alp.) descrive le seguenti specie di Roncà:
Paracyathus Roncaensis D'Arch. p. 22, tav. 53, f. 6.
Trochosmilia parvula Reuss. p. 23, tav. 54, f. 3-4.
Placosmilia sp. (intermedia tra la Goniastræa Cocchii e la elliptica Menegh.), p. 23.
Astrangia princeps Reuss. p. 23, 32, tav. 14, f. 1.
Stylocoenia Monticularia Schweigg. p. 23. (Edwards Brit. foss. cor. tav. 5, f. 2).

Goniastrea Cocchii D'Arch. p. 23, p. 14, tav. 40, f. 23, tav. 53, f. 4-5.
Astræa funesta Brongt. p. 24, 19. (Brongt. Vicent. p. 81, tav. 5, f. 16 = Siderastræa D'Arch. Indo p. 192.)
Porites Pellegrini D'Arch. p. 24, 17, tav. 40, f. 4-10.
Heliopora Bellardi Haime 24, 18, tav. 51, f. 2-3.

I sigg. Hébert e Munier Chalmas (Compt. rend. Inst. de France Luglio 1877, T. 85) citano le seguenti specie di Roncà:

Natica cæpacea Lamk.
„ perusta Brongt.
„ epiglottina Lamk.
„ Studeri Quenst.
Nerita Schmiedelliana Chemn.
Hipponix dilatatus Defr.
„ cornucopiae Defr.
Phorus agglutinans Lamk.
Fusus pachyraphe Bayan.
„ subcarinatus Lamk.
Cerithium Bedeckei Bayan.
„ Lachesis Bayan.
„ lamellosum Brongt.
„ corvinum Brongt.
Strombus Suessi Bayam.
„ Tournoneri Bayan.
Helix damnata Brongt.
Pyrena combusta Brongt.
Bayania lactea Lamk. sp.
Diastoma costellata Lamk. sp.
Fimbria major Bayan.
Chama calcarata Lamk.
Corbula exarata Desh.
Corbis lamellosa Lamk.
Crassatella plumbea Desh.
Nummulites complanata Lamk.

Il sig. Hermann Rauff (1884 Uber die gegenseit. Altersverh. der mittl. Eoc. Mont Postale) descrive le seguenti specie di Roncà senza però darne alcuna figura.

Phasianella superstes Rauff p. 2.
Natica incompleta Zittel p. 3.
„ bivirgata Rauff p. 3.
Cerithium trigonapertum Rauff p. 4.
„ sp. De Gregorio tav. 4, f. 1, S. Giov. Ilarione.
„ creniferum Desh. p. 5.
Fasciolaria pumilis Rauff p. 6.
Voluta labrodentata Rauff.

Il prelodato sig. Rauff (1885 Gastrop. Arten. vicent. tert.) descrive le seguenti specie di Roncà senza figurarle:

Cyclostoma venusta Rauff.
Cerithium semigranulosum Lamk. p. 19.
Cypraea Duclosiana Bast. p. 29.
„ Lioy Bayan p. 29.

Fasciolaria procerula Rauff. p. 29.
Conus Lamarckii Edw. p. 30.
„ ind.
Cylichna clavuliformis Rauff. p. 31.
Pleurotoma lineolata Lamk. p. 30.
Helix indet. p. 31.

Nel lavoro del sig. Felix (1885 Krit. stud. Kor. Fauna Vicent.) non è menzionata alcuna specie di Roncà.

Io nel 1884 (Stud. su tal. conch. medit. viv. e foss. p. 197) descrissi una specie di Roncà.

Ostrea Roncaensis.

Il sig. Mayer Eymar (1887-88 Journ. de Conch. Descr. coq. foss. terr. tert. inf.) descrive un'ostrea che è la stessa già da me nominata; egli la chiama:

Ostrea Runcensis Mayer (p. 311).

Nel 1888 (Bol. Soc. Mol. It.) io pubblicai un altro articolo sulla stessa Ostrea Roncaensis già da me citata.

Nel 1890 io pubblicai un opuscolo su taluni fossili di Bassano dell' orizzonte a Cerithium combustum (Nat. Sic. v. 9, su tal. foss. dint. Bassano dell'orizzonte a cer. combustum). È un nuovo giacimento scoverto dal sig. Balestra ad Angarano. Tali fossili sono di grande importanza, perchè mostrano una spiccata somiglianza o per meglio dire identità con quelli di Roncà e da altro canto mostrano pure una certa analogia con la fauna di Salcedo.

1. *Cypraea splendens* (Grat.) Fuchs. (Salcedo Gaas).
2. „ *angusta* Fuchs. (Sangonini).
3. „ *marginata* Fuchs. (Sangonini).
4. *Voluta elevata* (Sow.) Fuchs. (Gnata, Salcedo Gaas etc.).
5. *Turritella Archimedis* Brongt. Fuchs. (Roncà).
6. „ *incisa* Brongt. Fuchs. (Salcedo Roncà).
7. „ *asperula* Brongt. (Salcedo Roncà).
8. *Delphinula scobina* Brongt. (Roncà).
9. *Cerithium corrugatum* Brongt. (Roncà).
10. „ *pentagonatum* Schloth = (Maraschini).
11. „ *combustum* Brongt. (Roncà).
12. „ *Meneguzzoi* Fuchs. (Salcedo).
13. *Strombus Fortisii* Brongt. (Roncà).
14. *Ranella Hörnesi* Fuchs. (Salcedo).
15. *Cassis striata* (Sow.) Brongt. (Roncà).
16. *Fusus subcarinatus* Lamk. v. *roncanus* Brongt. (Roncà).
17. *Fasciolaria lugensis* Fuchs. (Salcedo).
18. *Eburna Caronis* Brongt. (Salcedo Roncà).
19. *Serpulorbis limoides* (Bell.) (Lugo).
20. *Pleurotomaria* sp.
21. *Conus diversiformis* Desh. (Salcedo Roncà).
22. » *alsiosus* Brongt. (Salcedo Roncà).
23. *Tritonium Delbosi* Fuchs (Ph. 9, f. 7-8 con l'apertura più bislunga i giri subangolati, le coste più erette e varicose).
24. *Ficula condita* Brongt. (Salcedo Roncà).
25. *Natica auriculata* (Grat.) Fuchs. (Salcedo Sangonini Roncà).
26. „ *vulcani* Brongt.? (Roncà).
27. „ *perusta* Brongt. (Roncà).
28. „ *angustata* Grat. (Gaas).
29. „ *Pasinii* Bayan (Roncà).
30. „ *scaligera* Bayan (Salcedo) Roncà.

31. *Melania Stygii* Arongt.
32. *Diastoma costellata* Lamk. sp. (Roncà Salcedo).
33. *Dentalium* sp.
34. *Crassatella neglecta* Michtti Fuchs. (Gnata).
35. „ *ponderosa* Nyst. (Shaur.) (Lugo).
36. „ *trigonula* Fuchs. (Salcedo Dego).
37. *Cyrena Baylei* Brongt.? (Roncà).
38. *Cytherea erycinoides* (Lam.) Brongt. (Roncà).
39. *Venus Proserpina* Brongt. (Roncà).
40. *Psammobia pudica* (Brongt.) Shaur. (Lugo).
41. *Mactra sirena*? Brongt. (Roncà).
42. *Nucula similis* (Sow.) Shaur. (Lugo).
43. *Cardium anomale* Math. Fuchs. (Salcedo Sangonini).
44. „ *Pasinii* Shaur. var. *genuina* Shaur. (Lugo).
45. „ *verrucosum* Lam. (asperulum Brongt.)
46. „ *Poleanum* Shaur. (Poleo) (pare piuttosto un'*Arca* e somiglia all'*A. Pandorae* Brongt. Fuchs).
47. *Pecten Meneguzzoi* Bayan (San G. Ilarione).
48. *Ostrea* sp. (v. *flabelluliformis* Shaur. (Lugo).
49. *Solen plicatus* Shaur. (Lugo).
50. *Terebratula* sp.?
51. *Porites* sp.?
52. *Turbinolia appendiculata* Brongt. (Roncà).
53. *Parasmilia multilobosa* (Bell.) Shaur. (Lugo).

Il sig. Oppenheim (1890 Land. und Susswass. cita le seguenti specie di Roncà.

Helix (Dentellocaracolus) damnata Brongt. p. 6, tav. 1, f. 1, tav. 3, f. 1.
„ „ amblitropis Sandb. p. 6, tav. 1, f. 2.
„ (Eurycratera) declivis Sandb. p. 10, tav. 1, f. 4.
Craspedotropis resurrecta Oppen. p. 21, tav. 2, f. 14.
Melanopsis vicentina Opp. p. 135, tav. 4, f. 1.
„ amphora Opp. p. 136, tav. 4, f. 2.

Nel mio lavoro Nota Conch. estramar. (1892) citai l'Helix damnata.

Nel mio lavoro Descr. cert. foss. extramar. eoc. vicent. p. 12 (1892) descrissi la stessa specie di Roncà cioè: Helix damnata Brongt. p. 12. tav. 1, f. 20-21.

Il sig. Vinassa de Regny (1893 I Moll. terr. terz. Alp. Ven. p. 221) pubblicò l'elenco dei fossili seguenti senza descrizione nè citazione alcuna.

Patella roncana Menegh. manuscr.
Nerita Stygis Idem.
Serpulorbis turbinoides Idem.
Cyrena totistriata Idem.
Deshayesia eocaenica Vin.
Cerithium Grecoi Idem.
Pterocera Canavari Idem.
Melongena eneagona Idem.
Conus semicoronatus Idem.
Volithilites crenulifer Bay. (omissa Menegh.).

Il sig. Oppenheim (1894 Ueb. nummulit. Venet. Tert.) cita le seguenti specie di Roncà.

Nummulites lucasana Defr. p. 8.
" striata D'Orb. p. 8.
" Brongnarti D'Arch. p. 8.
" Molli D'Arch. p. 8.
" perforata D'Orb. p. 10.

Il sig. Oppenheim (1894 Die Eoc. fauna M[te] Pulli Valdagno) cita le seguenti specie come provenienti di Roncà.

Bayanotheutis rugifer. Schloemb. p. 436.
Vasseuria occidentalis Mun. Ch. p. 436.
Helix damnata Brongt. p. 436.
Clausilia oligogyra Boetg. p. 436.
Melanatria undosa Brongt. p. 437.
" vulcanica Schloth. p. 374, 437.
" auriculata Schloth. p. 376, tav. 27, f. 6-14.
Melania Stygis Brongt. p. 367, tav. 26, f. 16-17, tav. 27, f. 1-5.
Melanopsis vicentina Oppen. p. 380.
Diastoma costellatum Lam. var. Roncana Brongt. p. 381, tav. 26, f. 19.
Cerithium Vulcani Brongt. p. 386, tav. 24, f. 5-6.
" corrugatum Brongt. p. 385, tav. 24, f. 7-9.
" (Potamides) pentagonatum Schloth. p. 389.
" roncanum D'Orb. p. 437.
" calcaratum Brongt. p. 437.
" (Potamides) aculeatum Schloth. p. 389.
" baccatum Brongt. p. 387.
" tricorum Bayan p. 437.
" Atropos Bayan p. 437.
" lamellosum Brug. p. 437.
" corvinum Brongt. p. 437.
" dal Lagonis Opp. p. 400, tav. 28, f. 1-4.
Fusus Noae Chemn. p. 438.
" polygonus Lam. p. 448.
" subcarinatus Lam. p. 448.
" pachyraphe Bayan p. 448.
Fasciolaria humilis Rauff. p. 438.
" procerula Rauff. p. 448.
Strombus Fortisi Brongt. p. 448.
" Boreli Bayan p. 448.
" Suessi Bayan p. 438.
" Tournoueri Bayan p. 448.
Terebellum sopitum Brand. p. 448.
Cypræa elegans Defr. p. 449.
" Proserpinae Bayan p. 449.
" Moloni Bayan p. 449.
Mitra crebricosta Lam. p. 449.
Marginella phaseolus Brongt. p. 439.
" eburnea Lam. p. 439.
Voluta Besanzoni Bayan p. 439.
Cassis Aeneae Brongt. p. 440.
" striata Sow. p. 440.

Cryptoconus clavicularis Lam. p. 441.
" lineolatus Lam. p. 414, tav. 28, f. 13.
Conus alsiosus Brongt. p. 441.
Turritella incisa Brongt. p. 441.
" imbricataria Lam. p. 441.
" asperula Brongt. p. 441.
" Archimedis Brongt. p. 441.
Solarium umbrosum Brongt. p. 441.
Xenophora agglutinans Lam. p. 441.
Delphinula lima Lam. 441.
Kipponix cornucopiae Lam. p. 441.
" dilatatus Defr. p. 441.
Rissoina clavula Desh. p. 441.
Bulla Fortisi Brongt. p. 441.
Natica caepacea Lam. p. 367.
" Vulcani Brongt. (N. vulcani e perusta) p. 368.
" epiglottina Lam. p. 442.
" Pasinii Bayan p. 442.
" parisiensis D'Orb. p. 363, tav. 29, f. 6-7.
" (Ampullina) depressa Lam.? p. 365, tav. 29, f. 3.
" patulina Mun. Ch. p. 364, tav. 29, f. 4-5.
" ventroplana Bayan p. 442.
Deshayesia fulminea Bayan p. 442.
Nerita Schmiedeli Chemn. p. 442.
" circumvallata Bayan p. 442.
" Acherontis Brongt. p. 442.
" Thersites Bayan (an potius) p. 442.
" tricarinata Lam.?) p. 442.
Trochus Saemani Bayan p. 442.
" Bolognai Bayan p. 442.
" subnovatus Bayan p. 447.
Corbis lamellosa Lam. p. 442.
" major Bayan p. 442.
Cardium polyptyctum Bayan p. 442.
" obliquum Desh. p. 442.
" granulosum Desh. p. 442.
Cyrena sirena Brongt. p. 325, tav. 20, f. 2-4.
" veronensis Bayan p. 333, tav. 21, f. 4.
" Baylei Bayan p. 332, tav. 21, f. 1-3, tav. 22, f. 6.
" alpina D'Orb. p. 331, tav. 22, f. 1.
" erebea Brongt. p. 335, tav. 21, f. 5.
Cypricardia cyclopea Brongt. p. 443.
" Brongnarti Bayan p. 444.
Corbula pryxiducula Desh. p. 443.
" italicula Bayan p. 444.
" exarata Desh. p. 444.
Venus texta Lam. 443.
Chama calcarata Lam. p. 443.

Crassatella plumbea Chemn. p. 443.
Ostrea roncana Bayan p. 443.
Anomia gregaria Bayan p. 443.
Mytilus rimosus Lam. p. 322, tav. 20, f. 1.
Modiola corrugata Brongt. p. 335, tav. 23, f. 9-10.
Tichogonia (Congeria) euchroma Oppen. p. 338, tav. 27, f. 15-16.
Arca biangula Lam. p. 443.
" modioliformis Desh. p. 443.
Lucina hermonvillensis Desh. p. 443.
" perornata Bayan p. 443.
" scopulorum Brongt. (= saxorum Lam.) p. 443.
" gibbosula Lam. p. 443.

Il sig. Vinassa de Regny (1895 Synopsis dei moll. terz. Alp. Venete) cita le seguenti specie:

Corbula piscidicula Desh. p. 227.
Arca biangula Lamk. p. 227.
Cardium gratum Defr. p. 227.
Corbis lamellosa Lamk. p. 227.
Chama lamellosa Lamk. p. 227.
Ostrea eversa Mell. p. 228.
Pleurotomaria concava Desh. p. 228.
Delphinula calcar. Lam. p. 228.
" lima Lamk. p. 228.
Nerita crassa Bell. p. 229.
Velata Schmiedeliana Chemn. p. 229.
Natica epiglottina Lamk. p. 229.
" cepacea Lamk. p. 229.
" venusta Desh. p. 229.
Ampullina sigaretina Lamk. p. 229.
" cfr. Willemeti Desh. p. 229.
" hybrida Lamk. p. 229.
" brevispira Leym p. 229.
Xenophora cfr. umbilicaris Sol. p. 229.
Calyptræa aperta Sol. p. 229.
Hipponyx cornucopiae Defr. p. 229.
" dilatatus Lamk. p. 229.
Rissoina clavula Desh. p. 229.
Cheilostoma turricula Brug. p. 229.
Solarium bistriatum Desh. p. 230.
" montevialense Schr. p. 230.
Bayania lactea Lamk. p. 230.
Vermetus cfr. limoides Bell. p. 230.
Cerithium lamellosum Brug. p. 230.
" undosum Brongt. p. 240.
" Dallagonis Oph. p. 230.
" aff. giganteum Lamk. p. 230.
" striatum Brug. p. 230.
Diastoma costellatum Lamk. p. 230.
Strombus pulcinella Bayan p. 230.

Terebellum fusiforme Lamk. p. 230.
" carcassense Leym. p. 230.
" sopitum Sol. p. 230.
Cypræa Lioyi Bayan p. 231.
" elegans Defr. p. 231.
" Proserpinae Bayan p. 231.
Cassis Thesei Brongt. p. 231.
Siphonalia subscalarina D'Orb. p. 231.
" scalarioides Lam. p. 232.
Sycum bulbiforme Lamk. p. 232.
Clavulites deformis Sol. p. 232.
" Noae Chemn. p. 232.
Mitra crebricosta Lamk. p. 232.
Lyria harpula Lamk. p. 232.
Marginella phaseolus p. 232.
Harpa mutica Lamk. p. 232.
Ancillaria glandina Desh. p. 232.
" olivula Lamk. p. 233.
Cryptoconus evulsus Desh. p. 233.
" lineolatus Desh. p. 233.
Bulla Fortisi Brongt. p. 233.

*
* *

Finora ho detto delle specie citate dei vari autori; riporterò ora qui sotto in succinto le opinioni dei principali autori intorno all'epoca degli strati di Roncà e anche dirò due parole sulla stratigrafia.

Il sig. C. Mayer (1869 Tabb. Synchr. terr. tert. inf.) distingue così gli strati di Roncà:

Parisiano { sup. colate di lava delle cime di Roncà.
inf. calcare a nummuliti di Roncà.

Londoniano { sup. Tufi a Strombus Fortisi, Cerithium combustum etc.
inf. Primo basalte di Roncà.

Nel 1888 lo stesso sig. C. Mayer (Tabb. terr. sédim.) riferisce gli strati di Roncà a *Cer. Diaboli* al Parisiano superiore detto da lui Grignonin. Riferisce invece al Londoniano superiore il grès marnoso di M^te^ Pulli, e al Londoniano inferiore quello di M^te^ Postale.

Il sig. Suess (1868 Sulla strutt. sed. terz. Vicent.) distingue il tufo nero di Roncà a *Strombus Fortisi*, che ha lo spessore di circa due piedi sovrastante ad un filone basaltico. Tale tufo contiene una fauna di tipo locale con le seguenti specie:

Strombus Fortisi.
Cerithium combustum.
" angulatum.
" serratum.
" conulus.
" corvinum.
Melania Stygis.
Terebra vulcani.
Cyrena sirena.
" Proserpinae etc.

Soprastante al detto tufo vi è un tufo nero di un piede e mezzo con ostriche. Verso Brenton il filone di basalte cessa e riprende il calcare numulitico il quale contiene:

Cerithium giganteum.
„ parisiense.
Cypræa tuberculata.
Hyponix cornucopiae.
Velates Schmidelliana.
Lucina mutabilis.
Fimbria sublamellosa.
„ subpectunculus.

Tale calcare corrisponde a quello di Castione il quale contiene oltre a tali specie il Conocbypeus conoideus.

Hébert nel suo primo lavoro (1865 Note sur le terr. numm. Ital. sept.) riferì gli strati di Roncà alla parte superiore dell'eocene medio, cioè alle sabbie di Beauchamp e al calcare grossulare superiore; mentre il calcare grossulare inferiore cioè la parte inferiore dell'eocene medio corrisponde agli strati di S. Giovanni Ilarione.

Il sig. Bayan sul suo interessante lavoro sur le terr. tert. de la Vénétie (1869-70) dà la sezione seguente da Chiampo a Roncà:

1. Argille screziate senza fossili (Casa Vilardi).
2. Un metro di brecciola con fossili decomposti Melanopsis auriculata, Cerithium pentagonatum, Natica parisiensis (Casa Vilardi).
3. Colata di basalte di 10 metri.
4. Le stesse brecciole di 1 metro di spessore con Rostellaria Fortisi.
5. Calcari con Nerita Schmiedeli e grandi Fimbrie.
6. Strati bituminosi con denti di squali, foglie, ossa di uccelli.
7. Calcare marnoso con denti di pesci e modelli di gasteropodi.
8. Basalti e brecciole senza fossili.

Bayan dà un quadro sinottico delle formazioni terziarie venete. Egli rapporta le brecciole di Roncà a Nerita Schmiedeli come sincrone a quelle di S. Giovanni Ilarione, mentre riferisce invece le brecciole con Strombus Fortisi come immediatamente sottostanti alle stesse, e probabilmente sincrone alle ligniti di M[te] Pulli e ai calcari del Postale.

Il sig. Tornouer (1870 Observ. sur la Commun. di Mr Bayan) dice a pag. 505 che gli strati di Roncà a Strombus Fortisi devono essere staccati dall'orizzonte a Nerita Schmideliana ed essere collocati al disotto degli strati di S. Giovanni Ilarione.

Lo stesso sig. Tournouer (1872 Note foss. tert. Basses Alpes p. 510) dice che egli è del parere del sig. Hébert cioè che il sistema di Villagrande (Roncà superiore) è sottostante a degli strati di cui la parte inferiore, cioè quella immediatamente superiore a Roncà, corrisponde agli strati di Faudon e Saint Bonnet, e quella superiore al flysch e calcari a fucoidi.

Il sig. Hantken (1872 Jarb. Ung. géol. Aust.) dice che la fauna a *Cerithium corvinum* (strati di Roncà) di Ungheria è subordinata agli strati a operculina granulata e orbitoides papyracea e inferiore a degli strati sincroni a quelli di Biarritz, della quale opinione è anche il sig. Tournouer.

I signori Hébert e Munier Chalmas 1877 Compt. rend. Académ. Scienc. Inst. de France p. 5) dicono che negli strati di Roncà comprendono: gli strati salmastri a cerizi, che sono inferiori, e gli strati marini che vi soprastanno. Essi opinano che tali strati sieno più giovani di quelli di S. Giovanni Ilarione. Infatti, essi dicono, gli strati a cerizi contengono una fauna analoga a quella del calcare grossulare superiore, mentre quella di S. Ilarione riproduce il calcare grossulare propriamente detto; quindi sarebbe secondo loro una continuaiione di quella di S. Ilarione del che si professano sicuri dopo le osservazioni degli strati di Ungheria. Gli strati che seguono quelli di Roncà sono secondo loro quelli di Priabona, ecco la loro classificazione:

Eocene

superiore
1. Calcari a polipai di Crosara.
2. Marna di Brendola e Priabona a Orbitoide.
3. Strati a Cer. Diaboli.

medio
4. Calcari di Roncà a Fimbria major.
5. Tufi di Roncà a Cerithium corvinum.
6. Fauna di S. Giovanni Ilarione.
7. Calcare di M^te Postalo.
8. Strati ad alveoline e pesci di Bolca.
9. Calcare di Spilecco a Rynchonella polymorpha.

Il sig. prof. Omboni (1879 Le nostre Alpi e la pian. del Po p. 366) descrive la Val Nera di Roncà dando il seguente spaccato:

1. Basalte e brecciola senza fossili.
2. Calcare marnoso con denti di pesci e modelli di gasteropodi.
3. Calcare bituminoso con denti di squali.
4. Calcari con Nerita Schmiedeli.
5. Strato con grandi Fimbria.
6. Strato con piccole Anomia.
7. Strato con grandi ostriche.
8. Brecciola con Rostellaria Fortisi.
9. Colata di basalte di 10 metri.
10. Brecciola con vari fossili e argille variegate.

Egli dice che il gruppo di Roncà appartiene all'eocene medio e inferiore e unisce gli strati di Priabona e Castelgomberto a quelli di Bolca.

Mi ero proposto di andare in Roncà io stesso per fare uno studio stratigrafico, ma molte circostanze di famiglia non mi permisero allontanarmi da Palermo. Sebbene gli strati di Roncà sieno stati studiati da molti valentissimi geologi che successivamente hanno visitato tale località, io credo che un'ulteriore indagine non sia superflua. Però per fare un lavoro utile bisognerebbe non andare così in fretta di passaggio, ma fermarvisi qualche giorno. Essendomi ciò impossibile e considerando che da taluno (sia pure non geoogo) avrei potuto avere degli schiarimenti utili, purchè egli non fosse sprovvisto di intelligenza e non mosso da alcuna fretta, mandai sul luogo Vittorio Meneguzzo mia guida geologica a fare un esame particolareggiato dei vari strati e farmi uno schizzo, per quanto si può esatto, della successione e potenza dei medesimi.

Il risultato di tale gita fu il seguente. Egli mi scrisse che studiando palmo a palmo la formazione della Val Nera di Roncà, trovò che gli strati pendono tutti da Nord Est verso Sudowest. Egli distinse dodici diversi strati di cui dò di seguito l'elenco, cominciando dal più basso ossia sottoposto.

1. Basalte, che forma la base del giacimento.
2. Marne variegate con uno spessore di 4 metri.
3. Strato bituminoso con cancer (metro 1).
4. Basalte colonnare (metri 10).
5. Brecciola con Strombus Fortisi.
6. Calcare nummulitico con grandi corbis (metro 0,75) e Velates Schmideliana.
7. Calcare nummulitico (metri 3).
8. Strato tufaceo giallastro.
9. Strati con piante simili a quelli di Bolca (metri 6).
10. Strato di tufi giallo-scuri (metro 1).
11. Strati con conchiglie terrestri (metro 0,15).
12. Strati di basalti che saliscono sino al Monte Calvarina e Monte Faldo.

Il sig. Oppenheim (1894 Die Eoc. M^te Pulli) ravvicina la fauna di Roncà a quella di M^te Pulli e di M^te Postale, è quindi della stessa opinione di Bayan.

Io credo che il ravvicinamento della fauna di Roncà e del Postale, contrariamente alla opinione del mio carissimo e rimpianto amico prof. Hébert, non si può mettere in dubbio dopo la pubblicazione del mio lavoro su M<sup>te</sup> Postale (Annales de géologie 14 Livraison), nel quale sono enumerate varie specie di Roncà e dopo della presente monografia, in cui sono citate varie altre specie di Roncà, che si rinvengono pure al Postale. La interposizione degli strati di S. Giovanni Ilarione tra quelli di Roncà e del Postale, parmi che non si possa più ammettere e che l'opinione di Bayan sia più esatta. Certo, tra la fauna del Postale e quella di Roncà corre qualche differenza, ma dee tenersi conto delle condizioni locali. Infatti, come ho detto di sopra, anche nei mari attuali e in spiagge e paraggi vicini si trovano delle differenze nella fauna e sovrattutto nel predominio di una o l'altra specie. Si aggiunga poi che le condizioni dei due depositi doveano essere molto speciali, perocchè i depositi specialmente quelli salmastri accennano al concorso delle acque pluviali e di trasporto, le quali naturalmente trascinano seco in soluzione parte del materiale emerso e quindi a secondo della costituzione di questo varia anche entro certi limiti la composizione del mare adiacente. Nè io credo debba escludersi che un'azione termale fin da quei tempi si manifestasse. Da ciò anche una diversa flora subacquea. Certo noi abbiamo due fatti importantissimi: che mentre le faune di questi due depositi e diciamo anche quelle di M<sup>te</sup> Pulli, contengono parecchie delle specie primarie e per così dire classiche, la cui diffusione per quasi tutta Europa è un fatto sicuro, dall'altro poi contengono delle forme speciali, le quali raggiungono uno sviluppo e un' importanza inattesa, tale da dare un' impronta caratteristica alle faune locali. — Questo fatto mi pare la prova più evidente di quanto ho di sopra esposto. Le specie primarie e come ho detto altra volta (Prefazione al mio lavoro Studi Conch. Med. viv. e foss.) hanno un grado di vitalità e plasticità tale che si adattano bene all'ambiente; anzi vediamo talune di loro come per esempio talune neritine e talune cerizi che acquistano un sviluppo considerevole. Le specie invece secondarie, ossia quelle allo stadio da me detto vitreo, non possono adattarsi alle condizioni speciali dell'ambiente e periscono. Lo sviluppo o per dir meglio l'apparizione di forme speciali viene pure a spiegarsi per mezzo della teoria da me esposta nel precitato lavoro per due ragioni: 1° per lo sviluppo di specie rarissime e per così dire rudimentali di altri mari, le quali, nelle condizioni dell'ambiente locale, trovano le condizioni migliori per il loro sviluppo, 2° nel successivo adattamento e sviluppo di talune specie che dallo stadio plastico passano al vitreo trasformando ovvero gradatamente modificando sè stesse. Così anche viene a spiegarsi il fatto che talune delle specie più caratteristiche non si rinvengono altrove e dànno un' impronta ossia una fisonomia caratteristica alla fauna locale. Così anche viene a spiegarsi come che talune di loro non si ritrovino neppure nei depositi sincroni vicini. Però la presenza di talune specie di tipo locale in deposito vicino ci dà dei criteri molto seri sui rapporti reciproci. Infatti, come ho pure altra volta osservato, ha ben maggiore importanza nella sincronizzazione dei terreni la presenza di talune specie secondarie e allo stato vitreo più di quelle primarie allo stato plastico le quali si estendono in lontane regioni e vivono durante un ben maggiore spazio di tempo. È per tale considerazione che il rinvenimento simultaneo di specie caratteristiche di Roncà a Monte Postale e a Monte Pulli ha un' importanza di grande portata per lo studio di sincronizzazione dei rispettivi depositi fossiliferi. Tali considerazioni parmi debbano esser molto ponderate da coloro che amano dividere e suddividere gli orizzonti o i piani non tenendo conto che dall'aspetto locale delle faune, e dei fenomeni di adattamento, i quali, se si appalesano nei tempi attuali, vieppiù si riscontrano nel terziario inferiore e molto più ancora nell'epoca secondaria. E io credo che molte delle zone delle epoche secondarie considerate da vari autori come successive non devono infine esser riconosciute che quali *facies* locali, il che io mi sono già sforzato a provare nei miei lavori sulle faune giuresi-liasiche. Uno studio immensamente utile, che è campo della scienza moderna, è quello dei rapporti e le differenze cronologiche delle singole faune; ma il troppo sminuzzamento dei singoli orizzonti conduce allo stesso risultato che l' esagerato sminuzzamento delle singole specie; infatti l'ultima esagerazione di tali principii conduce allo stabilire un piano speciale per ogni fauna e una specie per ogni forma ossia per ogni modificazione di uno stesso tipo. Il che equivale all'annullamento totale dell'utilità dello studio paleontologico e di a qualsiasi trovato della scienza.

---

# DESCRIZIONE DELLA FAUNA DI RONCÀ

Le specie che si conservano nel mio gabinetto geologico provengono di Val Nera di Roncà. I nomi di quelle che io non possiedo e che sono state descritte o citate dai vari autori come provenienti da Roncà, sono seguiti da un asterisco.

## VERTEBRATA

### PISCES

#### LAMNIDAE

**Lamna cuspidata Ag.**

Tav. 1, f. 1 *a b* (lo stesso esemplare di tre lati).

Ho già menzionato questa specie più volte; ultimamente tra i fossili di Lavacille (1895 Foss. Lavac. p. 5, tav. 1, f. 3). Schauroth la cita di Schio (Coburg p. 263, tav. 38, f. 12).

**Lamna n. sp. ?**

Tav. 1, f. 7 (lo stesso esemplare di due lati).

Non ho esaminato che un dente, il quale potrebbe anche appartenere alla specie antecedente ed essere uno dei denti anteriori. Certo, è di forma molto dissimile del primo. È conoideo, un pò inclinato indietro, appena subacuto ai fianchi. L'estremità è rotta, ma dovea certo essere molto acuta.

# ARTICULATA

## CRUSTACEA

### CANCERIDAE

**Cancer (Harpactocarcinus) punctulatus Desm.**

1895. De Greg. Not. cert. crust. eoc. p. 10, tav. 1, f. 1-4, tav. 2, f. 1-6.

Rimando il lettore à ciò che ho scritto a proposito di questa specie.

Io non possiedo di Roncà che un frammento, il quale mi pare l' indice della mano sinistra.

# VERMES

### SERPULIDAE

**Serpula sp. ?**

Riferisco a questo genere un solo frammento che si conserva nella mia collezione consistente in un piccolo tubo levigato, lungo $20^{mm}$ e con diametro di $4^{mm}$, un pò contorto. Esso potrebbe appartenere ad una Teredina; ma a me pare più probabile abbia appartenuto ad una serpula.

# MOLLUSCA

## CEPHALOPODA

### BELOPTERIDAE

**Vasseuria occidentalis Mun. ***

1880. Munier Chalmas Bull. Soc. Géol. France v. 8, p. 291.
1887. Fischer Man. Conch. p. 359, f. 137.
1885. Zittel Handbüch v. 2, p. 509.
1894. Oppenheim M^te^ Pulli p. 436 (Vassensia).

Il sig. Oppenheim cita il nome di Vassensia, ma evidentemente per errore di stampa essendo questo genere dedicato al sig. Vasseur. Esso è vicino al genere Belloptera. La specie citata è figurata nel manuale del sig. Fischer nel testo. Io non ne posseggo alcun esemplare.

BELEMNITIDAE

### Bayanotheutis rugifer Schloenb.

Tav. 1, f. 3-4, due frammenti visti di fianco e dalle due estremità.

1872. Munier Chalmas Bull. Soc. Géol. France v. 29, p. 530.
1885. Zittel Handbüch v. 2, p. 509.
1887. Fischer Manuel p. 360.
1894. Oppenheim M[te] Pulli p. 436.

Questa specie è d'importanza grandissima, perchè rappresenta uno dei pochi avanzi dei tipi delle faune secondarie nei mari terziari. Sino a non molti anni addietro si credea che le belemniti non avessero varcato il limite ultimo del cretacio. Questa specie si trova tanto a Roncà che nel bacino di Parigi; ciò è anche asserito dal prof. Fischer, in quanto a me, non ne ho veduto alcuno dell'eocene di Parigi, ma ne possiedo quattro esemplari di Roncà. Il genere Bayanotheutis è ascritto dal prof. Fischer alla famiglia Belopteridae; ma avendo esaminato i nostri esemplari mi pare più esatto ascriverli addirittura nella famiglia Belemnitidae.

### Belemnites venetus De Greg.?

Tav. 1, f. 5-6 (due esemplari).

Propongo questa specie ma con molta esitanza perocchè non ne possiedo che due esemplari in mediocre stato di conservazione. Dapprima dubitavo che si trattasse di frammenti di polipa, ma esaminatili più accuratamente parmi di riconoscere in essi il genere cui li ho riferiti. Differiscono dalla specie precedente per la mancanza dei due solchi laterali, la sezione rotonda etc.

## GASTEROPODA

HELICIDAE

### Helix amblitropis Sandb.*

1890. Oppenheim (Land. Susswass) p. 6, tav. 1, f. 2.

Nella mia collezione di Val Nera non si trova punto questa specie.

### Helix (Eurycratera) declivis Sandb.*

1890. Oppenheim Sand. Sussweass p. 10, tav. 1, f. 4.

Posseggo esemplari di questa specie di altre località, ma non di Val Nera.

### Helix (Dentellocarallus) damnata Brongt.

Tav. 1, f. 16-17 due esemplari da due lati; f. 18 (var. roncaincola De Greg.) un esemplare da tre lati.

1833. Helix damnata Brongt. Brongnart Vicent. p. 52, tav. 2, f. 2.
1850. " " " D'Orbigny Prodr. v. 2, p. 309.
1872. " " " Sandberger Land. Süssw. p. 239, tav. 12, f. 2.
1880. " " " De Gregorio S. Giov. Ilarione p. 4, tav. 2, f. 64-65.
1890. " " " Oppenheim Land. und susswass. p. 6, tav. 1, f. 1, tav. 3, f. 1.
1892. " " " De Gregorio Descr. cert. foss. extramar. eoc. vent. p. 12, tav. 1, f. 20-21.
1894. " " " Oppenheim Eoc. M^te Pulli p. 436.

È una delle specie caratteristiche di Roncà, che si distingue facilmente dalle sue congeneri. Però, avendone esaminati molti esemplari, trovo che la forma della sua apertura non è rigorosamente sempre la stessa come io ritenevo, ma varia sensibilmente.

La var. *roncanineola* De Greg. ha l'apertura più piccola, la forma ancor più pupoide. È strano che essa è quasi assolutamente identica ad un Helix vivente su M^te Pellegrino a Palermo; tanto che se fosse stata trovata nei nostri depositi postpliocenici non esiterei a ascriverla alla stessa specie cioè all'*H. sicana* Fer.

PUPIDAE

### Clausilia oligogyra Boetg. *

1894. Oppenheim Die. Eoc. M^te Pulli p. 436.

Il sig. Oppenheim cita questa specie col nome di oligogyra credo per errore.

### Bulimus Montevialensis Schaur.

1892. De Gregorio Conch. Extramar. p. 18, tav. 2, f. 10-14-16 (pag. 25 = Bulimulus eocaenicus Opp.).

L'unico esemplare che possiedo ha l'aspetto di una Phasianella, ma invece io credo sia da ascriversi al *B. montevialensis*, che nella giovine età (De Gregorio loc. cit. tav. 2, f. 14 *b*) si presenta in tal guisa.

CYCLOSTOMIDAE

### Cyclostoma (Cyclotus) exaratus Sandb.

1892. De Gregorio Foss. extramar. p. 13, tav. 1, f. 25-27. — Oppenheim Land. Süsswass. tav. 3, f. 7.

Riferisco a questa specie undici esemplari che paiono di sicura determinazione, sebbene in cattivo stato di conservazione. Dapprima mi parea di ascriverli alla *Delphinula multistriata* Fuchs. (Vicent. tav. 3, f. 23-24), ma esaminandoli meglio mi avvidi dell'errore. Il colore della roccia è giallo bianchiccio.

TESTACELLIDAE

### Glandina? Roncensis De Greg.

Tav. 1, f. 8 *a b*

*Testa oblonga cylindroides, laevigata, axialiter obsolete tenue nodoloso-plicata; anfractus complanati; ultimus cylindraceus, minor quam spira; apertura angusta, postice angulata; suturae lineares, superficiales.*

*L.* $55^{mm}$.

È una specie molto dubbia, perocchè non ne posseggo che un esemplare fratturato. Credo che intero sarà stato di 55mm e che l'ultimo giro sia minore della spira, ma ciò non lo posso constatare. Da principio dubitavo si trattasse di una Rostellaria del tipo della *R. postalensis* Bayan, ma esaminatolo attentamente mi ricredetti. Però il genere cui l'ho riferita non è forse esatto. Nell'insieme dei caratteri ricorda la *Gl. Deshiensis* Bayan di S. Parres, ma la dimensione del nostro è immensamente più grande.

## Cyclophorus (Craspedotropis) resurrecta Oppen.*

1890. Oppenheim Land. Süsswass. p. 21, tav. 2, f. 14.

Neppure questa specie è rappresentata nella mia collezione.

## ALATIDAE

## Rostellaria? enigmatica Bayan.

Tav. 1, f. 10.

1870. Io! enigmatica Bayan. Bayan Tert. Vicent. p. 476.
1870. „ „ „ Bayan Et. fait. Ecol. Mines p. 4, tav. 6, f. 1-2.

È una specie molto importante per la forma particolare. Il sig. Bayan la riferisce con dubbio al genere *Io*. La forma della spira ha qualche somiglianza col detto genere cioè col Pleurocera di cui il genere Io è un sottogenere, tipo di cui è la *Io spinosa* Lea. Però dall'insieme dei caratteri mi pare più da riferirsi alla famiglia delle Alatidae che a quella delle Pleuroceridae. Io non sono sicuro del genere, perchè i molti esemplari che ho esaminato sono tutti frammenti anche più fratturati che quello di Bayan e non ho potuto esaminare l'apertura. Si aggiunga che sovente le specie della famiglia delle Alatidae non acquistano il loro aspetto caratteristico che quando sono adulte, onde ogni asserzione in questo caso sarebbe congetturale. Però dall'insieme dei caratteri io mi son persuaso che con probabilità debba riconoscersi nei nostri esemplari una rostellaria ovvero un genere affine, probabilmente una rostellaria del tipo *Rost. Begiati* De Greg. (S. Ilarione p. 17, tav. 1, p. 12-25).

## Rostellaria cfr. athleta D'Orb.

Var. veregigas De Greg.

Tav. 1, f. 9 (un esemplare alquanto schiacciato per compressione)

Desh. Bassin Paris 461, tav. 11, f. 1-2 (tables moyens).

Possiedo vari grossi esemplari analoghi alla specie di D'Orbigny, sebbene alquanto ne differiscano; essi hanno infatti l'ultimo giro munito di larghi solchi poco profondi i cui rilievi sono quasi lineari, mentre l'athleta tipo è levigata. Ne possiedo cinque grossi frammenti e vari esemplari giovani, i quali quasi si confondono con la *Phasianella syrtica* Mayer di cui dirò di seguito. Io credo che la nostra forma si possa considerare quale specie distinta, però la ho designata col nome di D'Orbigny per prudenza e perchè non possiedo alcun esemplare in buono stato di conservazione. Certo però il rinvenimento di questo tipo di rostellaria è di molta importanza, anche a causa della dimensione considerevole, per la quale i nostri superano gli esemplari di Parigi. Uno dei miei esemplari (alquanto schiacciato) ha l'ultimo giro largo 85mm e un'altro pure nelle stesse condizioni ha l'ultimo giro largo 100mm.

Io credo che taluni dei miei esemplari doveano essere lunghi 23 centimetri.

## Rostellaria Roncaincola De Greg.

Tav. 2, f. 1 *a b* (un esemplare visto da un lato e l'estremità dello stesso vista dall'altro lato.

*Testa maxime elegans, valde alata; spira ovata, utrinque labio circumdata, nam labium usque ad apicem decurrit atque obtegit, unde latere opposito revertitur; anfractus paulo convexi, circiter 6 liris spiralibus ornati; interstitia lirarum sub lente funiculo spirali obsoleto, atque plicis axialibus confertis ornata; suturae superficiales; labium esternum valde expansum, vix digitatum.*

*L. 10*$^{mm}$.

Non posseggo che un esemplare di questa bellissima specie, che pare richiami la *R. insuturata* De Greg. (S. Ilarione p. 18, tav. 5, f. 12); esso è impiantato in un pezzo di calcare, talchè non si può vedere che dalla parte del dorso e poco dalla parte di faccia, perchè per essa è saldamente fermo alla roccia. Ciò che più lo caratterizza è la espansione del labbro che raggiunge la estremità della spira e risale dall' altro lato formando un margine perfettamente ellittico. La superficie è ornata di cingoli liriformi (6 o 7) in ciascun giro; a guardarsi con la lente i loro interstizi si discerne un piccolo funicolo spirale interposto, il quale è poi reticolato per l'incontro di fini pieghe assiali. Tre dei detti cingoli sul dorso dell'ultimo giro si fanno un pò più prominenti e costiformi con accenno a divenir tuberculate.

La specie, cui mi pare abbia maggiore affinità, è la *R. macropteroides* Bull. (1852 Bellardi Nice p. 14, tav. 13, p. 16). Però non si trovò punto identificata perchè l'individuo descritto da Bellardi non è che un frammento.

## Alaria Zigni De Greg.

Var. perclathrata De Greg.

Tav. 1, f. 12, *a b* (un esemplare con dettaglio dell'ornamentazione).

1880. De Gregorio S. G. Ilarione p. 14, tav. 1, f. 21-22, tav. 1, f. 6.

Il rinvenimento di questa elegantissima specie a Roncà è di molta importanza. È certo una specie abbastanza rara; infatti io non ne possiedo di Roncà che un solo esemplare. Però esso mostra molto bene la ornamentazione, la quale corrisponde a quella degli esemplari di S. Ilarione anzi è ancora un pò più marcata in modo che appare elegantemente reticolata.

## Strombus Tornoueri Bayan.

Tav. 1, f. 13-15 (tre esemplari).

1870. Strombus Tornoueri Bayan. Bayan Et. fait Mines p. 45, tav. 7, f. 5-6.
1877. " " " Hébert Mun. Chalmas.
1880. " " " De Greg. S. G. Ilarione f. 9, tav. 4.
1894. " " " De Greg. M$^{te}$ Postale f. 11-13, tav. 5, f. 8.
1894. " " " Oppenheim Eoc. faunes M$^{te}$ Pulli p. 438.

È una specie molto caratteristica della fauna di Roncà. Nel mio lavoro su S. G. Ilarione e anche in quello di M$^{te}$ Postale io accennai al mio sospetto, anzi alla molta probabilità che lo *Str. pulcinella* Bayan non si debba considerare che quale fauna giovane del Tornoueri. Avendo esaminato molti esemplari di Roncà mi sono confermato in tale opinione. Si possono paragonare le nostre figure del presente lavoro con quelle di Monte Postale. Taluni esemplari giovani hanno la spira più sviluppata i giri subangulati, il penultimo leggermente biangolato. Mentre negli adulti la spira è più soventi concava con giri piani. Io credo che con l'età la spira si deforma e anche in parte venga riassorbita. Tale opinione è forse azzardata; ma io ho constatato altri fatti di riassorbimento e in questo caso ho molto sospetto di ciò.

Lo *Str. auriculatus* Grat. (Fuchs Vicent. tav. 4, f. 1-2) è molto somigliante al Tornoueri nella sua ultima fase di svolgimento, come pure lo *Str. problematicus* Michtti il quale gli è vicinissimo. Tale specie fu descritta da Michelotti (1861 Mioc. inf. p. 107, tav. XI; f. 17-18) poi fu benissimo illustrata dal sig. Sacco (1893 I Moll. part. p. 13, tav. 2, f. 1-5). È probabile si debba unificare alla stessa specie.

## Stromboconus De Greg.

Propongo questo sottogenere per la specie seguente, la quale è intermedia tra il genere strombus e il genere conus.

## Strombus (Stromboconus) Suessi Bayan.

Tav. 2, f. 2-5 (tipo); f. 6-7 var. corrugatum De Greg.; f. 8-9 (sono probabilmente due diverse manifestazioni della stessa varietà corrugatum)

1870. Strombus Suessi Bayan. Bayan Tert. Vicent. Et. fait. Ec. Mines, p. 43, tav. 7, f. 1.
1877. „ „ „ Hébert Munier Chalmas Compt. Rend. Ac. de France p. 85.
1894. „ „ „ Oppenheim M.te Pulli p. 438.

È una specie di eccezionale importanza abbastanza caratteristica, ma così strana e polimorfa quanto mai. Ha le coste molto marcate. Le varici che sono per lo più in serie assilari (sovente tre). La spira è più o meno sviluppata e oblunga secondo gli individui; in taluni esemplari giovani è addirittura turrita, però non per regola, infatti vi sono individui giovani in cui non è così sviluppata. I giri sono talora un po' scalariformi; talora presso la sutura posteriore un po' scavati. L'ultimo giro è assai caratteristico, perchè perfettamente simile a quello del genere conus. Nell'esemplare figurato da Bayan si vede una sinuosità nel labbro esterno alla parte posteriore, come negli strombi, ma in generale tale sinuosità è appena accennata e quale talora anche si verifica nel genere conus, in modo che potrebbe da taluno, che non abbia studiato tutte le fasi della specie, ascriversi al detto genere. Per verità anche in talune specie di conus si ha molta plasticità di caratteri (p. es. *C. diversiformis*), ma l'aspetto della spira dei nostri esemplari e la presenza delle coste e talora delle varici ci distoglie assolutamente di riferirli al detto genere.

Certo, chi non ha avuto come me un gran numero di esemplari fra mano non si potrà formare una giusta idea di questa specie così plastica e variabile.

Io ho proposto per essa il sottogenere stromboconus il quale sarebbe caratterizzato dagli anfratti costati, la spira variabile, l'ultimo giro grande, posteriormente angolato, coniforme, l'apertura quasi simile a quella del genere conus.

## Idem Var. corrugatum De Greg.

Tav. 2, f. 6 *c d*.

Si distingue dal tipo per avere l'ultimo giro non levigato, ma ornato di dense rughe pliciformi assiali, le quali si estendono per tutto il giro sino alla sutura posteriore.

## Strombus Fortisi Brongt.

Tav. 2, f. 10, var. velaeformis De Greg.; f. 11-13 (juvenis). Tav. 3 f, 1 a 6 (var. biscarinatum De Greg.), f. 2-3 (forma tipica).

1778. Fortis Valle Roncà tav. 1, f. 4-6, p. 9.
1780. Hacquet Verst. tav. 1, f. 2.
1823. Strombus Fortis Brongt. Brongt. Vicent. p. 73, tav. 4, f. 7.
1831. Hippocrenes „ „ Bronn. It. tert. p. 30.
1850. „ „ „ D'Orb. Prodr. p. 315.
1869. Rostellaria „ „ Bayan Bull. Soc. géol. France T. 27, p. 456.

1870. Rostellaria Fortis Brongt. Bayan Bull. Soc. géol. France.
1870. Strombus „ „ Tournouer Observ. mém. Bayan p. 505.
1890. „ „ „ De Gregorio In tal. Foss. dint. Bassano.
1894. „ „ „ Oppenheim Eoc. fauna M[te] Pulli.
1895. Strombus vialensis Fuchs var. Lavacillensis De Greg. De Gregorio Foss. Lavacille p. 5, tav. 2, f. 6.

Il tipo è una specie primaria abbastanza variabile; avendo esaminato molteplici esemplari, io sono ora nella convinzione che gli esemplari di Lavacille rapportati da me al *Conus vialensis* Fuchs var. *Lavacillensis* debbansi considerare quale varietà della stessa specie. Il sig. Bayan (Bull. Soc. geol. France p. 456) riferisce fra i sinonimi lo *Strombus laevis* Mayer.

Io considero come tipo gli esemplari con spira prominente cioè quelli che corrispondono alla figura di Brongnart e a quelle di Fortisi.

*Var.* velaeformis *De Greg. Spira brevis; paulo prominula; anfractus concavi, apud suturam anticam paulo carinati, subtuberculati; ultimus anfractus postice complanatus, ad peripheriam carina erecta laminari maxime prominula praeditus; labrum externum latum; apertura postice divaricata angulata.*

Questa varietà segna il limite della specie. Ciò che più la caratterizza è la carena, la quale sul petto dell'ultimo giro è crenulata, ma sul dorso si fa immensamente eretta, laminare, levigata, tagliente non bitorzuluta. È dessa che determina anche il divaricamento posteriore dell'apertura.

Var. *biscarinatus* De Greg. È un'altra ramificazione del tipo e si distacca da questo anche maggiormente che la varietà precedente, cui molto somiglia, e segna proprio l'ultimo limite della specie. Ciò per cui si distingue dalla varietà precedente consiste nell'essere la carena dell'ultima parte dell'ultimo giro dupla; e nell'essere il labbro esterno dell'apertura protratto indietro, in modo che la scanellatura posteriore dell' apertura si distacca indietro di questa ugualmente che il vertice della spira.

### Strombus (Gallinula) canalis Lamk.

Tav. 1, f. 11.

Deshayes Coq. Paris p. 629, tav. 84, f. 9-11. Ed. V. 31, p. 466, De Gregorio p. 11, tav. 5, f. 9-11 (non 12 come per errore).

Il rinvenimento di questa specie, propria del calcare grossolare di Parigi, è di molta importanza. I due esemplari, che ho esaminato, sono di sicura identificazione. Si distinguono solo per la dimensione un pò maggiore.

### Strombus (Rimella) Bartonensis Sow.

Deshayes Coq. Paris p. 628; tav. 85 f. 3-5 Ed. 2, v. 3, p. 466.

Ho ritrovato io stesso nel calcare di Roncà un piccolo esemplare di questa specie di sicura identificazione. Anche questa specie, come la precedente, è caratteristica del calcare grossolare. Il nostro esemplare rassomiglia pure allo *Str. Boreli* Bayan (Et fait Mines tav. 6, f. 3), ma si rassomiglia maggiormente al *Bartonensis*. Io credo che il Boreli si debba forse considerare quale varietà o forma della specie di Sowerby. Non è improbabile che il maggiore angolo della spira dell'esemplare di Bayan dipenda da compressione. Certo, l'angolo spirale dei nostri rassomiglia molto più anzi è identico a quello degli esemplari di Parigi.

### Strombus pulcinella Bayan.

1895. Vinassa de Regny Synopsis p. 230.

Ho già parlato di questa specie nel paragrafo relativo allo *Str. Tornoueri* Bayan.

## Strombus Boreli Bayan.

1870. Bayan Bull. soc. géol. France p. 480.
1870. „ Et fait écol. mines p. 42, tav. 6, f. 3.

Io non ho ritrovato questa specie a Roncà, però deve ritrovarvisi perchè citata da Bayan.

## Pterocera Canavari Vin.

1893. Vinassa I Moll. terr. terz. Alp. Venet. p. 221.

Questa specie finora non è stata nè descritta nè figurata.

## Chenopus pescarbonis Brongt.

1823. Rostellaria pescarbonis Brongt. Brongnart Vicent. p. 75, tav. 4, f. 2.
1831. Chenopus „ „ D'Orbigny Prodr. V. 2, p. 315.

Possiedo esemplari di questa specie provenienti da varie località, ma non da Roncà. Essa però deve trovarvisi, perchè la sua presenza in tale deposito è segnalata tanto da Brongnart, che da d'Orbigny, il quale non fece per Roncà un lavoro di semplice compilatore, ma un lavoro originale; infatti cita e descrive nel suo prodromo varie specie nuove di detto deposito.

## Terebellum convolutum Lamk.

Tav. 3, f. 4, (var. roncanum De Greg.)

1837. Terebellum convolutum Lamk. Deshayes Coq. Paris p. 737, tav. 95, f. 32-33. Ed. 2, p. 469. (sopitum)
1880. „ sopitum Brand. De Gregorio S. G. Ilarione p. 23, tav. 1, f. 20.
1894. „ convolutum Lamk. De Gregorio M. Postale p. 11, tav. 1, f. 14-20.
1894. „ sopitum Brand. Oppenheim Die Eoc. faune M[te] Pulli p. 438.

Rimando il lettore a quanto ho detto nel mio lavoro su M[te] Postale (p. 11) riguardo al nome di questa specie. Nel citato lavoro ho dato anche la sua bibliografia. Nel mio lavoro su S. Giovanni Ilarione descrissi varie forme di terebelli figurandone parecchie e adottando il nome di sopitum Brand. che poi mi convinsi non potersi più sostenere.

Non è facile classificare i terebelli di Roncà, perchè si trovano per lo più sformati per compressione; però qualche individuo riproduce esattamente il tipo del *convolutum* del calcare grossulare di Parigi. Però vi è una varietà speciale (var. *roncanum* De Greg.), che si distingue per avere la dimensione maggiore, l'apertura meno protratta indietro la forma più bislunga, sicchè pare un *T. fusiforme* di grandi dimensioni. Gli esemplari schiacciati (per la compressione laterale della roccia) a guardarsi di faccia, pare che abbiano un diametro maggiore che di fatto lo hanno e somigliano quindi al *carcassense* Leym. (1845 Montagne Noire tav. 16, f. 9) ma questa specie è più larga e ha la spira più visibile. Maggiormente si assomigliano al *T. olivaceum* Cossm. (Cossman Cat. Ill. tav. 3, f. 1-2) e forse allo stesso devono riferirsi, però la dimensione dei nostri esemplari è immensamente più sviluppata. Il sig. Oppenheim riferisce gli esemplari di M[te] Pulli col nome di *Terebellum* cfr. *olivaceum* (M[te] Pulli p. 411, tav. 26 f. 14). Io credo che debbono essere identici a quelli di Roncà. Un terebellum molto simile alla forma in discorso è il *Ter. subconvolutum* D'Orb. (1840 Ter. convolutum Grat. Adour. tav. 42, f. 1. D'Orbigny Prodr. v. 3, p. 9), il quale si trova a Castel Gomberto e secondo il Fuchs (Vicent. p. 12), anche a Gaas. Io credo che tal nome ha la priorità su tutti.

### Terebellum fusiforme Lamk.

Tav. 3, f. 5 tipo — f. 6 propedistortum De Greg.

Deshayes Coq. Paris p. 748, f. 45 f. 45, f. 30-31, 2. Ed. tav. 3 p. 470.
De Gregorio S. G. Ilarione p. 20, tav. 1, t. 5.
" M[te] Postale p. 11, tav. 1, f. 21.

*T. tipo* Qualche esemplare di Roncà riproduce perfettamente il tipo di Lamarck.

*T. propedistortum* De Greg. (De Gregorio S. G. Ilarione p. 20, tav. 5, f. 17-18) Taluni individui però corrispondono invece a questa forma già da me descritta.

*T. obvolutum* Brongt. (Brongnart Vicent. p. 62, tav. 2, f. 5) Bronn. It, tert. p. 15. Esaminando la figura di Brongnart mi nasce il sospetto che non debba considerarsi che quale forma del fusiforme, non solo, ma che egli abbia avuto tra mani un modello piuttosto che la conchiglia. Certo se fosse il guscio, sarebbe una buona specie, ma ciò mi pare non molto verosimile. Ad ogni modo può darsi, certo però che io non ho ritrovate a Roncà alcun esemplare simile. Se fosse un modello, apparterrebbe di certo al fusiforme Lamk. La nostra forma *convofusiforme* (S. Ilarione p. 22, tav. 5, f. 32) appartenente al convolutum si riattacca alla stessa specie. Io, come ho già detto, ritengo che i limiti fra i due tipi convolutum e fusiforme non sono ben distinti o per meglio dire che non ne esistano punto.

### Terebellum (Mauryna) pliciferum Bayan.

1870. Terebellum pliciferum Bayan Bayan Sur le terr. tert. Vénétie p. 482.
1870. " " " Bayan Et. fait. Mines p. 49, tav. 8, f. 1-2.
1880. Mauryna " " De Gregorio S. Giov. Ilarione p. 25, tav. 1, f. 28 etc.

Il ritrovare questa specie di S. Ilarione a Roncà è una prova dei rapporti di vicinanza delle due faune, perocchè il pliciferum è una specie molto caratteristica che finora non si era trovata che a S. Ilarione. — Io non credo sia comune a Roncà anzi abbastanza rara, perocchè io non possiedo che un solo esemplare, però di sicura identificazione.

### Terebellum carcassense Leym.*

1895. Vinassa de Regny Synopsis p. 230.

Io non possiedo il tipo dò questa specie, ma delle forme affini di cui ho già parlato. Lo studio delle specie di questo genere è molto difficile come ho già detto, perocchè si tratta di forme non ben limitate e perchè gli elementi caratteristici della conchiglia sono ben pochi.

### Bulla Fortisi Brongt.

Tav. 3, f. 3-8 due esemplari da due lati con dettaglio della superficie anteriore.

| | | |
|---|---|---|
| 1778. | | Fortis Valle di Roncà, tav. 1, f. 3. |
| 1813. | Bulla Fortisi Brongt | Brongnart Vicent. p. 52, tav. 2, f. 1. |
| 1850. | Scaphander " " | D'Orbigny Prodr. V. 2, p. 321. |
| 1862. | Bulla " " | Zittel Ober. Nummul. Ungarn p. 379. |
| 1870. | " " " | Bayan Et. Mines tav. 4, f. 6-7. |
| 1894. | " " " | Oppenheim Die eoc. fauna M[te] Pulli p. 441. |
| 1895. | " " " | Vinassa de Regny Synopsis p. 232. |

È una delle specie più caratteristiche di Roncà ove raggiunge dimensioni relativamente considerevoli. Ne ho esemplari lunghi 60$^{mm}$, quindi maggiori di quelli di Brongnart. Devo osservare che la figura data da questo autore mostra molte rughe o pieghe assiali che intersecano le spirali; in taluni dei nostri esemplari la superficie è levigata, tracciata solo da anguste e profonde strie spirali. Tali strie sono alquanto subequidistanti, non regolari; alla parte posteriore poi si fanno assai dense è avvicinate l'una all'altra, mentre anteriormente sono più rade. Devo osservare infine che in fondo alle strie specialmente le anteriori, le quali si possono dire piuttosto solchi, a guardarsi con la lente, si scopre sovente un piccolo funiculo interposto; ciò nei solchi più profondi e più larghi che sono anteriori, e non in tutti gli individui. Le rughe assiali che si vedono molto marcate nella figura di Brongnart, non lo sono sempre; talora sono più accentuate, tal altra meno; talora scompaiono. Per lo più sono più visibili nella parte ultima dell'ultimo giro, cioè sul dorso presso il margine del labro esterno.

### Bulla plicata Desh.

Deshayes Coq. Paris V. 2, p. 43, tav. 5, f. 31-33. — Idem Bassin Paris V. 2, p. 635.

*Testa minuta, ovata! subcylindroides, elegans, postice truncata, umbilicata; apertura potius angusta, antice paulo dilatata; ultimus anfractus postice elegantissime axialiter costatus, in medio atque antice laevigata; spira introrsa.*

*L. 9mm larg. 6m.m*

È una graziosa specie molto caratteristica per le coste posteriori, e per la forma. Per questa e per la dimensione si rassomiglia alla *Bulla turgidula* Desh. (Bassin Paris tav. 39, f. 25-29), però la ornamentazione è affatto differente. È molto rara; non ne posseggo che un esemplare però di sicura identificazione. La *B. plicata* è propria del calcare grossulare di Parigi.

### Cyclichna procerula Rauff. *

1885. Rauff. Gastrop. Vicent. tert.

Il prelodato autore descrive questa specie nel citato opuscolo, senza però darne alcuna figura.

## CYPRAEIDAE

### Cypræa Proserpinae Bayan.

Tav. 3, f. 9.

1870. Cypræa Proserpinae Bayan. Bayan Et. fait. Mines p. 57, tav. 5, f. 4.
1840. " " " De Gregorio S. Ilarione p. 31, tav. 6, f. 11, 13-14.
1894. " " " Oppenheim Mte Pulli p. 439.
1895. " " " Vinassa Regny p. 280.

Ho già parlato a lungo a proposito di questa specie nel mio lavoro su S. Ilarione, cui rimando il lettore. È una delle più belle specie di Roncà, ove raggiunge dimensioni anche maggiori che a S. Ilarione.

### Cypræa (Epona) Moloni Bayan.

Tav. 3, f. 10 lo stesso esemplare da due lati.

1869-70. Bayan Bull. soc. géol. p. 481.
" " Et. Mines p. 59, tav. 9, f. 1.
1880. De Gregorio S. Ilarione p. 37, tav. 1, f. 3.

Anche di questa specie parlai a lungo nel mio lavoro su S. Giov. Ilarione; devo osservare solamente che gli esemplari di Roncà sono anteriormente più rostrati che la figura di Bayan, lo che dà loro un aspetto più caratteristico.

### Cypræa (Cyprovula) elegans Defr.

1880. De Gregorio S. Ilarione p. 34, tav. 1, p. 43, tav. 6, f. 4.
1894. Oppenheim M$^{te}$ Pulli p. 439, p. 439, tav. 29, f. 9. Vinassa p. 231.

Deve essere a Roncà abbastanza rara perchè non ne posseggo che un frammento però di sicura identificazione.

### Cypræa inflata? Lam. *

1820. Cypraeantes inflatus Schloth. Schlotheim Petref. p. 18.
1823. Cypræa inflata Lamk. Brongnart Vicent. p. 62.
1841. „ „ „ Bronn. Ital. Tert. p. 15.

La determinazione di questa specie è probabilmente inesatta. Credo si tratti di qualcuna delle specie sopra nominate.

### Cypræa amygdalum? Brocc. *

1823. Brongnart Vicent. p. 62. — 1831. Bronn. It. tert. p. 16.

Questa determinazione deve evidentemente venir rettificata. Certamente gli esemplari riferiti ad essa devono ascriversi a diversa specie.

### Cypræa annulus Lamk. *

1823. Brongnart, Vicent. p. 62. — Bronn. It. Tert. p. 16.

Anche la determinazione di questa specie è, io credo, inesatta; ma non so nulla asserire.

### Cypræa ruderalis Lamk. *

1831. Bronn. It. tert. p. 16.

Questa specie è citata da Bronn e così ne riferisco il nome. Non so però controllarne la determinazione. È probabile si tratti di altra specie rapportata successivamente dagli autori con altro nome.

### Cypræa Duclosiana Bast. *

1885. Rauff. Gastrop. Vicent. tert. p. 29.

Il sig. Rauff. cita questa specie senza però darne alcuna figura.

### Cypræa tuberculata *

1868. Suess. Vicent. p. 15.

Il sig. Suess cita questo nome, ma credo per errore, perchè io non conosco una specie terziaria con tal nome. Io credo che egli intendea alludere alla *Cypræa tuberculosa* Sow. che del resto altro non è che l'*Ovula tuberculosa* Duclos.

### Ovula Roncana De Greg.

(an tuberculosa Duclos var. *roncana* De Greg.?)
(= Cypræa tuberculata in Suess?)

Tav. 3, f. 11 *a c* lo stesso esemplare da tre lati.

*Testa magna, apud aperturam subcomplanata, dorso autem gibba; apertura paulo sinuosa, antice vix dilatata; ultimus anfractus dorso bicarinatus; carinae magnæ, erectae, rotundatae, ex quibus postica angulum producit in labro externo.*

*L. 11*$^{mm}$, *larg. 9*$^{mm}$.

È una specie di grande importanza, sì perchè appartenente a un genere povero di specie, sì per la dimensione ragguardevole e per i caratteri speciali che presenta, sì per l' analogia intima che presenta con la *O. tuberculosa* Ducl. specie molto rara e caratteristica delle sabbie inferiori (Cuise Lamotte). Io credo che avuto riguardo alla plasticità di questa specie, si possa forse considerare come una sua ramificazione. Però sventuratamente io non posseggo che un unico esemplare di questa specie, nè so quindi se a Roncà essa si presenta con caratteri fissi ovvero mutabili. Certo però la mancanza dei tubercoli caratteristici e la presenza delle due grosse carene che li sostituiscono, mi ha distolto di raffigurare in esso la stessa tuberculosa.

Il sig. Duclos (1825 Note sur un fossile de Laon) dice che la tuberculosa è provista di due grossi tuberculi sul dorso (cum duobus magnis in dorso tuberculis rotundatis). Il sig. Lefèvre (1878 Descr. de l'ovule des env. Bruxelles) descrive molte ovule e dà varie figure della tuberculosa. Egli figura il tipo di Duclos paragonandolo a quello di Deshayes e nota delle importanti differenze. Egli però non fa affatto menzione di carene; i tuberculi o mancano o conservano la forma di veri tuberculi, mai di tali prominenze oblunghe. Però l'affinità fra le due forme è assai marcata. Se infatti si guardi il nostro esemplare e quello di Deshayes non dal dorso ma dalla parte dell'apertura, sembrano quasi identici. In quanto allo spessore della conchiglia, io credo che debba essere in entrambi lo stesso; il nostro sembra più solido; ma a guardare la sezione con la lente, si osserva che lo spessore del guscio è minimo.

## OLIVIDAE

### Oliva nitidula Desh.

Deshayes Coq. Paris tav. 96, f. 19-20.

La presenza di questa specie a Roncà non può essere messa in dubbio avendo un esemplare di sicura determinazione. La sola differenza ch'esso presenta è solo nella forma più pupoide. Ciò però io credo dipenda da causa accidentale nel fossilizzarsi per compressione sofferta.

### Ancillaria dubia Desh.

Var. Roncensis De Greg.

Tav. 4 f. 1 *a b* lo stesso esemplare da due lati.

Deshayes Coq. Paris tav. 96, f. 3-9.

I nostri esemplari sono identici alle figure 3-4, 8-9 di Deshayes ne differiscono solo per la dimensione maggiore e per la mancanza del solco posteriore nell'ultimo giro. Il solco anteriore è identico, è prodotto da un infossamento che determina una specie di soluzione di continuità nello strato superficiale e un angolo rientrante nel labbro esterno come nella figura 3-8 di Deshayes. La nostra varietà è di molta importanza, perchè collega la *Anc. glandina* Desh. alla *dubia* Desh. Differisce dalla prima di queste due per il detto angolo rientrante e per la mancanza del solco posteriore e la mancanza del callo alla base.

Il sig. Brongnart figura una ancillaria *Anolax inflata* Borson (Brongnart tav. 4, f. 12), che è forse la stessa; però nella sua figura non si vede il solco caratteristico. Il sig. Vinassa cita la Anc. glandina Desh.

### Ancillaria glandina Desh.*

1895. Vinassa de Regny Synopsis p. 232.

Io non ho punto trovato a Roncà il tipo di questa specie, ma delle forme che ho ritenuto doversi considerare varietà della *dubia* Desh.

### Ancillaria olivula Lamk.*

1895. Vinassa de Regny Synopsis p. 232.

Questa specie non è stata da me rinvenuta in Roncà.

## VOLUTIDAE

### Marginella (Glabella) phaseolus Brongt.

1833. Marginella phaseolus Brongt. Brongnart Vicent. p. 69, tav. 2, f. 11.
1841. " " " Bronn. It. Tert. p. 18.
1850. " " " D'Orbigny Prodr. p. 314.
1880. " " " De Gregorio S. Ilarione p. 72, tav. 5, f. 44-53.
1894. " " " Oppenheim M^te^ Pulli p. 439.

È questa una specie ben nota e che non è rara a Roncà, ove si rinviene in buoni esemplari. Io ne posseggo parecchi, taluno dei quali in perfetto stato di conservazione. Ho qualche dubbio che tra i sinonimi bisogni aggiungere la *Cassis Archiaci* Bell. (1852 Bellardi Nice p. 20).

### Marginella eburnea Lamk.*

1823. Brongnart Vicent. p. 64.

Brongnart cita questa nota specie di Lamarck, io però non la ho ritrovata a Roncà.

### Voluta Bezanconi Bayan.

Bayan Et. Mines p. 56, tav. 6, f. 4-5.
Oppenheim M^te^ Pulli p. 439.

Questa specie, la cui determinazione è sicura, è molto sviluppata a Roncà, ove raggiunge grandi dimensioni; in taluni individui le coste si accentuano più che di consueto e si fanno alquanto spinose; somiglia allora molto alla *V. athleta* Sow. Io credo che queste due specie si unifichino in unico gruppo con la *V. depressa* Lamk. (Deshayes Coq. Paris tav. 93, f. 14-15).

### Voluta propeambigua De Greg.

Tav. 4, f. 2 gr. nat. e in grand.

*Testa subpyriformis; costae prominulae, paulo minores interstitiis; funiculi spirales rari, aequidistantes, valde prominuli; spira brevis conica.*

*L. 12*$^{mm}$.

Differisce dalla V. *ambigua* Lamk. (Deshayes Coq. Paris tav. 93, f. 10-11) solo per la spira più breve e l'ultimo giro più largo.

Io credo che a questa specie debba riferirsi l'esemplare ritenuto dal sig. Oppenheim quale giovane della *V. mitrata* Desh. (Oppenheim M$^{te}$ Pulli p. 408, tav. 28, f. 10).

### Voluta affinis Brocc. *

1823. Voluta affinis Brocc. Brongnart Vicent. p. 63, tav. 3, f. 5.

Questa specie deve naturalmente venire omessa, perchè erroneamente citata provenendo da un piano differente.

### Voluta subspinosa Brongt. *

1823. Voluta subspinosa Brongt. Brongnart Vicent. p. 64, tav. 3, f. 5.
1831. " " " Bronn. It. tert. p. 19.
1862. " " " Zittel Ob. Numm. Ung. p. 368.

Io non trovo punto tra i miei fossili di Val Nera questa specie. Essa però appartiene all'orizzonte di Roncà.

### Voluta crenulata (Lamk.) Brug. *

1841. Bronn. It. tert. p. 18.

Neppure questa specie si trova nella mia collezione di Val Nera.

### Voluta ambigua Lamk. *

1850. D'Orbigny Prodr. v. 2, p. 314.

D'Orbigny cita questa specie, ma io non ne possiedo alcun esemplare di Roncà.

### Voluta imbricata Schaur. *

1865. Schauroth Coburg. p. 241, tav. 25, f. 4.

Questa specie è descritta e figurata da Schauroth.

### Voluta crenulifera Bayan *

= omissa Menegh. teste Vinassa

1893. Vinassa It. Moll. terr. terz. Alp. Venet. p. 221 (Voluthilites).

Il sig. Vinassa cita questa specie senza altro, ma aggiunge come sinonimo la *omissa* Menegh. che credo non sia stata mai descritta.

### Voluta (Lyria) harpula Lamk. *

1895. Vinassa de Regny Synopsis p. 332.

Nella mia collezione di Val Nera non si trova alcun esemplare di questa specie così nota e caratteristica.

### Mitra crebricosta Lamk. *

1895. Vinassa de Regny Synopsis p. 232.

Io non ho rinvenuto questa specie così nota e tipica a Roncà, ma solo le due precedenti.

### Mitra propefusellina De Greg.

Tàv. 4, f. 3 *a d* lo stesso esemplare da due lati in grand. nat. e ingr.

*Testa biconica; anfractus 8, subcomplanati, axialiter tenue plicati; ultimus in medio vix convexus, antice conicus, postice protractus penultimum partim obtegens; apertura valde angusta; plicae columellares 4?*

*L.* 22$^{mm}$.

È rara conchiglia di cui non ho che un esemplare. È intermedia tra la *Mitra graniformis* Lamk. (Deshayes Coq. Paris tav. 89, f. 11-12) e la *fusellina* Lamk. (Idem tav. 89, f. 18-20, ma più vicini a quest'ultima da cui si distingue per la mancanza del solco posteriore e per le pieghe assiali un pò più marcate.

### Mitra subcostulata D'Orb.

Mitra costulata Deshayes Coq. Paris tav. 90, f. 1-2 (non Risso).

Parecchi esemplari che corrispondono bene agli esemplari di Parigi. Il sig. D'Orbigny, come è noto, propose questo nome essendo il nome costulata precedentemente adottato da Risso.

## CONIDAE

### CONINAE

### Conus Brongnarti D'Orb.

Tav. 4, f. 4-6 tre esemplari, f. 5 un esemplare di faccia, dalla spira, e dettaglio dell'ornamentazione spirale dei giri; f. 6 esemplare giovane in gr. nat. e in grand.

1823. C. deperditus Brongt (non Brug.) Brongnart Vicent. p. 61, tav. 3, f. 1.
1880. Conus Brongnarti D'Orb. D'Orbigny Prodr. V. 2, p. 314.

*Testa conica! spira $^1/_4$ ultimi anfractus; anfractus antice apud suturam erecti carinati; inter carinam et suturam posticam spiraliter funiculati; funiculi saepe 4; carina erecta, sublaminaris, in primis anfractibus crenulata, in aliis laevigata; ultimus anfractus funiculis linearibus spiralibus elegantissimis ornatus; funiculi 18, regularissimi, aequidistantes.*

*L. 60$^{mm}$ (spira 15$^{mm}$).*

È una specie molto elegante e relativamente abbastanza distinta. Infatti le specie dei coni in genere sono provvisti di pochi caratteri distintivi e spesso questi non sono costanti. Trattandosi poi di un tipo di coni che ha molte specie affini e simili, riesce difficile isolarne una dalle analoghe. Però la specie in questione è relativamente abbastanza caratterizzata per i funicoli spirali (che sono molto regolari e distanti l'uno dall'altro), talchè nell'ultimo giro non ve ne ha in generale che circa 18) e per la carena saliente e laminare. Per la forma somiglia immensamente al *Conus derelictus* Desh. (Bassin Paris tav. 100, f. 1-2) però in questo i funicoli spirali sono assai più densi.—Il sig. Schauroth descrive un *conus nisoides* di Lugo e di Roncà; però egli non parla del carattere molto distinto dei funicoli spirali. Tale specie è riferita dal Fuchs (Vicent. p. 51) quale sinonimo del *C. diversiformis* Desh.

Una specie che è molto vicina al Brongnarti è il *C. Peterlini* De Greg. (S. Ilarione tav. 7, f. 32) però in questo i giri sono posteriormente crenulati e i funicoli stessi lo sono mentre nel Brongnarti sono levigati.

Il conus *turriculatus* Desh. var. *funiculifer* Coss. (1889 Cossmann Cat. ill. V. 4, tav. 11, f. 4) è molto analogo della specie di D'Orbigny, e forse si unifica con essa.

## Conus infirmus De Greg.

Tav. 4, f. 7, un esemplare in grand. nat. e in grand.

*Testa spiraliter funiculata; spira minor quam $^1/_2$ ultimi anfractus; anfractus in medio angulati, anrtice apud suturam funiculo perspicuo ornati.*

*L. 25$^{mm}$.*

È una specie piuttosto dubbia, caratterizzata precipuamente dal funiculo posteriore che fiancheggia la sutura e dall'angolazione dei giri.

## Conus alsiosus Brongt. *

1823. Brongnart Vicent. p. 61, tav. 3, f. 3.
1850. D'Orbigny Prodr. V. 2, p. 314.

D'Orbigny cita questa specie tra i fossili di Roncà, esso però non esiste nella collezione che si conserva nel mio gabinetto geologico.

## Conus semicoronatus Vin. *

1893. Vinassa de Regny I. Moll. terr. terz. Alp. p. 221.

Questa specie finora non è stata descritta nè figurata.

PLEUROTOMINAE

## Pleurotoma (Cryptoconus) evulsus Desh. *

1895. Vinassa de Regny Synopsis p. 232.

Non ho ritrovato il tipo di questa specie a Val Nera, ma forme affini.

### Pleurotoma (Cryptoconus) lineolata Land.

Tav. 4, f. 9 tipo — f. 10 var. unisulcata De Greg.

1885. Bauff Gastrop. Vicent. tert. p. 30.
1895. Vinassa de Regny Synopsis p. 233.

Questa è la pleurotoma che ha maggiore diffusione; ne posseggo molti esemplari, taluni dei quali in buonissimo stato di conservazione e che financo conservano il colorito. La ornamentazione consiste in fili spirali equidistanti, di colore bluastro. Posteriormente non sono solcati.

### Idem.

Var. unisulcata De Greg.

Tav. 4, f. 10.

Differisce dal tipo per un solco stretto e profondo a non molta distanza dalla sutura posteriore.

### Pleurotoma (Cryptoconus) cincta Desh.

Deshayes Coq. Paris tav. 69, f. 3-4.

È abbastanza rara; non ne ho che un esemplare non bene conservato ma di probabile identificazione.

### Pleurotoma (Cryptoconus) prisca Sow.

Deshayes Coq. Paris tav. 69, f. 1-2.

Possiedo vari esemplari di cui qualcuno identico a quelli di Francia. Uno di essi è lungo $80^{mm}$!

### Pleurotoma (Raphitoma) propecostaria De Greg.

Tav. 4, f. 8, gr. nat. e ingr. da due lati.

*Testa parva fusiformis, costae rotundatae circiter 12, majores interstitiis; canalis anticus brevis; apertura angusta; rima paulo profunda, suturae adnata.*

*L.* $7^{mm}$.

È una piccola specie molto somigliante alla *Pl. costaria* Desh. (Deshayes Coq. Paris tav. 68, f. 1-2) dalla quale si distingue solo per le strie spirali più tenue (tanto che senza una buona lente la conchiglia sembra levigata) e per la rima del labro esterno meno profonda.

È una specie molto rara di cui non possiedo che un esemplare.

## MURICIDAE

### Fusus (Pullincola) quinquecostatus De Greg.

Tav. 4, f. 10-12 tre esemplari in grand. nat. e in grand. it.— f. 13 *a b* Var. exiliusculus De Greg. gr. nat. e in grand.

1894. De Greg. M[te] Postale p. 11, tav. 4, f. 98-101.

*Testa turrita, elongata, angusta, pentagonalis, pupoides; spira elongata apici acuminata; anfractus costati; costae 5 latae, rotundatae, subtuberculatae in 5 series dispositae; striae spirales confertae, finissimae, solum sub lente visibiles; suturae superficiales lineares; ultimus anfractus lente crescens, antice angustatus; apertura angustissima.*

*L.* 32[mm].

Elegantissima e caratteristica specie che si trova anche a M[te] Postale e a M[te] Pulli e che non so come sia sfuggita ai vari autori; forse è stata da taluno confusa con il *Cerithium pentagonatum*. Ne ho osservato moltissimi esemplari di Roncà ben conservati; però tutti hanno l'estremità del canale rotta.

Var. exiliusculus De Greg.

Tav. 4, f. 13.

*Testa magis angusta, sublaevigata; costae minus tuberculosae, subcontinuae.*

Differisce dal tipo della specie per avere la spira un po' più angusta, la superficie sublevigata, le coste meno tubercolose, un po' pizzicate e quasi continuantisi l'una di un giro con l'altro del giro precedente.

### Fusus (Clavella) Noae Lamk.

var. orangustatus De Greg.

Tav. 4, f. 14 *a c*.

Deshayes Coq. Paris p. 75, f. 8-9-12-13.
1823 Brongnart Vicent. p. 72, tav. 4, f. 2.
1865 Hébert terr. num.
1869 Bayan Vicent. p. 456. Zittel Ung. p. 369.
Oppenheim M[te] Pulli p. 438.
1895 Vinassa de Regny Synopsis p. 230 (Clavulites).

È identico al tipo di Deshayes f. 12-13; ne differisce però per l'apertura un po' più angusta essendo il labbro esterno meno arcuato, per l'ultimo giro più angusto. La scanellatura posteriore dell'apertura è stretta ma oblunga. Le rughe assiali, a guardarsi con la lente, formano un tessuto elegante per l'incontro dei funicoli spirali.

### Fusus polygonus Lamk.

Deshayes Coq. Paris tav. 71, f. 5-6. — 1869 Hébert Bull. Soc. géol. Brongnart Vicent. p. 72, tav. 4, f. 3.— *Fusus Brongnarti* D'Orbigny Prodr. — Oppenheim M[te] Pulli p. 438. — Bayan 1865 Bull. Soc. géol. Franc. p. 456. (F. Brongnarti D'Orb.).

Questa specie si trova a Roncà con l'identico aspetto che nel bacino di Parigi.

### Fusus unicus De Greg.

Tav. 4, f. 15 *a b* grand. nat. e ingr.

*Testa subconoidea, paulo pupoides; anfractus obsolete tenue spiraliter lineati; costae 6, tuberculiformes, in series axiales dispositae; funiculus spiralis unicus, super costas paulo exasperatus, in interstitiis paulo cancellatus; ultimus anfractus potius oblongus, antice autem paulo coarctatus, 5 funiculis regularibus spiralibus ornatus, in quorum singulis interstitiis funiculus minor in medio interpositus est; apertura angusta.*

*L.* $14^{mm}$.

Questa specie è molto analoga del *F. quinquecostatus* De Greg. del quale ha lo stesso facies; però se ne distingue per la diversa ornamentazione. Tanto l'uno che l'altro sono forme molto caratteristiche e importanti che richiamano talune specie della famiglia delle Alatidae. Spiacemi che in nessuno si conservi il canale anteriore.

Queste due specie (soprattutto gli esemplari fratturati) hanno molta somiglianza (a primo aspetto) col *Cerithium fagincum* De Greg. dal quale si distinguono sì per la forma dell'ultimo giro, che per il numero delle coste.

### Fusus (Costulofusus) subscalarinus D'Orb.

1845. Vinassa de Regny Synopsis p. 220 (Siphonalia subscalarinus D'Orb.).

Ho parlato di questa specie nel mio lavoro su S. Giov. Ilarione (p. 90, tav. 5, f. 40-41, tav. 7, f. 49) e su quello su Bassano (Horizont à conus diversiformis p. 29, tav. 5, f. 113-114) nel quale libro ho proposto il citato sottogenere. Di Roncà non ne posseggo che un esemplare in parte rotto ma di sicura identificazione.

### Fusus (Melongena) subcarinatus Lamk.

Deshayes Coq. Paris tav. 77, f. 7-14. — 1865 Hébert Bull. Soc. géol. — 1823 Brongnart Vicent. p. 73, tav. 4, f. 1 var. Roncanus. — D'Orbigny Prodr. 2 vol. T. roncanus D'Orb. — 1869 Bayan Bull. Soc. géol. p. 456.

È uno dei fusus più comuni a Roncà dove raggiunge una dimensione considerevole. Uno dei miei esemplari è lungo $70^{mm}$.

Il sig. Deshayes figura quattro esemplari di questa specie 7-8, 9-10, 11-12, 13-14, i quali sono abbastanza differenti l'uno dall'altro. Io credo che i tre esemplari 9-14 si possano considerare come unico tipo, però la figura 7-8 pare debba ascriversi a un altro tipo o varietà dello stesso. Nasce la questione quale debba considerarsi quale tipo della specie. Però rileggendo la descrizione testuale di Lamarck io trovo che così dice parlando di questa specie (Lamarck coq. Paris p. 62). " Ce fuseau est court et renflé et a l'aspect d'un murex; mais il manque de veritable bourrelets " etc.

Questi caratteri mi pare più si attaglino al tipo 9-14. Io ritengo come tipo le figure 11-12 e come sue lievi modificazioni le figure 9-10, 13-14.

In quanto alle figure 7-8 parmi si possano considerare come rappresentanti una varietà distinta, degna di portare un nome. La grande autorità di Deshayes distoglie dal considerarla quale specie diversa, poichè certo egli dovette avere tra mani i passaggi dall'una all'altra. Nel lavoro del sig. Cossmann (Cat. ill.) non trovo citata questa specie, ovvero sfugge a me. A pag. 164 del 4° volume vi è una *Melongena subcarinata* Lam. Ma egli evidentemente è in errore; perocchè tale specie è invece il *Fusus obtusus* Desh. (Coq. Paris p. 567, tav. 77, f. 5-6 Bassin Paris v. 3, p. 278). Nell' indice v. 5, p. 156 è solo menzionato questo, il quale si potrà forse considerare quale varietà del *subcarinatus*, ma non ritenerlo tipo della specie.

Per la varietà f. 7-8 di Deshayes propongo il nome di var. *Catonis*.

## Fusus? columbellaeformis De Greg.

Tav. 4, f. 16 *a b*.

*Testa biconica, parva, laevigata; anfractus subcomplanati, sutura lineari separati; ultimus anfractus antice conicus! ; apertura satis angusta oblonga.*

*L. 18*mm.

Ha la forma di un cryptoconus; però è più augusto che questo genere suole essere, è sprovvisto delle strie di accrescimento sinuose caratteristiche, è anzi perfettamente levigato, nè il labro esterno è munito di alcuna rima. Solo alla parte anteriore dell'ultimo giro si vede qualche stria quando però si guardi con una forte lente. Certo non è un Fusus, nè una Pleurotoma. Però non posso con sicurezza designarne il genere, perocchè non ne ho che sei esemplari che hanno l'estremità anteriore rotta; uno solo la ha intera; ma non ho potuto bene osservare l'interno dei labbri. Probabilmente l'esemplare di S. Ilarione (tav. 7, f. 10) dee riferirsi alla stessa specie.

## Fusus cfr. maximus Desh?

(n. sp.)

Tav. 4, f. 16.

Si tratta di una specie di grande taglia, probabilmente del tipo del *maximus*. Io non ne ho che un pezzo del rostro privo dell'estremità anteriore che dovea molto prolungarsi ancora. La superficie è perfettamente levigata. Io credo adunque che il canale anteriore dovea essere molto più bislungo della specie citata. Dapprima avevo supposto che si trattasse del rostro della *Rostellaria ampla* Brand. di cui ho parlato nel mio lavoro " Foss. des environs de Bassano ,; ma poi pensai che più probabilmente è un fusus del tipo del maximus. Non ogni dubio però mi si è diradato in proposito; nè mi è lecito dire di più, trattandosi di un semplice framento. Lo ho estratto io stesso da un pezzo di calcare bituminifero.

## Fusus intortus Lamk. *

1823. Fusus intortus Lam. Brongnart Vicent. p. 72, tav. 4, f. 4.
1831. " " " Bronn It. tert. p. 42.
1865. " " " Hébert Note terr. numm. It. Sept.

Questa specie non è rappresentata nella collezione di Val Nera, che si conserva nel mio privato gabinetto geologico.

## Fusus polygonatus Brongt. *

1880. Fusus trapeziiformis Schl. Schlotheim Petref.
1823. " polygonatus Brongt. Brongnart Vicent. p. 73, tav. 4, f. 4.
1831. " " " Bronn It. tert. p. 42.
1850. " " " D'Orbigny Prodr. v. 2, p. 317.
1865. " costulatus Lamk. Hébert Note terr. numm. It. sept.

Bronn citando questa specie le riferisce tra i sinonimi A. trapeziiformis Schloth.

Hébert adotta il nome di costulatus Lamk. Io non ho studiato tale questione, perocchè non possiedo alcun esemplare di questa specie proveniente dai depositi di Roncà.

### Fusus (Clavella) Pachyrhaphe Bay. *

1870. Bayan Bull. soc. géol. France p. 477.
1870. „ Et. faites mines p. 50, tav. 6, f. 5.
1877. Hébert Munier Chalmas Compt. rend. Inst. France.
1894. Oppenheim M^te Pulli p. 448.

Questa specie deve trovarsi a Roncà sicuramente; però io non possiedo alcun esemplare che la riproduce esattamente.

### Fusus (Clavella) deformis Sol.*

1895. Vinassa de Regny Synopsis p. 232.

Non possiedo alcun esemplare da questa specie.

### Melongena eneagona Vin. *

1893. Vinassa de Regny. I Moll. terr. terz. Alp. Venet. p. 221.

Questa specie finora non è stata nè descritta nè figurata.

### Fusus (Siphonalia) scalarioides Lamk. *

1895. Vinassa de Regny Synopsis p. 232.

Questa specie è citata dal sig. Vinassa; io però non ne possiedo alcun esemplare.

### Fusus aequalis Michtti

Fuchs Vicent. p. 15, tav. 2, f. 14-15.

Riferisco a codesta specie varie esemplari che io possiedo e che le somigliano moltissimo. Il sig. Fuchs riassume questa specie a Castelgomberto e anche a Gaas. Egli le riferisce come sinonimi la *Fasciolaria polygonnata* Grat. *Fasciolaria subcarinata* Grat. *Fusus polygonatus* Héb. e Ren. *Murex ambiguus* Michtti.

Ha analogia col *F. polygonatus* Brongnart, ma ha le coste più rade. Quest'ultima specie è riferita dal sig. Hébert al costulatus Lamk. Però il costulatus mi pare abbia i funicoli più radi e più prominenti. Io non ho trovato a Roncà il *polygonatus*.

### Fasciolaria sp.

(Lugensis Fuchs aff.)

È una piccola specie che somiglia immensamente a taluni esemplari della *Fasc. lugensis* Fuchs (Vicent. tav. 9, f. 14-19). Però non sono sicuro di tale identità nè del genere; perocchè non ne ho che un piccolo individuo (più piccolo che suole essere la *F. lugensis* e con l' ultimo giro sformato per compressione in modo che non si può distinguere l'apertura.

### Triton Delbosi Fuchs.

Fuchs Vicent. p. 56, tav. 9, f. 7-8.

Riferisco a questa specie due frammenti che le somigliano siffattamente, ch' io giudico esatta la mia determinazione, sebbene mi resti qualche dubbio intorno alla stessa, essendo i detti esemplari fratturati e mancanti della parte anteriore dell'ultimo giro. L'ornamentazione e lo svolgimento spirale sembrano identici. Il sig. Fuchs ha ritrovato questa specie a S. Gonini e anche a Gaas.

Il *Triton Lejunei* Mell. e il *Tr. Bernayi* (Cossmann It. Cat. v. 4, tav. 4, f. 7-8) devono probabilmente considerarsi come forme dello stesso tipo.

### Ranella n. sp.?

*Testa turrita, eleganter dense costulata, duabus varicibus in series rectas dispositis ornata.*

Noto con questo nome un frammento molto dubbio, ma importante, i cui caratteri ho di sopra accennato. La spira è come quella di un Fusus o di una Pleurotoma e fa risovvenire il nostro genere Nicolia (S. Giovanni Ilarione) però le varici sono disposte in due serie e non in tre.

### Murex tricarinatus (Lamk.) Brug. *

1824. Maraschini Saggio geologico p. 183.
1841. Bronn It. tert. p. 34.

È probabile che si tratti di una determinazione non esatta.

### Murex angulosus Bronn *

1824. Maraschini Saggio geologico p. 183.

Questo nome deve evidentemente venir rettificato.

### Pyrula monile Bronn *

1831. Bronn It. tert. p. 38.

Bronn così descrive questa specie:

P. testa ovato ventricosa, transversim aequaliter sulcata, sulcis elevatis, nodoso moniliformibus; spira retusa.

Io dubito si tratti di una Ficula; non avendo Bronn citato alcuna specie affine, che sia stata figurata, non so formarmene un'idea esatta.

### Pyrula laevigata Lamk.*

1831. Bronn It. tert. p. 39.

Questa specie è citata da Bronn nel suo interessante lavoro sul terziario d'Italia. La cito col nome indicato da Bronn; ma come ha osservato Deshayes (Bassin Paris 3 vol. p. 299), il nome che le spetta è quello di *Pyrula bulbus* Brander, che ha la priorità (1776 Brander Foss. Haut. tav. 4, f. 57).

### Fasciolaria humilis Rauff. *

1884. Rauff Ueb. de Gegensect. Alt. mittl. eoc. M$^{te}$ Postale p. 6.
1894. Oppenheim M$^{te}$ Pulli p. 438.

L'autore descrive questa specie, ma non dà alcuna figura.

### Fasciolaria procerula Rauff *

1885. Rauff Gastrop. Vicent. p. 29.
1894. Oppenheim Eoc. M$^{te}$ Pulli p. 438.

L'autore pure dà la descrizione di questa specie, ma non la figura.

## CASSIDIDAE

### Cassis Aeneae Brongt.

| | | |
|---|---|---|
| 1823. Cassis Aenae Brongt. | Brongnart Vicent. p. 66, tav. 3, f. 8. |
| 1831. Morio „ „ | Bronn It. tert. p. 29. |
| 1820. Cassis „ „ | D'Orb. Prodr. p. 320. |
| 1852. „ „ „ | Bellardi Nice p. 29. |
| 1880. „ „ „ | De Gregorio S. Ilarione p. 43, tav. 5, f. 37, 38, 44. |
| 1894. „ „ „ | Oppenheim M$^{te}$ Pulli p. 480. |

Ne possiedo vari esemplari identici al tipo di Brongnart var. normalis De Greg. (S. Ilarione).

### Cassis harpaeformis Lamk,

Deshayes Coq. Paris tav. 86, f. 3-6.

Riferisco a questa specie due frammenti di dubbia identificazione la cui ornamentazione però è simile a quella della specie citata.

### Cassis Thesei Brongt.

Tav. 5, f. 2.

| | |
|---|---|
| 1823. Cassis Thesei Brongt | Brongnart Vicent. p. 66, tav. 3, f. 7. |
| 1831. Morio „ | Bronn It. tert. p. 29. |
| 1848. „ „ | Bronn Ind. Pal. p. 745. |
| 1850. Cassis „ | D'Orbigny Prodr. p. 320. |
| 1852. „ „ | Bellardi Nice p. 20. |
| 1895. „ „ | Vinassa Synopsis p. 231. |

Riferisco a questa specie vari individui che riproducono il tipo di Brongnart; solo differiscono por le coste un po' più allungate. Io credo probabile che questa specie si unifichi con la *C. Aeneae* Brongt. ovvero che segni una fase successiva di sviluppo di quest'ultima.

### Cassis mammillaris Grat.

Var. ingens De Greg.

Tav. 4, f. 16-18 tre esemplari di cui uno da due lati.

*Testa globosa, gibba, solida; spira introrsa subcomplanata paulo convexa; plicae axiales rugiformes, subimbricatae in parte postica ultimi anfractus funiculos spirales decussant; labra maxime crassa, præsertim internum quod est expansum; apertura angusta, sinuosa, antice basi excavata; dentes labri externi angulosi, breves, prominuli, rari; dentes labri interni pliciformes, oblongi, magis numerosi.*

È questa una forma molto vicina alla *C. mammillaris*, specialmente alla varietà di seguito descritta; però ne differisce per la mancanza di vere coste e di tubercoli nell'ultimo giro, ove sono sostituiti da numerose rughe. Forse da taluno si potrebbe considerare come specie distinta.

La *Cassis mammillaris* Grat. È specie plastica e di lunga durata. Il sig. Sacco ha descritto diverse varietà di codesta specie in terreni più recenti (1890 Sacco 1 Moll. parte 7, tav. 1, f. 3-10). Tali varietà sono però molto diverse della nostra forma.

### Cassis mammillaris Grat.?

Var. tuberculornata De Greg.

Tav. 5, f. 1.

1840. Grateloup Adour. tav. 34, f. 4, 19.
1870. Fuchs Vicent. p. 39, tav. 1, f. 3-4.

Riferisco a questa specie due grossi frammenti che somigliano molto all'esemplare di S. Trinità figurato da Fuchs. Il tipo di Grateloup è provvisto di coste mentre il nostro è tubercalato. Basta paragonare la figura stessa di Fuchs a quella di Grateloup per convincersene. La determinazione dei nostri esemplari è probabilmente esatta, ma non è sicura, essendo essi frattnrati e alquanto sformati.

### Cassis Vicentina Fuchs?

Tav. 5, f. 3.

1870. Fuchs Vicent. p. 12, tav. 1, f. 5-6.

Ascrivo a questa specie sei esemplari di Roncà i cui caratteri sembrano molto analoghi, ma la cui determinazione è incerta stante il loro cattivo stato di conservazione.

### Cassis striata Sow. *

1823. Cassis striata Sow. Brongnart Vicent. p. 66, tav. 3, f. 9.
1831. Morio striatus Bronn It. tert. p. 29.

Questa specie è citata tanto da Brongnart che da Bronn.

### Cassis Rondoleti Bayan *

1831. Cassis Rondoleti Bayan. Bronn It. tert. p. 28.

Bronn cita questa specie senza dare alcuno schiarimento della stessa.

### Cassis flexuosa Bronn *

1831. Morio flexuosus Bronn. Bronn It. tert. p. 29.

Non so dare alcun ragguaglio di questa specie citata da Bronn.

## HARPIDAE

### Harpa Mutica Lamk.

Var. Hilarionis De Greg.

1880. De Gregorio S. G. Ilarione p. 42, tav. 5, f. 43.
1895. Vinassa Synopsis p. 232 (Syria).

Possiedo di Roncà vari esemplari in parte rotti, ma di sicura identificazione.

## PURPURIDAE

### Purpura (Ricinula) Cassis Mayer.

1870. Mayer Descr. Coq. Foss. p. 5; Deux eoq. tert. inf. p. 336, tav. 12, f. 4. — De Gregorio M^te Postale p. 21, tav. 4, f. 97.

Riferisco a questa specie due esemplari non ben conservati; certo per la forma e l'ornamentazione le somigliano molto e probabilmente le appartengono, ma non oso asserirlo non avendo potuto esaminare l' interno dell'apertura.

## HIPPONYCIDAE

### Hipponyx cornucopiae Defr. *

1865. Hébert Note sur le terr. numm. It. sept. (Bull. soc. géol.).
1868. Suess. Vicent.
1877. Hébert Munier Chalmas Compt. rend. Instr. de France T. 85.
1895. Vinassa de Regny Synopsis p. 229.

Io ritengo che questa specie e la seguente non formino che unica specie. Gli esemplari di Roncà variano immensamente di forma. Non si erra dicendo che ogni individuo ha una forma diversa ed è metafisicamente impossibile tracciare una linea di divisione tra le due specie. In genere, però mi sembra che abbia predominio la forma segnente cioè il *dilatatus* Deshayes (Bassin Paris p. 269). Questo autore dice che il *dilatatus* si distingue molto difficilmente dal *cornucopiae.*

### Hipponyx dilatatus Defr.

1877. Hebert Munier Chalmas Compt. rend. Instr. de France T. 85.
1895. Vinassa de Regny Synopsis p. 229.

Questa specie raggiunge un forte sviluppo a Roncà ove è variabilissima. Ne ho un esemplare largo 6^cm, alto 3^cm, altro largo 4^cm, e alto 2^cm. Come ho detto a proposito della precedente, io non credo che le due specie si possano dividere; però gli esemplari di Val Nera, che io posseggo, mi paiono riferibili al *dilatatus* più che al *cornucopiae.* Deshayes (Bassin Paris p. 269) dice che questa specie ha forse un opercolo largo e sottile. Io ho osservato due esemplari in cui è attaccata una laminetta sottile; ma non so se essa appartenga agli stessi individui o piuttosto ad altre specie.

NERITIDAE

### Nerita circumvallata Bayan.

1870. Bayan Et Mines p. 19, tav. 1, f. 6.
1880. De Gregorio S. Ilarione tav. 6, f. 54-60.
1894. De Gregorio M^te^ Postale p. 30.
1894. Oppenheim M^te^ Pulli p. 442.

La presenza di questa caratteristica specie di M^te^ Postale a Roncà è di grande importanza. Essa però vi è rara, tanto che io non ne posseggo che soli cinque esemplari. Questa specie si rinviene anche a S. Ilarione. Il sig. Bayan dice che essa è analoga o identica della *crassa* Bell. (1852 Bellardi Nice tav. 12, f. 9); ma non si conosce l'apertura di questa specie e non mi pare prudente identificarla; però se lo si volesse, il nome di Bellardi avrebbe la priorità. Il sig. Vinassa de Regny cita la crassa Bell.; probabilmente egli intende riprendere il nome del citato autore in sostituzione di quello di Bayan. Io non credo ciò fare per la ragione su esposta di cui parlai anche nel mio lavoro su M^te^ Postale. Qualche individuo conserva tracce del colorito che pare debba consistere in macchie bianchicce irregolari su un fondo grigiastro.

### Nerita Acherontis Brongt.

1823. Nerita Acherontis Brongt. Brongnart Vicent. p. 60, tav. 2, f. 13.
1850. „ „ „ D'Orbigny Prodr. v. 2, p. 312.
1894. „ „ „ Oppenheim M^te^ Pulli p. 442.

A giudicarne dal ristretto numero di esemplari che possiedo (quattro solamente), questa specie deve essere abbastanza rara a Roncà. È però molto caratteristica di tale fauna.

### Nerita Caronis Brongt. *

1873. Nassa Caronis Brongt. Brongnart Vicent. p. 64, tav. 3, f. 10.
1850. Nerita „ „ D'Orbigny Prodr. p. 312.

Di Roncà io non possiedo alcun esemplare di questa specie.

### Nerita Thersites Brongt. *

1869. Bayan Bull. Soc. géol. France p. 456.
1870. „ Et facit. Mines p. 20, tav. 3, f. 4.
1894. Oppenkeim M^te^ Pulli p. 442.

Il sig. Oppenheim esprime il dubbio che sia da riferirsi questa specie alla Ner. tricarinata Lam. Io non ne possiedo alcun esemplare di Roncà.

### Nerita crassa Bell. *

1895. Vinassa de Regny Synopsis p. 229.

Ho già detto a proposito della N. circumvallata come sia probabile la identificazione con la specie di Bellardi ma non sicura, e che però è prudente non riferirla alla stessa, finchè non si conosca l'apertura della crassa, della quale opinione era lo stesso Bayan.

### Velates Schmideliana Chemn.

Tav. 6, f. 1-3 (tav. 1 *a b* un grande esemplare da due lati — f. 2 *a c* un altro esemplare da tre lati, f. 3 un terzo esemplare di fianco). Tav. 7, f. 1-6 (f. 1 *a b* un esemplare da due lati; f. 2 un altro esemplare; — f. 3 *a b* un modello interno visto di sopra e di sotto, f. 4 altro modello idem; — f. 5 un esemplare di fianco — f. 6 *a c* un altro esemplare da tre lati. — f. 7-8 (var. antemarginata De Greg.) due esemplari visti da tre lati.

| | |
|---|---|
| 1778. Helmintolithus | Fortis Roncà p. 18, tav. 1, f. 2. |
| 1780. Nerita | Hacquet Verst. p. 41, tav. 2, f. 12. |
| 1823. Nerita Schmideliana Chemn. | Chemnitz Conch. Cabinet p. 130, tav. 114, f. 975-976. |
| 1824. Neritina conoidea Lamk. | Brongnart Vicent. p. 60, tav. 2, f. 22. |
| 1831. „ perversa Gualin. | Bronn. It. tert. 34. |
| 1850. Nerita Schmideliana Chemn. | D'Orbigny Prodr. v. 2, p. 312. |
| 1868. Velates „ „ | Suess Vicent. |
| 1877. Nerita „ „ | Hébert Munier Chalmas Compt. Rend. |

Ho dato la sinonimia e bibliografia di questa specie nel mio lavoro su M^te Postale p. 31, tav. 6, f. 181, cui rimando il lettore. Questa specie ha in Roncà un immenso sviluppo e diffusione. È quindi a dire che le condizioni climatologiche etc. di codesta località si addiceano molto alla sua vita. Io ne possiedo un immenso numero di esemplari taluni dei quali raggiunge una dimensione veramente ragguardevole. Uno è lungo più di $18^{cm}$, largo $16^{cm}$ alto $5^{cm}$ La forma è variabilissima ve ne ha di schiacciato e di piramidali talchè la proporzione tra la lunghezza e l'altezza varia secondo gli individui. Un individuo lungo $8^{cm}$ è alto pure $5^{cm}$. In generale mi pare che gli individui adulti sono relativamente molto bassi. È quindi a dedurre che la conchiglia raggiunta una certa dimensione, si propaga più per larghezza e lunghezza anzi che per altezza. Anche la posizione e la forma dell'apice varia secondo gli individui. I modelli interni di questa specie sono molto caratteristici ed io ne ho fatto figurare taluno perchè si possano facilmente raffigurare anche quando la si ritrovi in tale stato.

Var. *antemarginata* De Greg. (tav. 7, f. 7-8). Non è forse una vera varietà con caratteri propri, ma una fase di sviluppo; pur la distinguo, tanto perchè presenta un aspetto piuttosto caratteristico. Ha dessa il labbro esterno pianeggiante e munito alla parte interna di un margine rilevato, all'orlo il labbro si assottiglia bruscamente.

## NATICIDAE

### Natica propecochlearis De Greg.

Tav. 5, f. [illegible]-12 *a b*

*Testa globosa; spira maxime brevis; sutura angusta, canaliculata !, ultimus anfractus postice vix angulatus, antice apud aperturam tenui sulco marginatus; labrum internum maxime callosum.*

*L.* $25^{mm}$.

Somiglia alla *N. trochlearis* Hantk. (Hantken Bakony tav. 17, f. 3. — Oppenheim M^te Pulli tav. 29, f. 1-2) ne differisce per la spira un po' più breve e pel labro interno assai più calloso e per la mancanza delle rughe assiali.

### Natica angustata (Grat.) Bayan.

Tav. 5, f. 14.

1840. Grateloup Adour tav. 2, f. 2-6.
1870. Bayan Et. Mines p. 29, tav. 15, f. 3-4.

Ho unito le iniziali di Bayan a quelle di Grateloup, perchè Bayan ha studiato e illustrato molto accuratamente questa specie. Egli riferisce fra i sinonimi la *ponderosa* Grat. l'*Ampullaria striatula* Desh. *Natica Delbosi* Héb., *Natica subturrita* Schaur.

Io ne posseggo un esemplare di Roncà identico alla figura di Bayan. Egli ha trovato questa specie nell'oligocene in molti punti fra cui Gaas, Montecchio, M<sup>te</sup> Viale etc.

Io non credo punto che i limiti tra questa specie e la *perusta* Brongn. sieno bene definiti, perocchè ho esaminato qualche grande esemplare di questa specie che quasi si confonde con essa.

## Natica ventroplana Bayan

(an potius N. incompleta Zittel?)

Tav. 5, f. 9-10 due esemplari di cui uno da due lati.

1870. Bayan Et Mines p. 24, tav. 3, f. 3.

È una della specie più caratteristiche di Roncà, ove però non è punto comune. L' apertura o per meglio dire il labbro esterno non è così arcuato come nella traccia punteggiata dalla tavola di Bayan e perciò l'apertura è più angusta. Io credo che la *N. incompleta* Zitt. (1862 Zittel ob. num. Ungaru p. 37, tav. 2, f. 3) è probabilmente la stessa specie. Se è ciò vero il nome di incompleta ha il dritto di priorità.

## Natica perusta Defr.

Tav. 5, f. 15 *a b* (Vulcani Brongt. tipo) f. 16 *a b* var. striovulcanica; f. 17 var. vapincana D'orb. f. 18 var. perlata De Greg. Tav. 6, f. 4 un esemplare con tracce di colorito.

1822. Natica perusta Brongt. Brongnart Vicent. p. 57, p. 2, p. 17.
" " vulcani " Idem p. 57, tav. 2, f. 16.
1841. " " " Bronn It. tert. p. 72.
1848. " " " Bronn Ind. Pal. v. 5, p. 78.
1880. " " " D'Orbigny Prodr. p. 321.
1869. " " " Bayan Bull. Soc. France p. 456.
1870. " " " Bayan Et. Mines tav. 15, f. 7.
1877. " " " Hébert e Munier Chalmas Venet.
1844. Natica Vulcanica e perusta. Oppenheim Pulli p. 442.

È una specie di primaria importanza a Roncà, perocchè è comunissima e raggiunge dimensioni ragguardevoli. Io ne pessiedo un gran numero di esemplari, esaminando i quali mi sono assolutamente convinto che la *Vulcani* e la *perusta* sono la stessa cosa. Da un individuo all'altro cambia sensibilmente la forma dell'apertura; la *perusta* tipo e la *Vulcani* tipo rappresentano due variazioni, che del resto sono limitate. Tutti i caratteri sono identici; la spira cambia entro certi limiti. Le strie di accrescimento si vedono più marcate negli individui la cui superficie è un po' corrosa. L'apertura solo è un po' più angusta nell' individuo detto *Vulcani*, e più larga in quello della *perusta* Defr.

Avendo esaminato un gran numero di esemplari di questa specie, mi sono convinto che la *N. vapincana* D'Orb. deve considerarsi come una forma della stessa specie. Le principali mutazioni o anche varietà della perusta sono sei. Riguardo al nome da adottare per designarla potrebbe da taluno preferirsi e con ragione il nome di *N. vulcani* secondo le consuetudini, perchè nel libro di Brongnart questa precede. Però ho preferito quello di *perusta*, perchè avendo Brongnart descritto tale specie col nome di Defrance è molto probabile che (come ho detto) sia stato De France primo a classificare questa specie nelle collezioni. Le sei forme, che di sopra ho accennato, sono le seguenti.

N. 1. *N. perusta* Defr. tipo cioè " sensu scricto " (Brongnart Vicent. tav. 2, f. 17). Ne possiedo fra gli altri un piccolo esemplare con tracce dell'antica colorazione che consiste in macchie tigrinate, e in zone assiali bianche.

N. 2. Var. *Vulcani* Brongt. tav. 2, f. 16.

N. 3. Var. *vapincana* D'Orb. (tav. 5, f. 17) Bayan Et. Mines tav. 15, f. 1-3.

Questa forma segna il massimo sviluppo della specie. In essa l'apertura è più eretta e più spinta in avanti e rotondeggiante. Parrebbe una specie diversa, ma si trovano passaggi dall'una all'altra. È munita di un tenue falso ombellico, ma anche questo carattere si trova in individui della stessa specie.

N. 4 *perlata* De Greg. (tav. 5, f. 18). Segna questa l'estremo limite della specie in senso opposto, si distingue per la spira assai breve per l'apertura protratta assai posteriormente tanto che l'estremità del labro esterno è larga tanto quanto la spira.

N. 5. Var. *strioperusta* De Greg. (Zittel Numm. Ungarn tav. 3, f. 1. — Bayan Et. Mines tav. 15, f. 7). I numerosissimi esemplari ben conservati della perusta che ho esaminato sono tutti levigati; la varietà da me proposta è per gli esemplari adorni di strie spirali, la cui forma è simile alla perusta tipo.

N. 6. Var. *striovulcanica* De Greg. (tav. 5, f. 16). Le strie sono più appariscenti nella parte posteriore dell'ultimo giro. La forma di questa varietà somiglia alla var. Vulcani; ha però il guscio più sottile e ha il labbro interno non calloso, solo alla parte anteriore è lievemente ispessito e marginato.

## Natica Pasinii Bayan

Var. zagaropsis De Greg.

Tav. 5, f. 11 un esemplare da due lati e ingrandito.

Bayan Et. Mines p. 13, tav. 3, f. 6. — De Gregorio In tal foss. var. orizzonte a C. combustum p. 2,— De Gregorio Foss. envir. de Bassano p. 4. — Oppenheim M$^{te}$ Pulli p. 442. — Bayan Bull. Soc. géol. p. 481.

*Testa parva, ovata, laevigata, angusta pupoides; spira satis brevis, conico-convexa, ultimus anfractus antice protractus atque declivis; apertura satis angusta; labrum columellare maxime callosum.*

*L. 12$^{mm}$.*

La varietà da me descritta differisce dal tipo di Bayan per essere più stretta e per aver l'apertura più stretta.

## Natica (Cepatia) caepacea Lamk.

Var. puerpera De Greg.

1814. Maraschini Saggio geologico p. 183. — 1877. Hébert Munier Chalmas Rech. ter. tert. p. 3,— 1850. D'Orbigny Prodr. Et. 25 p.

1894. De Gregorio M$^{te}$ Postale p. 29, tav. 6, f. 163-171.

1894. Oppenheim M$^{te}$ Pulli p. 361.

Nel citato lavoro ho descritto questa varietà caratterizzata principalmente dallo sviluppo enorme del callo della base, fenomeno che si verifica anco a Roncà, lo che è un fatto molto importante. Nel citato lavoro su M$^{te}$ Postale ho raccolto una numerosa bibliografia cui rimando il lettore.

## Idem.

f. tipo.

Possiedo molti esemplari di cui taluni somigliano al tipo di Lamarck, altri però sono così sformati dalla compressione sofferta nel fossilizzarsi che sono difficilmente riconoscibili. Taluni paiono proprio degli Helix; si confondono quasi con l'*H. damnata;* è per l'esame comparativo della spira che si scorge l'equivoco.

### Natica epiglottina Lamk.

Deshayes Coq. Paris tav. 20, f. 5-6.

Riferisco a questa specie così nota e diffusa tre esemplari abbastanza in cattivo stato, la cui determinazione non è sicura.

### Natica Brongnarti Desh.

Var. cercinduta De Greg.

Tav. 5, f. 13 un esemplare da tre lati.

1866. Deshayes Bassin Paris tav. 71, f. 6-7.

Differisce dalla specie tipo avendo l'ombellico orlato di un cercine che lo margina.

### Natica spherica Desh.

Deshayes Coq. foss. tav. 20, f. 14-15.

Riferisco a questa caratteristica specie tre esemplari, che somigliano molto al tipo di Deshayes. È una conchiglia molto spessa e molto globulosa, con spira breve, ottusa, poco visibile. La loro identificazione è probabile ma non sicura.

### Natica sigaretina Desh.

Deshayes Coq. Paris tav. 21, f. 5-6.
Vinassa de Regny Synopsis p. 229 (Ampullina).

Riferisco a questa specie quattro esemplari che somigliano molto al tipo di Deshayes e la cui identificazione è molto probabile; però essendo un po' sformati per la compressione subita, non sono del tutto sicuro della loro determinazione.

### Natica hybrida Desh.

Deshayes Coq. Paris tav. 19, f. 17-18. — 1895 Vinassa de Regny Synopsis p. 239.

Riferisco alla detta specie un grosso frammento largo ben 60$^{mm}$ che somiglia molto al tipo di Deshayes, però non sono sicuro di detta determinazione essendo esso molto deformato.

### Natica Edwardsi Desh.

1866. Deshayes Bassin Paris tav. 70, f. 19-20.

Riferisco a questa specie taluni esemplari che potrebbero pure considerarsi come varietà o individui giovani della *N. perusta* Defr., specie eccessivamente variabile. In vero essi maggiormente si assomigliano alla *N. grata* Deshayes (Idem tav. 71, f. 8-10), ma questa specie ha la sutura canalicolata mentre la nostra non l'ha punto così.

### Natica n. sp.

Tav. 5, f. 8.

È una nuova specie, che io avevo chiamato *propehybrida* perchè è vicinissima alla *N. hybrida* Lamk. (Deshayes Bassin tav. 71, f. 1-3) da cui differisce per la sutura che è semplice; l'ultimo giro è infatti posteriormente un po' angolato presso la sutura; ma gli altri no, anzi sono regolarmente convessi e rotondeggianti. Trattandosi di un semplice esemplare fratturato, è meglio non dargli alcun nome.

### Natica (Ampullaria) brevispira Leym. *

1895. Vinassa de Regny Synopsis p. 229.

Per questa specie devo ripetere quanto ho detto per la precedente.

### Natica parisiensis Desh. *

1869. Bayan Sur le terr. tert. Vénétie.

Il detto autore cita questa specie di Roncà e precisamente della casa Vilardi.

### Natica crassatina Desh. *

Var. roncana Schaur.

1865. Schauroth Coburg p. 252, tav. 27, f. 1.

Schauroth cita la località di Roncà; però nella mia collezione non ne posseggo alcun esemplare.

### Natica incompleta Zittel *

1884. Rauff. Uber. die gegenseit Altersw. Eoc. M^te^ Postale p. 3.

Il sig. Rauff cita questa specie già descritta dal sig. Zittel nel lavoro sul Nummulitico di Ungheria.

### Natica bivirgata Rauff *

1884. Rauff Uber. die gegenseit Alters. mittl. Eoc. Mont Postale p. 3.

Questa specie è descritta ma non figurata dall'autore.

### Natica patulina Mun. Chalm. *

1875. Häntken Südlicher Bakony p. 30, tav. 18, f. 1 (patula).
1893. Munier Chalmas Recherches Vicent. p. 127 (patulina).
1894. Oppenheim M^te^ Pulli p. 362, tav. 29, f. 4-5.

Io non ho trovato questa specie a Roncà, ma è citata dal sig. Oppenheim.

### Natica depressa Lamk. *

1823. Ampullaria depressa Brongt. Brongnart Vicent. p. 58.
1865. Natica Studeri Quenst. Hébert Not. terr. numm. It. sept. N. parisiensis Desh.

1877. Natica Studeri Quest. Hébert Munier Chalmas Compt. rend. Inst. de France T. 85.

Il tipo della specie di Lamarck non si trova tra i fossili di Roncà della mia collezione.

**Natica Suessoniensis Desh.** *

1850. D'Orbigny Prodr. v. 2, p. 312.

Neppure questa specie trovo rappresentata nella mia collezione di Val Nera.

**Natica venusta Desh.** *

1895. Vinassa de Regny Synopsis p. 229.

Questa specie è citata dal sig. Vinassa; nella mia collezione non è però rappresentata.

**Natica turbinata Desh.** *

1865. Hébert Not. terr. numm. It. sept.

Cito questa specie sotto l'autorità di Hébert; però non ho punto constatato la sua presenza in Roncà.

**Natica (Ampullaria) cfr. Willemeti Desh.**

1895. Vinassa de Regny Synopsis p. 229.

Il sig. Vinassa cita una specie affine alla Willemeti Desh. senz'altro; quindi nulla posso aggiungere.

**Natica (Deshayesia) fulminea Bayan** *

1870. Bayan Et faites Mines p. 22, tav. 7, f. 7.
1894. Oppenheim M[te] Pulli p. 442.

Di questa interessante specie non posseggo alcuno esemplare. Essa però sicuramente proviene da Roncà tanto per l'autorità di Bayan che di Oppenheim.

**Deshayesia n. sp.** *

1869. Bayan Bull. soc. geol. p. 456.

L'autore cita il solo genere di questa specie; è probabile sia la stessa che nel seguente lavoro descrisse sotto il nome di fulminea.

**Deshayesia n. sp.** *

1869. Bayan Bull. soc. geol. p. 480.

L'autore cita questa specie dando il solo nome del genere invertendo però che è una specie differente della precedente.

**Natica (Deshayesia) eocenica Vin.** *

1893. Vinassa de Regny I Moll. terr. terz. Alp. Ven. p. 221.

Questa specie finora non è stata nè descritta nè figurata.

VERMETIDAE

### Serpulorbis turbinoides Menegh. *

1893. Vinassa de Regny. I Moll. terr. terz. Alp. Venet. p. 221.

Questa specie finora non è stata nè descritta nè figurata.

### Serpulorbis cfr. limoides Bell. *

1895. Vinassa de Regny Synopsis p. 230 (Vermetus).

Il sig. Vinassa cita questa specie senza darne descrizione. Si tratta di una specie simile ma non identica del *limoides* (1851 Bellardi Nice tav. 15, f. 5-6).

### Serpulorbis laxatus Desh.

Var. roncaensis De Greg.

Tav. 8, f. 1.

Deshayes Coq. Paris tav. 9, f. 15.

Differisce dalla specie di Deshayes per le costolette maggiormente granulose e asperulate e la mancanza delle strie trasverse.

### Tenagodes longoliratus De Greg.

Tav. 8, f. 2-3 due esemplari da due lati.

Tubulare, cilindroide, però da un lato alquanto subangolato e appena carinato. È appunto sullo spigolo suddetto che pare si trovi una fissura rudimentale. È per tale carattere che l'ho riferito al genere Tenagodes Guét. che altro non è che il genere Siliquaria Brug. nome molto più noto. Però, come osserva il sig. Fischer, il nome Tenagodes ha il dritto di priorità. L'ornamentazione consta di costolette liriformi, longitudinali, la cui larghezza è circa metà ovvero un terzo degli interstizi. Tali costolette mancano nella regione prossima alla carena tanto da un lato che dall'altro. Il fianco della conchiglia da codesto lato è quasi levigato.

TURRITELLIDAE

### Turritella asperula Brongt.

1823. T. asperula Brongt. Brongnart Vicent. p. 54, f. 2, f. 9.
1894. „ „ Oppenheim M[te] Pulli p. 442.

Non ne possiedo che due esemplari la cui determinazione non è punto sicura, essendo fratturati e non ben conservati

### Turritella imbricataria Lamk. var.?

Deshayes Coq. Paris tav. 35, f. 1-2.
Brongnart Vicent. p. 54.
Oppenheim M[te] Pulli p. 441.

Non ne possiedo che un esemplare, il quale somiglia molto a quelli di Parigi; però presenta qualche differenza.

È una conchiglia cilindroide con le suture profondamente canalicolate; la linea suturale è poco distinta. La superficie è ornata di fini strie spirali e di coste liriformi 5 ovvero 6, delle quali le due anteriori sono maggiori delle altre.

### Turritella incisa Brongt. *

1823. Brongnart. Vicent. p. 54, tav. 2, f. 4.
1850. D'Orbigny Prodr. v. 2, p. 316.

Non possiedo di Roncà alcun esemplare di questa specie.

### Turritella Archimedis Brongt. *

1823. Turritella incisa Brongt. Brougnart Vicent. p. 55, tav. 2, f. 8.
1831. „ „ „ Bronn It. tert. p. 55.
1850. „ „ „ D'Orbigny Prodr. v. 2, p. 310.
1870. „ cochliar Bayan Bayan Et. fait Mines vol. 2, p. 96.

Bayan osserva che occorre cambiare il nome alla specie di Bayan; perocchè lo stesso nome era già stato adoperato da Dillwyn sei anni prima della pubblicazione di Brongnart (1817 Dillwyn Cat. shells). Dillwyn propose il nome di *Turbo Archimedis* per una turritella ch'era stata designata col nome di *Turbo terebra* L. ma che era differente del vero *Turbo terebra* L. Siccome la *T. Archimedis* Dill. vivente è ben poco nota o non esiste affatto, mentre la Archimedis fossile è notissima e caratteristica, io proporrei di ritenere il nome datole da Brongnart.

Possiedo molti esemplari della Archimedis ma nissuno proveniente da Roncà.

### Turritella carinifera Brongt. *

1850. D'Orbigny Prodr. v. 2, p. 310.

Questa specie è citata da D'Orbigny, ma non da Brongnart, il quale dà invece per sua provenienza.

### Turritella edita Sow. *

1850. D'Orbigny Prodr. vol. 2, p. 310.

Questa specie è citata da D'Orbigny.

## MELANIDAE

### Melanopsis vicentina Opp. *

1890. Oppenheim Land. Susswass. p. 13, tav. 4, f. 1.
1894. „ Eoc. M^te^ Pulli p. 380.

Questa specie e la seguente sono unificate dallo stesso autore nel suo lavoro su M^te^ Pulli. Nel mio opuscolo " Foss. extramar. p. 25 " dissi che credevo ritenerla come varietà della *Mel. buccinoidea* Desh.

### Melanopsis amphora Opp. *

1890. Oppenheim Land. Susswass. p. 136, tav. 4, f. 2.

Questa specie, come ha già detto, deve ritenersi come sinonimo della precedente e come varietà della *buccinoidea*.

### Melania Stygis Brongt.

Tav. 8, f. 4-5 (tipo), f. 6 (esemplare giovane in grand. nat. e ingrand.), f. 7 var. postunisulcata De Greg. f. 8 var. cylindroelongata De Greg.

| | | |
|---|---|---|
| 1819. | Melania melaniaeformis Schloth. | Schlotheim Petref. p. 149. |
| 1823. | „ Stigii Brongt. | Brongnart Vicent. p. 59, tav. 2, f. 10. |
| 1831. | „ „ „ | Bronn It. tert. p. 76. |
| 1850. | Chemnitzia „ „ | D'Orbigny Prodr. vol. 2, p. 310. |
| 1854. | Rissoa Carolina Héb. Ren. | Hébert Renevier Diableret p. 31, f. 5. |
| 1862. | Chemnitizia Stygii Brongt. | Zittel Ob. num. Ung. p. 286. |
| | „ „ striatissima Zitt. | Idem p. 383, tav. 2, f. 5. |
| 1868. | Melania Stygis Brongt. | Suess. Vicent. |
| 1877. | Bayania lactea Lamk. | Hébert Munier Chalmas Recherches p. 181. |
| 1882. | Melania Stigii Brongt. | Bittner Colli berici p. 84. |
| 1890. | „ „ „ | De Gregorio Foss. eoc. a Cer. combustum p. 21. |
| 1894. | „ „ „ | Oppenheim M^te^ Pulli p. 367. |
| 1895. | Bayania lactea „ | Vinassa de Regny Synopsis p. 230. |

Il sig. Oppenheim (M^te^ Pulli p. 367, tav. 26, f. 16, tav. 27, f. 1-5) descrive questa specie accuratamente e ne dà una ricca bibliografia. Egli si trattiene anche a discutere del valore del genere *Bayania* Héb. Mun. Chalm. e prova come questo in nulla si distingua dal genere *Melania*. Le figure, che egli ne dà, hanno un angolo spirale un po' minore di quello dell'esemplare figurato da Brongnart; la maggior parte degli esemplari di Roncà che io ho, hanno un angolo spirale un po' maggiore di quelle di Oppenheim. Gli individui giovani sono elegantemente granulati. Tra i miei esemplari ho distinto alcuni individui che rappresentano due buone varietà.

### Var. postunisulcata De Greg.

Tav. 8, f. 7.

Differisce dal tipo di Brongnart per un solco profondo nella parte posteriore dei giri, che forma una specie di strangolazione; e per la spira più acuminata e turrita e meno pupoide.

### Var. cylindroelongata De Greg.

Tav. 8, f. 8.

Differisce dal tipo di Brongnart per essere molto più oblunga e più angusta e per l' ornamentazione cancellata. Questa varietà, quando è rotta l'estremità anteriore, si confonde facilmente con il *Cerithium corviniforme* Oppen. (Oppen. M^te^ Pulli tav. 25, f. 5) quando è intiera si confonde invece con la *Melania lactea* Lamk. Taluni esemplari sono si può dire identici alla suddetta, tali altri mostrano le strie spirali che in questa non esistono. Io credo che la *Melania lactea* Lamk. non è che una varietà della Stygis Brongt. Ma siccome la lactea ha il dritto di priorità e siccome il vero tipo *Stygis* è abbastanza differenziato, la quistione del nome diventa problematica.

### Melania Cuvieri Lamk. *

1865. Hébert Note terr. numm. It. sept. (Bull. soc. geol.).

Questa specie deve trovarsi a Roncà, perchè la sua presenza in detto deposito è stata segnalata dal sommo professore Hébert; però io non ne trovo alcun esemplare tra i fossili della mia collezione.

## Melania elongata Brongt.

Tav. 9, f. 17-18 due frammenti di cui uno ingrandito.

1823. Brongnart Vicent. p. 59, tav. 3, f. 13.

Rapporto a questa specie due frammenti che le somigliano immensamente. Essi si distinguono dalla *Diastoma costellata* Lamk. sp. per la spira più augusta e cilindroide, e per le coste che sono più larghe, più rotondeggianti e meno arcuate e perchè talune di loro (spesso due per giro) sono varicose e spesso situate in serie per diritto. L'apertura pare ovata. Nella figura di Brongnart pare rotonda, ma l'autore avverte che è male eseguita. Brongnart la cita di Castelgomberto e non di Roncà.

Il sig. Fuchs (Vicent. p. 28) riferisce la *elongata* alla *costellata* Lamk., ma questa mi pare molto diversa e si trova figurata anche nello stesso lavoro di Brongnart (tav. 2, f. 18). Forse si potrà considerare come varietà, ma è differente dal tipo di Lamarck.

## Diastoma costellata Lamk. *

Var. roncana Brongt.

| | | |
|---|---|---|
| 1823. | Melania costellata Lamk. | Brongnart Vicent. p. 59, tav. 2, f. 18. |
| 1841. | „ „ „ | Bronn It. tert. p. 76. |
| 1850. | Chemnitzia „ „ | D'Orbigny Prodr. vol. 2, p. 311. |
| 1862. | Diastoma „ „ | Zittel Ob. numm. p. 334. |
| 1865. | „ „ „ | Hébert Note terr. numm. It. sept. |
| 1877. | „ „ „ | Hébert Munier Chalmas Compt. rend. Inst. France Ist. |
| 1890. | „ „ „ | De Gregorio Foss. eoc. dintorni Bassano dell'orizz. a Cer. combustum p. 2. |
| 1894. | „ costellatum „ | Oppenheim Eoc. M^te^ Pulli p. 381, tav. 26, f. 19. |

Come osserva Brongnart, gli esemplari di Roncà presentano qualche differenza, consistente nelle coste meno elevate e principalmente per avere due filari di varici. Questo carattere egli dice di averlo osservato anche in esemplari di Valogne e Chaumont.

Io non possiedo questa specie di Roncà, ma di S. Ilarione e di altre località.

## Melanatria auriculata Opp.

Tav. 8, f. 9-10.

| | | |
|---|---|---|
| 1820. | Muricites auriculatus Schloth. | Schlotheim Petref. p. 148. |
| 1823. | Cerithium combustum Defr. | Brongnart Vicent. p. 69, tav. 3, f. 17. |
| 1831. | Muricites auriculatum Schloth. | Bronn It. tert. p. 50. |
| 1865. | Melanopsis (Pirena) auriculata Schloth. | Bayan Bull. soc. geol. p. 456. |
| 1868. | Cerithium auriculatum „ | Suess. Vicent. |
| 1870. | Pirena auriculata Schloth. | Bayan Et. faites Mines p. 8. |
| 1894. | Melanatria „ „ | Oppenheim Eoc. M^te^ Pulli p. 376, tav. 27, f. 6-14. |

Sebbene il sig. Schlotheim non cita la provenienza di Roncà ma dei " dintorni di Verona „ in cui del resto tale località si trova, pure mi pare non ci sia dubbio sulla identificazione della specie, perocchè la descrizione che egli ne dà è esatta. — È una delle più caratteristiche e una delle più note specie di Roncà ove è comune; e però difficile averne degli esemplari perfettamente intieri; in tutti i miei il labbro esterno dell'apertura è rotto. I giovani esemplari sono conici e lisci e a prima vista sembrano cosa diversa. Questa specie si trova pure a M^te^ Pulli, ove però non ha lo sviluppo che raggiunge a Roncà. I tubercoli degli ultimi due giri sono a forma di ripiegatura pizzicata ma variano di forma, e si continua sui due precedenti giri una linea elevata, ossia un'angolosità che corrisponde in taluni esemplari alla parte mediana dei giri, in altri a $^1/_3$ di distanza della sutura posteriore. In qualche raro individuo i tubercoli si protraggono anche nel terzultimo e quartultimo giro a guisa di crenulazioni.

CERITHIIDAE

### Cerithium corvinum Brongt.

Tav. 8, f. 11-12 due esemplari; f. 13-14 var. plicoundosum De Greg. due esemplari fratturati.

| | |
|---|---|
| 1823. Rostellaria corvina Brongt. | Brongnart Vicent. p. 74, tav. 4, f. 8. |
| 1831. Cerithium corvinum „ | Bronn It. tert. p. 51. |
| 1850. „ „ „ | D'Orbigny Prodr. vol. 2, p. 319. |
| 1862. „ „ „ | Zittel Ob. Nummulit p. 375, tav. 2, f. 2. |
| 1865. Rostellaria dentata Grat. | Schauroth Coburg. (= Rost. curvirostris Bast. Rost. bidentata Desh.). |
| 1868. Cerithium corvinum Brongt. | Suess. Strati terz. Vicent. |
| 1870. „ „ „ | Bayan Et. fait. Mines p. 40, tav. 3, f. 5. |
| 1894. „ „ „ | Oppenheim M^te Pulli p. 437, tav. 25, f. 3-4. |

È pure questa una delle specie caratteristiche di Roncà però è molto difficile averne esemplari adulti con il labbro esterno intiero. I migliori che io ho veduto sono quelli figurati nel lavoro del sig. Oppenheim (f. 3) e in quello di Bayan (f. 5) che io credo debbano ritenersi come tipo della specie. — Quello figurato dal prof. Zittel ha l' ornamentazione dei primi giri un po' diversa che non suole averla la specie, in cui questi sono ordinariamente lisci o ornati di costolette molto più larghe e meno contorte; io propongo per esso il nome di var. *Zitteli.*

### Var. plicoundosum De Greg.

Tav. 8, f. 13-14.

La superficie di questa varietà è ornata di costolette larghe, cancellate, dritte, appena appena sinuose, evanescenti presso la sutura anteriore.

### Cerithium fagineum De Greg.

Tav. 9, f. 11 grand. nat. e ingrand.

*Testa subtrochiformis, turrita, minutissime dense spiraliter striata; costae 6, tuberculiformes rotundatae, postice attenuatae, in ultimis tribus anfractibus in series axiales dispositae.*

*L. 14*$^{mm}$.

Elegante e caratteristica piccola specie, di cui son dolente di non possedere alcun esemplare con il labbro esterno intiero. Gli esemplari che hanno l'ultimo giro rotto si confondono alquanto con il *Fusus quinquecostatus* De Greg. e più ancora con il *F. unicus* De Greg. dal quale si distinguono per la mancanza del funicolo spirale e più ancora per la forma turrita e non subpupoide.

### Cerithium Stueri Cossm.

(= Cer. bicarinatum Lamk. ?).

1892. Batillaria Stueri Cossm. Cat. Illustr. coq. vol. 5, tav. 3, f. 23.

*Testa minuta, turrita; anfractus paulo convexi, axialiter costati; costae potius tenues; funiculi spirales duo, notati, super costas exasperati, cariniformes.*

L'esemplare mio è similissimo alla *Batillaria Stueri* Cossm. (Cat. Ill. Coq. vol. 5, tav. 3, f. 23); l'ornamentazione è identica e tutti i caratteri identici: solo la lunghezza è di $8^{mm}$, mentre quello del sig. Cossmann è di $16^{cm}$ l'ultimo giro (corpaufratto) è minore della metà di tutta la lunghezza, mentre sul tipo di Cossmann dee essere metà. Il sig. Cossmann nel 4 volume del suo bel lavoro ritiene il genere di Lampania Gray; nel 5 volume sostituisce a questo il nome di *Batillaria* Benson che ha la priorità su quello. Tale genere costituisce un genere vicino al genere Potamides e comprende varie specie talune delle quali ascritte da Deshayes al genere Cerithium. La definizione sarebbe la seguente secondo il sig. Cossmann " Coquille turriculée, non variqueuse, à canal droit; columelle arquée; labre sinneux et échancré). " Tali carattari sono comuni a moltissimi cerizi. Io credo che tal genere non si possa ritenere che quale una semplice sezione di questo genere ossia come un sottogenere.

Questa specie si trova a Sarron nelle ligniti. Ora studiando comparativamente a questa specie il *Cerithium bicarinatum* Lamk. (Deshayes Coq. tav. 53, f. 14-15) io trovo una perfetta identità con la specie di Cossmann che è pure riferita ad altro genere. L'unica differenza che osservo è il canale dell'apertura un po' più protratto in avanti nella specie di Cossmann; ma però tale carattere è spesso mutabile nei cerizi anche in rapporto alla base di sviluppo.

## Cerithium bitubeculornatum De Greg.

Tav. 8, f. 32 grand. nat. e ingrand.

*Testa minuta, turrita, elegans, conoidea, bicarinata; carinae duobus cingulis tuberculorum effermatae; carina antica multo magis prominula quam postica, nam ejus tuberculi satis alios superant.*

*L.* $7^{mm}$.

È una forma molto elegante che ha qualche somiglianza coi giovani esemplari del bicalcaratum. Ciò che più la caratterizza è lo sviluppo molto maggiore della carena anteriore.

## Cerithium acus Desh.

Var.

1864. Deshayes Bassin Paris tav. 75, f. 18-19.

Non ho che un piccolo esemplare assolutamente identico agli esemplari di Parigi, però la spira appena appena meno acuta. È una forma importante, perchè quasi si confonde con i giovani esemplari del *Cer. bicalcaratum* Brongt.

## Cerithium undosum Brongt.

1823. Cerithium undosum Brongt. Brongnart Vicent. p. 68, tav. 3, f. 12.
1831. " " " Bronn It. Tert. p. 50.
1850. " " " D'Orbigny Prodr. Vol. 2, p. 319.
1869. Melania undosa " Bayan Bull. Soc. geol. p. 456.
1894. Melanatria " " Oppenheim Die eoc. M.te Pulli p. 437.
1895. Cerithium undosum " Vinassa Di Regny Synopsis p. 230.

È specie abbastanza rara. Io non ne posseggo che un esemplare piuttosto mal conservato, ma di sicura identificazione. La varietà *subcostulatum* del *Cer. baccatum* Brongt. si collega intimamente con questa specie. La spira e tutti i caratteri del mio esemplare pare conguaglino con quelli di Brongnart, ma i dettagli dei caratteri non li ho potuto bene osservare essendo la superficie alquanto alterata.

### Cerithium roncanum (Brongt) D'Orb.

Tav. 8, f. 28.

1823. Cerithium sulcatum Brug. Var. roncanum Brongt. Brongnart Vicent. p. 67, tav. 3, f. 23.
1850. „ roncanum D'Orb. D'Orbigny Prodr. vol. 2, p. 319.
1865. „ sulcatum Serr. var roncanum Brongt. Schauroth Coburg p. 245 (etiam *plicatum* Bast.).
1869. „ roncanum D'Orb. Bayan Bull. soc. geol. p. 456.
1894. „ „ „ Oppenheim M[te] Pulli p. 437.

Possiedo vari esemplari di questa caratteristica specie ben conservati. Però tutti hanno il labbro esterno rotto. Questa specie non è molto comune a Roncà anzi piuttosto rara.

Per designarla credo necessario unire le due iniziali di Brongnart e di D'Orbigny e non quelle di quest'ultimo solamente come vari autori han fatto.

### Cerithium lemniscatum Brongt.

1820. Muricites radulaeformis Schloth? Schlotheim Petref. p. 147.
1823. Cerithium lemniscatum Brongt. Brongnart Vicent. p. 71, tav. 3, f. 24.
1831. „ „ „ Bronn It. tert. p. 50.
1850. „ „ „ D'Orbigny Prodr. vol. 2, p. 319.
1865. „ „ „ Schauroth Coburg p. 244.
1894. „ „ „ Oppenheim M[te] Pulli p. 437.

Il sig. Bronn riferisce tra i sinonimi il *radulaeformis* Schloth. però con dubio, uno è citato da Schlotheim come proveniente dal sud di Francia.

Credo debba essere una specie assai rara a Roncà, perocchè io non ne posseggo che un solo frammento la cui identificazione non è neppure sicura. Esso ha i giri leggermente concavi, ornati di cinque cingoli granulosi. Di essi il posteriore è il maggiore e consta di piccoli tubercoli, l'inferiore è sublevigato non essendo formato che dal bordo suturale rilevato. Dei cinque il mediano è maggiore degli altri, ma però un po' minore del posteriore.

Il *Cer. lemniscatum* Zittel (Ob. Numm. Eng. tav. 1, f. 8) mi pare sia diverso di quello di Brongnart, il quale dice che ogni anfratto ha cinque cingoli, mentre l'esemplare di Zittel ne ha tre. Io per l'esemplare tav. 1, f. 8 *b* " tantum „ proporrei il nome di *Cer. Zitteli* De Greg. La figura 8 *a* rappresenta credo il *calcaratum* Brongt. la figura 8 *c* forse il *bicalcaratum* Brongt.

### Cerithium baccatum Defr.

Tav. 9, f. 4-5 (tipo) due esemplari ingranditi f. 6 var. postcingulatum grand. nat. e ingrand., var. triliratum De Greg. f. 8, var. antecingulatum De Greg. gr. nat. e ingrand. f. 9 var. postcorrugatum De Greg. gr. nat. e ingr. var. subcostulatum De Greg. gr. nat. e ingr.

1823. Cerithium baccatum Defr. Brongnart Vicent. p. 70, tav. 3, f. 22.
1831. „ „ „ Bronn It. tert. p. 50.
1850. „ „ „ D'Orbigny Prodr. vol. 2, p. 319.
1865. „ conulus Brug. Hébert Not. terr. numm. It. sept. (1779 Bruguière; = conoideum Lamk. 1803).
1868. „ „ „ Suess Vicent.
1865. „ baccatum „ Schauroth Coburg p. 244.
1894. „ „ „ Oppenheim M[te] Pulli p. 387.

È una delle specie più caratteristiche di Roncà e anche una delle più variabili. Non conoscendosi i passaggi intermedie tra le forme, facilmente si potrebbe equivocare riferendole a specie distinte. Parmi quindi utile, disponendo io di un ricco materiale, di passare in rivista le forme principali e più caratteristiche di questa specie.

### F.$^{ma}$ tipo

Tav. 9, f. 4-5.

F.$^{ma}$ tipo. (Brongnart Vicent. p. 70, tav. 3, f. 22). Il tipo della specie è ornato di tre cingoli di granuli dei quali il posteriore è più accentuato degli altri. La spira varia alquanto talora è più conica, talora (anzi più sovente) un po' pupoide. La base è levigata. La figura di Brongnart, come osserva lo stesso autore, non dà tutti i dettagli, ma nell' insieme è sufficiente per raffigurarla.

### Var. postcingulatum De Greg.

Tav. 9, f. 6.

*Ex tribus cingulis posticus valde notatus; carinaeformis, tuberculosus.*

Questa varietà somiglia molto al *Cerithium stroppus* Brongt (Brongnart Vicent. tav. 3, f. 21) da cui differisce per l'ornamentazione. I cingoli spirali sono infatti solamente tre; i due anteriori sono a guisa di costa spirale subgranulosa quello posteriore è assai sviluppato e negli ultimi due giri munito di grossi e veri tubercoli. Questa varietà è interessantissima, perchè si collega col *Cer. calcaratum* Brongt.

### Var. triliratum De Greg.

Tav. 9, f. 7 ingr.

*Testa conica subtrochiformis; cinguli tres, liriformes, anticus et posticus crenulatus, subgranulosus.*

Ha la forma della spira identica a quella del lemniscatum Brongt. I cingoli spirali sono tre come nel baccatum tipo, ma sono meno granulosi che in questo, quello mediano è addirittura liscio, come una vera costa spirale; gli altri due sono crenulati subgranulosi. È rara non ne ho che un esemplare.

### Var. antecingulatum De Greg.

Tav. 9, f. 8 gr. nat. e ingrand.

*Testa conica subtrochiformis; cinguli granulorum tres, ex quibus anticus paulo major quam posticus, medianus autem minor utrisque.*

Questa varietà ha la spira identica al *lemniscatum* (Brongt. tav. 3, f. 24) però ha i tre cingoli granulosi come nel baccatum tipo, se non che in questo è il cingolo posteriore che è il maggiore, mentre nel nostro è invece il cingolo anteriore che ha il predominio; si tratta del resto di lieve differenza non avendo affatto l'aspetto di carena.

### Var. postcorrugatum De Greg.

Tav. 9, f. 9 gr. nat. e ingrand.

*Cingulus posticus corrugatus, latus, non autem prominulus; cinguli antici 2 vel 3, lineares subgranulosi.*

Questa varietà è molto vicina al tipo di Brongnart. Si distingue per il cingolo spirale posteriore che è più largo e non prominente e corrugato, perocchè le strie di accrescimento sono più dense e marcate che nel tipo, esse sono abbastanza sinuose. Gli altri due cingoli sono più tenui che nel tipo; negli ultimi giri ve ne ha tre invece di due quindi i cingoli vengono ad essere quattro.

### Var. subcostulatum De Greg.

Tav. 9, f. 10 gr. nat. e ingr.

*Cinguli spirales 3, subtuberculati; tuberculi in series axiales fere dispositi.*

Questa varietà segna un'altra deviazione del tipo della specie. È abbastanza rara; non ne ho infatti che tre esemplari e importanti, perchè si collega al *C. undosum* Brongt.

### Cerithium atropos Bayan.

(an. *Cer. baccatum* Brongt. var.?)

Tav. 9, f. 14 *a-b* un esempl. gr. nat. e ingr.

1870. Bayan Vicent. p. 479 (Bull. Soc. geol.) Et fait Mines p. 34, tav. 4, f. 5.
1894. Oppenheim Eoc. M$^{te}$ Pulli p. 437.

È una specie abbastanza rara; tanto che io non ne possiedo che un solo esemplare, il quale però è identico alla figura di Bayan. È da considerarsi, io credo, quale forma piuttosto che quale specie perchè è strettamente legato a talune varietà del *Cer. baccatum*, come per esempio al *postcingulatum* De Greg. I tre cingoli spirali sono crenulati, quello posteriore più accentuato degli altri. In ogni interstizio vi è un funicolo spirale liriforme.

### Cerithium tricorum Bayan

Tav. 8, f. 26-27 due esemplari di cui uno ingrandito.

1870. Bayan Bull. Soc. géol. tav. 27, p. 479. — 1870 Et fait école Mines p. 42, tav. 4, f. 3. — 1844 Oppenheim M$^{te}$ Pulli p. 437.

È una specie molto bella e caratteristica, intorno alla quale son lieto di aggiungere qualche dettaglio a quelli dati da Bayan.

Io ne possiedo tre esemplari il maggiore dei quali è lungo 80$^{mm}$, però ha l'estremità della spira rotta; intiero, io credo, deve aver raggiunto 10$^{mm}$. L'ultimo giro di esso è largo solo 9$^{mm}$. Da queste proporzioni si vede che è quasi cilindrico più ancora che l'esemplare di Bayan. I cingoli granulosi spirali sono tre; di essi il posteriore è un poco maggiore; quello che è anteriore alla sua volta è un po' maggiore di quello mediano che è minore di tutte e due. Oltre ai detti cingoli è da osservare che l'orlo della parte anteriore degli anfratti cioè l'orlo suturale è un po' rilevato e però ha apparenza di una piccola costa spirale. Devo infine osservare che i cingoli granulosi sono tre; però nei due ultimi giri dell'esemplare adulto che io possiedo se ne vede un quarto alla parte anteriore dei giri.

### Cerithium (Potamides) pentagonatum Schloth. sp.

Tav. 8, f. 33-34 due esemplari. — Tav. 10, f. 10 var. costospinosum De Greg.

| | | |
|---|---|---|
| 1778. Buccinum | pentagonatus Fort. | Fortis Roneà p. 54, tav. 1, f. 14. |
| 1820. Muricites | „ „ | Schloth. Schlotheim Petref. |
| 1823. Cerithium | Maraschini Brongt. | Brongnart Vicent. p. 70, tav. 3, f. 19. |
| 1831. „ | pentagonatum Schloth. | Bronn It. tert. p. 50. |

| | |
|---|---|
| 1850. Cerithium Maraschini Brongt. | D'Orbigny Prodr. vol. 2, p. 319. |
| 1865. „ angulatum Brander | Hébert Not. terr. numm. |
| 1894. Potamides pentagonatum | Oppenheim M^te Pulli p. 389, tav. 26, f. 8-10. |

È questa una delle più eleganti e caratteristiche specie di Roncà, che è ben resa dalla figura di Brongnart. Devo solo osservare che negli individui adulti le ultime coste dell'ultimo anfratto posteriormente si fanno angolose e spinose; la punta di esse è rivolta verso l'apice della spira.

Il sig. Hébert adotta il nome di *C. angulatum* Brander riferendo come sinonimo il *C. hexagonum* Lamk. e il *C. Maraschini* Brongt. (1865 Hébert Not. terr. numm. It. sept.).

Noto una varietà in cui le coste nell'ultimo giro sono assai erette e spinose. Io la ho chiamata Var. *costospinosum*.

### Cerithium corrugatum Brongt.

Tav. 8, f. 29, tipo f. 30 var. bisulcatum De Greg.

| | |
|---|---|
| 1823. Cerithium corrugatum Brongt. | Brongnart Vicent. p. 70, tav. 3, f. 25. |
| 1831. „ „ „ | Bronn It. Tert. p. 50. |
| 1850. „ „ „ | Oppenheim M^te Pulli p. 385, tav. 24, f. 7-9. |

Il tipo della specie ha tre solchi spirali, i quali determinano la formazione di quattro funicoli spirali. Tanto i solchi che i funicoli non si vedono che nel sito delle coste ma non negli interstizi; anzi le coste non sono formate che da essi; si possono in altri termini considerare come se le coste fossero traversate da tre solchi che le tagliano in quattro porzioni. Devo osservare che il taglio posteriore ossia il solco posteriore è appena appena più profondo degli altri; la differenza però è minima.

### Var. bisulcatum De Greg.

Tav. 8, f. 30.

In questa varietà i solchi spirali sono due invece di tre, sicchè le coste sono tripartite non quadripartite e però i funicoli appaiono tre e non quattro.

### Cerithium vulcanicum Schiloth.

Tav. 10, f. 6-9 quattro esemplari.

| | |
|---|---|
| 1820. Melania Vulcanica Schloth. | Schlotheim Petref. p. |
| 1823. Cerithium Castellini Brongt. | Brongnart Vicent. p. 70, tav. 3, f. 20. |
| 1831. „ vulcanicum Schloth. | Bronn It. tert. p. 50. |
| 1850. „ „ „ | D'Orbigny Prodr. vol. 2, p. 319. |
| 1865. „ „ „ | Schauroth Coburg. p. 244 (turbo heptagonus Fort.) |
| „ Melania vulcanica „ | Bayan Bull. Soc. geol. p. 456. |
| 1870. „ „ „ | Bayan Et fait Mines p. 6. |
| 1894. Melanatria „ „ | Oppenheim M^te Pulli p. 437. |

Questa interessante caratteristica specie non è rara a Roncà, però ordinariamente la si trova in cattivo stato. Essa raggiunge dimensioni maggiori di quanto si crede. Ne ho qualche esemplare, il cui ultimo giro è largo quasi 6 cent., io credo debba raggiungere 14$^{cm}$ in lunghezza. La sua forma è abbastanza singolare ; è infatti biforme: la spira è perfettamente conica essendo gli anfratti piani continuandosi le coste in serie per diritto. Però gli ultimi due giri hanno un aspetto differente, perchè le coste sono posteriormente subtroncate e angolate. I funicoli spirali sono 4, o poco più in ogni giro, circa 9 nell'ultimo giro; hanno tendenza a ispessirsi in dati siti e però a divenir qualche volta subgranulosi.

### Cerithium bicalcaratum Brongt.

Tav. 9 tipo f. 2 verebicalcaratum De Greg. grand. nat. e ingrand.
f. 3 antibiliratum De Greg. grand. nat. e ingrand.

| | | |
|---|---|---|
| 1820. | Muricites aculeatus Schloth. | Schlotheim Petref. p. 147. |
| 1823. | Cerithium bicalcaratum Brongt. | Brongnart Vicent. p. 69, tav. 3, f. 16. |
| 1831. | " " " | Bronn It. tert. p. 50. |
| 1850. | " " " | D'Orbigny Prodr. vol. 2, p. 319. |
| 1862. | " " " | Zittel Ob. Numm. p. 374. |
| 1865. | " " " | Schauroth Coburg p. 245. |
| 1894. | Potamides aculeatum " | Oppenheim M^te Pulli p. 389, tav. 25, f. 1. |

Non avendo Schlotheim figurato il *M. aculeatum* l'identificazione con la specie di Brongnart è dubbia. Infatti Bronn la cita fra i sinonimi con un punto interrogativo. Il sig. Oppenheim adotta il nome di aculeatum. Essendo del resto generalmente nota questa specie col nome di *bicalcaratum* non credo utile mutare tal nome. Il tipo di questa bella specie ha tre cingoli ossia coste spirali granulo-tuberculoso-aculeati. Di tali cingoli il posteriore e l'anteriore sono molto marcati e formano due carene, il mediano è tenue granuliforme. Nei primi giri vi sono solo due cingoli di granuli o per meglio dire di piccoli tubercoli, fra i quali corre assilarmente una costa cancellata che li riunisce.

### Var. verebicalcaratum De Greg.

Tav. 9, f. 2 ingr.

*Carinae erectæ prominulae; cingulus medianus caret vel rudimentalis est.*

Questa bella varietà differisce dal tipo per un maggiore sviluppo delle due carene e per la mancanza del cingolo mediano il quale o non si vede affatto o è rudimentale.

### Var. antebiliratum De Greg.

Tav. 9, f. 3 ingr.

*Carina postica cremulo-subtuberculata; ciuguli duo, lirati, non granulosi costiformes potius tenues; superficies interstitiorum tenuissime dense spiraliter striata.*

### Cerithium variornatum De Greg.

Tav. 8, f. 30 *a b* lo stesso esemplare in grandezza naturale e ingrandito.

*Testa conoodea, elegans; primi anfractus obsolete axialiter costati, spiraliter funiculati; funiculi tres, ex quibus posticus minor aliis; in anfractibus sequentibus costae obsoletae in ultimis autem omnino carentes; ex funiculis anticus et posticus majores quam medianus, atque crenulati, posticus autem major quam anticus; funiculus medius minor, costiformis atque liriformis; in ultimis anfractibus inter funiculum posticum (carinam) et funiculum medium atque inter hunc et funiculum anticum funiculus secundarius interpositus est, etiam liriformis; in ultimo anfractu inter carinam et funiculum secundarium funiculus minor (tertiarius) interpositus, ultimi anfractus subplani, postice paulo angulati.*

*L.* $45^{mm}$.

Come si vede questa specie appartiene al gruppo del *lemniscatum* Brongt. o del *bicalcaratum* Brongt. ma è abbastanza distinto da entrambi per l'ornamentazione.

## Cerithium multisulcatum Brongt.

Tav. 8, f. 15-20 sei esemplari.

1820. Muricites turritellatus Schoth.? Schlotheim Petref. p. 149.
1823. Cerithium multisulcatum Brongt. Brongnart Vicent. p. 68, tav. 3, f. 14.
1831. „ „ „ Bronn It. Tert. p. 50.

Bronn riferisce tra i sinonimi con dubbio il *turritellatus* che è citato da Schlotheim come proveniente del sud della Francia; però tale identificazione mi pare ipotetica. — Il *Cer. multisulcatum* è una delle più belle nostre specie. Ora io devo fare a proposito da questa specie un'osservazione di qualche importanza, cioè che essa si riattacca al *Cer. Chaperi* Bayan (De Greg. M[te] Postale p. 18, tav. 3, f. 72-76). Sembrano infatti due specie distintissime ma non lo sono. È raro trovare a Roncà degli individui con il labbro esterno intero, ma io ne posseggo taluno, il cui labbro non è affatto quale lo mostra la figura di Brongnart sovra citata e somiglia invece a quella del Chaperi. Quando è giovane ha nella base dell'ultimo giro tre coste spirali molto marcate come nel *lamellosum* Brug. Quando però è adulta tali coste scompaiono; allora la base è ornata di funiculi lineari come il resto della conchiglia. Negli ultimi due giri degli adulti vi è uno o due solchi spirali profondi non molto lungi dalla sutura posteriore; solchi che intaccano le coste assiali.

## Cerithium calcaratum Brongt.

Tav. 8, f. 35-46 due esemplari

| | | |
|---|---|---|
| 1823. | Cerithium calcaratum Brongt. | Brongnart Vicent. p. 69, tav. 3, f. 15. |
| 1831. | „ „ „ | Bronn It. tert. p. 50. |
| 1850. | „ „ „ | D'Orbigny Prodr. vol. 2, p. 319. |
| 1862. | „ „ „ | Zittel Ob. Nummulit. p. 374. |
| 1865. | „ serratum Brug. | Hébert terr. Numm. |
| „ | „ calcaratum „ | Schauroth. Coburg. p. 244. |
| 1894. | „ „ „ | Oppenheim M[te] Pulli p. 437, tav. 25, f. 2. |

È una delle più caratteristiche specie del deposito. Quando è giovane ha un aspetto diverso di quando è adulta. I primi giri sono ornati di coste assiali tenui e di tre funicoli spirali che le incontrano, i detti giri sono piuttosto pianeggianti, la spira poco poco scalarina. Nei giri seguenti scompariscono le coste; il funicolo posteriore presso la sutura diventa tuberculo-spinoso e forma una vera carena; altri due fascicoli si trasformano in due cingoli di granulazioni subcrenulate. Devo osservare che il bordo della sutura anteriore diventa molto crenulato in modo che si trasforma quasi in un altro cingolo, sicchè appare la conchiglia con i giri posteriormente carenati e ornati di tre cingoli di granulazioni crenulate. Io ne possiedo molti bellissimi esemplari, taluni con una dimensione maggiore di quello figurato da Brongnart non tutti aventi il labbro esterno dell'apertura rotto. Il loro angolo spirale varia sensibilmente da uno all'altro individuo.

Questa specie appartiene al gruppo del *Cer. mutabile* Lamk. (Deshayes tav. 48, f. 1-2) e *tuberculosum* Lamk. (Deshayes tav. 48, f. 3-4). È probabile che si dovrà in seguito riunire le tre specie in una.

Il *Cerithium trinitense* Fuchs (Vicent. tav. 5, f. 10) e il *Cer. Meneguzzoi* Fuchs (Vicent. tav. 5, f. 11) sono pure così simili a questa specie che forse non devono considerarsi che quali varietà.

Il *Cer. hungaricum* Zitt. (Zittel Ob. Numm. tav. 2, f. 1) è molto affine allo stesso tipo.

### Cerithium (Potamides) Vulcani Brongt.

Tav. 8, f. 31.

1820. Muricites costatus Schloth non Gmelin Schlotheim Petref. p. 146.
1823. Terebra Vulcani Brongt. Brongnart Vicent. p. 67, tav. 3, f. 11.
1850. „ „ „ D'Orbigny Prodr. vol. 2, p. 319.
1868. „ „ „ Suess. Vicent.
1869. Cerithium „ „ Bayan Bull. Soc. géol. France p. 456.
1894. „ „ „ Oppenheim M<sup>te</sup> Pulli p. 386, tav. 24, f. 5-6.

È pure questa una delle più note e caratteristiche specie di Roncà. La sua forma è un po' variabile, talora conoidea, talora alquanto pupoide. È caratterizzata dai giri piuttosto pianeggianti, levigati ornati di coste tenui in serie per diritto l'una all'altra. Ciò che più la caratterizza è un solco profondo nella parte posteriore dei giri. L'ultimo giro è alla base rotondato; l'apertura è breve e quasi melanieforme mancando del canale anteriore.

Il sig. Frauscher (1884 Kosavin p. 59) riferisce questa specie al genere *Terebra*, il sig. Pirona (1865 Valle del Grangaro p. 987) al genere *Melania*.

Questa specie non è rara, è però assai difficile averne degli esemplari che conservino il labbro esterno dell'apertura, il quale atteso la sua fragilità si rompe sempre.

### Cerithium Dusfresnei Desh. *

1850. D'Orbigny Prodr. vol. 2, p. 318.

D'Orbigny cita la provenienza di Roncà ma credo ciò sia forse errore di stampa, cioè che lo stampatore abbia scritto sotto *Dufresnei* la leggenda destinata al combustum.

### Cerithium mixtum Defr. *

1865. Hébert Note terr. numm. It. Sept.

Io dubito che il sig. Hébert rapportò a questa specie delle sabbie medie del bacino di Parigi (Deshayes Coq. Paris p. 324, tav. 45, f. 6-11. Idem 2 ed. p. 123) dei giovani esemplari del bicalcaratum Brongt.

### Cerithium emarginatum Lamk. *

1865. Hébert Note terr. numm. It. Sept.

Lo stesso dubbio che ho per la specie precedente, la ho anche per questa, la quale proviene dal calcare grossulare di Parigi (Deshayes tav. 45, f. 12-13, 2 ed. p. 137).

### Cerithium stroppus Brongt. *

1865. Schauroth Coburg p. 244.

Il sig. Schauroth cita questa specie come provenienti di Roncà; io ne possiedo parecchi esemplari ma non provenienti di Roncà. Brongnart, che descrisse e figurò questa specie, non cita punto questa località. Essa fu descritta da Brongnart (Vicent. p. 71, p. 3, f. 2) e poi da Fuchs (Vicent. p. 17, tav. 5, f. 1-3), il quale la ritrovò a M<sup>te</sup> Grumi non però a Roncà.

### Cerithium striatum Brug. *

1895. Vinassa de Regny Synopsis p. 230.

Io non ho rinvenuto tra i miei fossili alcun esemplare di questa specie.

### Cerithium Dal Lagonis Opp.

(an Cerith. globulosum Lamk. var.?)

1894. Oppenheim Eoc. M$^{te}$ Pulli p. 400 tav. 28 f. 1-4.
1895. Vinassa de Regny Synopsis p. 230.

È questa una caratteristica specie di Roncà e M$^{te}$ Pulli che presenta, però, mi sembra, immensa somiglianza con talune varietà del *Cer. globulosum* Lamk. (Deshayes Coq. tav. 57, f. 11-13), nè so come ciò sia sfuggito al signor Oppenheim. La differenza principale che presenta consiste nelle coste, che negli ultimi giri sono un po' più rare e più grosse.

La dimensione è maggiore di quella assegnata dal suddetto autore. Io ne ho un frammento lungo 65$^{mm}$, che intiero credo debba essere stato circa 75$^{mm}$. La forma della spira, talora è un po' pupoide, talora è rigorosamente fusiforme come nel suddetto frammento.

Il *Cer. ornatum* Fuchs (Vicent. tav. 6, f. 15) è analogo a questa specie, però se ne distingue per l'angolo spirale più acuto e la dimensione più piccola.

### Cerithium focillatum De Greg.

Tav. 8, f. 21 (For. quadriseriatum De Greg.) un esemplare in grand. nat. e ingrandito da due lati e della base;— f. 22, var. A. — f. 23-24 var. quinqueseriatum De Greg. due esemplari da due lati in grand. nat. e ingrand. f. 25 var. irregulostriatum De Greg. gr. nat. e ingrand.

*Testa parva, angusta, elongata; anfractus paulo convexi; costae 4-6 ad anfractum, saepe in series axiales dispositae; funiculi spirales plus minusve granuloso crenulati; interstitia eorum spiraliter striata, vel sublaevigata vel tenue unifuniculata.*

È una piccola specie variabilissima che si presenta sotto molteplici aspetti. Le forme ossia sottospecie principali sono: *quadriseriatum, quinqueseriatum, irregulocostatum.*

### C. focillatum tipo

For. quadriseriatum De Greg.

*Testa subcylindracea; 4 series axiales costarum; funiculi spirales granulosi notati.*

Ritengo questa come la forma maggiormente differenziata.

Questa forma è caratterizzata dall'avere le coste disposte rigorosamente in quattro serie assiali, e per i funicoli granulosi. Il tipo della forma è subcilindraceo. Invece la var. A è meno cilindracea, con la spira accuminata, coi funicoli un po' meno granulosi.

### For. quinqueseriatum De Greg.

Tav. 8, f. 23-24.

*Testa subconoides, acuminata; obsolete striata, funiculataque; 5 series axiales costarum; funiculi spirales subgranulosi, notati.*

### For. irregulocostatum De Greg.

Tav. 8, f. 25.

*Testa subconoides, fusiformis, obsolete striata, funiculataque; costae circiter 6 paulo irregulariter dispositae; funiculi crenulato-granulosi.*

### Cerithium medioconcavum De Greg.?

Tav. 8, f. 33 c grand. nat. con dettaglio dell'ornamentazione.

*Testa turrita! turritelleformis; anfractus concavi, ad suturas vix prominuli; cinguli suturales paulo majores aliis; suturae non visibiles.*

*L. 40mm ? (15 del frammento)*

Non ne ho che un frammento che sembra temerità descrivere; se non che ha caratteri così distinti che ho voluto notarlo. Esso ha affinità con taluni cerizi di M$^{te}$ Pulli per esempio il *Bassani* Opp. dal quale però è distinto. Disgraziatamente non ne ho che un frammento. Il colorito della roccia è giallastro. L'ornamentazione richiama alquanto quella di talune varietà della *Turritella asperula* Brongt.

Appartiene io credo al tipo del *Cer. lemniscatum* Lamk., col quale ha forse la maggiore affinità, ma ha un angolo spirale molto più acuto.

### Cerithium aff. giganteum Lamk. *

1895. Vinassa de Regny Synopsis p. 230.

Il sig. Vinassa cita una specie affine al *giganteum* senza dare alcun dettaglio.

### Cerithium n. sp.

Ha gli anfratti piani, ornati di costolotte spirali granulose, delle quali la posteriore è appena più marcata delle altre. L'ultimo giro è ornato di 9 costole spirali liscie non crenulate ma liriformi, di esse la posteriore forma una specie di carena.

L'unico esemplare, che ho, non è ben conservato, ma mi pare quasi certo una nuova specie.

### Cerithium giganteum Lamk.

1868. Suess. Vicent.

Possiedo vari frammenti di spira, che mi paiono molto somiglianti alla detta specie anzi identici; però trattandosi di frammenti privi dell'ultimo giro non sono sicuro della loro determinazione.

Al gruppo del giganteum appartengono il *C. parisiense* Desh., *C. Bedekei* Bayan, *C. Lachesis* Bayan, *C. defrenatum* De Greg., *C. stridens* De Greg. di cui parlerò di seguito.

## Cerithium parisiense Desh. *

1868. Suess Vicent.

Il prof. Suess cita questa specie, io credo quasi certo si tratti del *Cer. Lacheis* Bayan, il quale è molto somigliante della detta specie di cui forse si potrebbe considerare quale varietà.

## Cerithium Bedeckei Bayan.

1870. Bayan Et. fait. Mines p. 31, tav. 10, f. 1.— 1877. Hébert Munier Chalmas Compt. rend. Quest. France tav. 85.

Questa specie è esclusivamente caratterizzata dall'ornamentazione. Le coste sono rare, tozze, bislunghe un po' oblique. Io non ne possiedo che un frammento la cui determinazione non è punto sicura.

## Cerithium Lachesis Bayan.

Tav. 10, f. 1-4 quattro esemplari, f. 5-6 un frammento e la columella dello stesso mostrante le pieghe.

1870. Bayan Bull. soc. geol. p. 478.
1877. Bayan Et. fait. Mines p. 33, tav. 4, f. 2, tav. 5, f. 2.
1877. Hébert Munier Chalmas Compt. rend. France T. 85.

È questa una importantissima specie di Roncà, che raggiunge dimensioni veramente enormi, superiori di molto a quelle indicate dall'autore. L'individuo maggiore che egli ebbe ad esaminarne era lungo $25^{cm}$ e largo $9^{cm}$. Come si vede è di taglia enorme; infatti l'esemplare del giganteum figurato da Deshayes (Coq. Paris tav. 42) che ha una lunghezza di quasi $65^{cm}$, ha una larghezza di $15^{cm}$ non tenendo conto dell'apertura.

Possedendo vari esemplari di questa specie, sono al caso di rettificare la descrizione e le osservazioni di Bayan. È vero quanto egli dice che questa specie è molto analoga del *Parisiense* Desh. (Deshayes Bassin Paris tav. 76, f. 1) la differenza precipua cui egli accenna, cioè alla presenza dei grossi funicoli spirali per tutta la conchiglia, non è esatta, perchè questi mancano negli ultimi giri e non sono limitati che ai giri della spira in cui i tubercoli occupano l'estremità posteriore. L' individuo figurato da Bayan è un'eccezione o si può piuttosto considerare come una varietà. Dunque per questo carattere è identico al *Parisiense*. Le differenze fra le due specie consistono: 1° nella forma dell'ultimo giro che è più globoso alla base e con l'apertura un po' più breve, 2° nella forma delle coste che nel Lachesis sono più bitorzolute e meno oblunghe, 3° in un lieve strangolamento che subiscono gli ultimi anfratti nella parte posteriore, il quale determina in taluni esemplari una specie di troncamento nelle coste; tale strangolamento è sovente bordato da un funicolo spirale, il quale compare in taluni esemplari e manca affatto in altri. Tale carattere non è affatto notato dal sig. Bayan.

La ornamentazione è diversa secondo l'età: nei primi giri costa di solchi spirali subgranulosi che talora sono quasi uguali fra loro, talora uno o due superano gli altri e di una corona di pieghe costiformi presso la sutura superiore. Con l'età tali pieghe si vanno trasformando in coste tubercolose, mentre i solchi si attenuano e scompariscono. Negli anfratti seguenti la superficie si fa liscia; le coste si fanno sempre più tubercolose spostandosi in avanti mentre alla parte posteriore i giri hanno tendenza ad appianarsi. Le suture sono lineari. I primi giri sono conoidei pianeggianti; i giri ultimi sono lievemente convessi. Il labbro columellare è provvisto per lo meno di due grossissime pieghe o più ancora; certo due le ho osservato, ma potrebbero anche essere tre, perchè non ho potuto esaminare bene tutto il labbro columellare.

### Cerithium defrenatum De Greg.

Tav. 11, f. 1-2 un frammento in grand. nat. f. 3 un esemplare del Museo di Vicenza in dimensione ridotta, (l'originale è lungo 44$^{cm}$ largo 21$^{cm}$).

*Testa permagna, oblonga; primi anfractus subcylindracei; ultimi anfractus gradati nempe complanati postice angulati; ultimus anfractus brevis potius globulosus.*

*Largh. 21$^{cm}$ L. 50$^{cm}$.*

È la specie più grande che si trova a Roncà ; esso differisce dal *C. Lachesis* per gli ultimi giri pianeggianti e posteriormente scalarini e per la mancanza dei tubercoli. Differisce dal *giganteum* Lamk. , per la forma della spira molto diversa e per l'ornamentazione subnulla. Io ne possiedo molti grossi frammenti , di cui uno ha l' ultimo giro largo un po' più di 21$^{cm}$, dimensione enorme quando si pensa che l'esemplare del giganteum figurato da Deshayes (Coq. Paris tav. 42) ha l'ultimo giro, largo 15$^{cm}$ solamente , non tenendo conto dello slargamento dell'apertura , il quale nella nostra specie non esiste, essendo anzi l'apertura piuttosto coartata (almeno a giudicarne dei miei esemplari). L'ornamentazione pare liscia , ma forse non lo era e ciò è forse dovuto alla corrosione della fossilizzazione ; certo però non vi erano prominenze marcate. Io ho molto dubbio che questa specie si trovi pure a Monte Postale ; però non posso asserirlo. Il migliore esemplare che ho esaminato, si trova a Vicenza nel Museo vicino. La figura che ne dò è molto ridotta.

### Cerithium stridens De Greg.

Tav. 9, f. 15-16 due esemplari di cui uno rotto.

*Testa conica; anfractus subcomplanati; costae circiter 12 paulo prominulae, rectae, latae, antice obsoletæ; ultimus anfractus antice paulo protractus rotundatus, apertura; angusta.*

*L. 12$^{cm}$.*

Questa specie somiglia al *C. Bedeckei* Bayan, da cui si distingue per le coste molto più numerose e per l'ultimo giro non compresso alla base, ma globuloso e per l'apertura più angusta e rastremata. Il labro esterno sembra molto insinuato posteriormente in modo che l'aspetto dell'apertura e dell'ultimo giro somiglia alquanto a quello del *C. gonphoceras* Bayan.

### Cerithium n. sp.?

È un grosso frammento conoideo, con giri piani ! con qualche solco spirale cancellato, suture lineari. La larghezza dell'ultimo giro è 45$^{mm}$. Probabilmente appartiene ad una specie nuova.

### Cerithium rarefurcatum Bayan *

1870. Bayan Bull. Soc. geol. France p. 419.

1870. Bayan Et fait Coll. Mines p. 38, tav. 4, f. 4.

È una specie analoga al *Cer. striatum* Brug. di cui disgraziatamente non possiedo alcun esemplare , deve essere certo molto rara a Roncà. Somiglia pure al *C. corviniforme* Opp. di M$^{te}$ Pulli.

### Cerithium semigranulosum Lamk. *

1885. Rauff Gastrop. Vicent. tert. p. 29.

Il sig. Rauff cita questa specie nel suo lavoro senza però figurarla.

### Cerithium lamellosum Brug. *

1877. Hébert Munier Chalmas Compt. rend. Inst. France T. 85.
1896. Vinassa de Regny Synopsis p. 230.

Questa specie deve trovarsi a Roncà perchè citata dai detti autori e perchè si trova a M^te Pulli che è della stessa epoca; però manca nella mia collezione.

### Cerithium Grecoi Vin. *

1893. Vinassa I Moll. terr. terz. Alp. Ven. p. 221.

Questa specie non è stata finora nè descritta nè figurata.

### Cerithium? (Brachytrema) eocaena Opp.

Var. misumenum De Greg.

Tav. 10, f. 11.

1894. Glauconia cocaena Opp. M^te Pulli p. 383, tav. 26, f. 20.

Noto così un raro esemplare che possiedo il quale somiglia molto a questa specie di M^te Pulli; però ha le coste più rare e per conseguenza gli interstizi più larghi.

## SOLARIIDAE

### Solarium bistriatum Desh.

Deshayes Coq. Paris tav. 25, f. 19-20.
Vinassa de Regny Synopsis p. 229.

Ne posseggo un solo esemplare, la cui identificazione con gli esemplari di Parigi non mi lascia alcun dubbio di sorta. Io credo che sia una specie molto rara a Roncà.

### Solarium umbrosum Brongt. *

1823. Brongnart Vicent. p. 57, tav. 2, f. 12.
1831. Bronn It. tert. p. 63.
1850. D'Orbigny Prodr. vol. 2, p. 313.

Io non possiedo alcun esemplare di Val Nera di questa nota specie, ma vari esemplari di altra località.

### Solarium montevialense Schr. *

1895. Vinassa de Regny Synopsis p. 230.

Questa specie è citata dal sig. Vinassa tra i fossili di Roncà.

TROCHIDAE

### Delphinula milda De Greg.

Tav. 12, f. 1-5 cinque esemplari di cui due da più lati

*Testa depressa, discoidalis; spirâ fere plana; primi anfractus 2 vel 3 cingulis granuliferis ornati atque carina postica tuberculosa; ultimus anfractus costis atque sulcis ornatus; costae saepe regulare breves interdum irregulares paulo obsoletae; ultimus anfractus ad peripheriam longis aculeis ornatus basi funiculis ornatus; funiculi rari, laevigati, saepe alternantes unus major alter minor; ultimus an fractus juxta umbilicum angulatus.*

*Diam.* 25mm *Alt.* 17mm.

È una specie molto dubbia, perchè i molti esemplari che ho, sono in cattivo stato; onde mi nasce il dubbio cl possa essere una varietà della *D. scobina* deformata. Però la persistenza di vari caratteri costantemente diversi r fa propendere per considerarli quale specie a parte. La differenza precipua sta nella forma più depressa, l'ombelli limitato da un angolosità della base e la diversa ornamentazione.

### Delphinula scobina Brongt. sp.

Tav. 12, f. 6 (var. multisulcata Schaur.)

1823. Turbo scobina Brongt Brongnart Vicent. p. 53.
1850. „ „ „ D'Orbigny Prodr. vol. 2, p. 313.
1877. Delphinula „ Fuchs Vicent. p. 44.
1894. „ „ De Gregorio Foss. num. Bassano p. 32.
1895. „ „ De Gregorio Lavacille p. 3.

Il tipo della specie è rappresentato dalla figura di Brongnart ed è munito alla periferia di aculei che forman una carena. Deve essere piuttosto raro perchè non ne posseggo che due esemplari.

### Var. multisulcata Schaur.

Schauroth Coburg p. 223, tav. 23, f. 3, tav. 24, f. 1.
De Gregorio Mte Postale p. 24, tav. 4-117-118.

Possiedo due esemplari identici a quello figurato da Brongnart ma sprovvisti affatto di carena, essendo tutti cingoli granuliferi uguali fra loro. Io mi son convinto che essi non rappresentano che una semplice varietà della sco bina, il che avevo detto con dubbio nel mio lavoro su Mte Postale. Il sig. Schauroth trovò questa specie a Castel gomberto.

### Delphinula conica Lamk.

Var. roncaensis De Greg.

Tav. 12, f. 7 gr. nat. e ingrandito da due lati.

Deshayes Coq. Paris tav. 24, f. 14-15.

Riferisco a questa specie un piccolo esemplare avente un diametro di 6mm, però benissimo conservato. La sua de terminazione mi pare del tutto sicura. Le differenze che presenta sono ben lievi, per le quali non si può ritenere ch quale varietà. I cingoli dell'ultimo giro sono 7 dalla sutura alla periferie, i cingoli della base cioè dalle periferi all'ombellico sono undici, quindi sono un po' più numerosi che nel tipo. I detti cingoli sono granulosi, resi tali d minute rughe oblique che le traversano. È principalmente per tal carattere che si distingue dalla *Del. multistriata* Fuchs (Vicent. tav. 3, f. 23-24.

### Delphinula calcar. Lamk. *

1895. Vinassa de Regny Synopsis p. 228.

Il citato autore dice che questa specie si ritrova anche a Roncà.

### Delphinula lima Lamk. *

1895. Vinassa de Regny Synopsis p. 228.

Il sig. Vinassa ascrive questa specie tra i fossili di Roncà.

### Xenophora cumulans Brongt.

1822. Trochus cumulans Brongt. Brongnart Vicent. p. 57, tav. 4, f. 1.
1877. Xenophora „ „ Fuchs Vicent. p. 23.
1877. Phorus agglutinans Lamk. Hébert Munier Chalmas Compt. rend. inst. de France T. 85.

Deshayes rapporta taluni esemplari di Parigi dapprima alla *Conchyliophora* Born. poi alla specie di Brongnart (Deshayes Coq. Paris p. 242, tav. 31, f. 1-2, Bassin Paris vol. 2, p. 962). Io credo che probabilmente devono ascriversi a varietà dell'*agglutinans* Lamarck e così pure varie delle specie descritte da Deshayes. Io ne possiedo tre esemplari non però ben conservati, la differenza sola che presentano con questa specie consiste nella spira meno acuta e un po' ottusa.

### Xenophora cfr. umbilicaris Sol. *

1895. Vinassa de Regny Synopsis p. 229.

Il sig. Vinassa cita questa specie o per meglio dire una forma analoga. Pare infatti dal titolo datole che si tratti di qualche esemplare che a lui parve analogo all'umbilicaris ma non identico allo stesso.

### Xenophora agglutinans Lamk.

Tav. 12, f. 9.

1895. Phorus agglutinans Lamk. Hébert Munier Chalmas Recherch. Compt. rend. Inst. France.

Riferisco a questa specie un esemplare di Val Nera che molto gli somiglia. È probabile che si tratti di esemplari identici a quelli pei quali io ho adottato il nome di Brongnart ma non posso asserirlo. Nè so dire se sia realmente da riconoscere nei nostri esemplari la specie di Parigi o una forma speciale. Io però ho notato certe differenze piuttosto costanti per cui ho creduto adottare il nome di *cumulans*. Certo sono differenze di non molta importanza; ma il genere in questione è formato di specie che tutte si rassomigliano fra loro e che presentano caratteri quasi identici. Nè il loro aspetto nè la forma della spira e dei giri sono rigorosamente costanti, specialmente le specie incrostate. Specie del genere xenophora del postpliocene si somigliano moltissimo ad altre del miocene e dell'eocene.

### Xenophora dubia Schaur.

Tav. 12, f. 8 *a b* un esemplare da due lati.

1865. Schauroth Coburg p. 550, tav. 26, f. 4.

Possiedo vari esemplari di Val Nera che somigliano molto a quelli di Priabona descritti da Schauroth. Somigliano molto a talune specie di Calyptræa.

### Trochus Bolognai Bayan

Tav. 12, f. 15.

1870. Bayan Et. fait Mines p. 14, tav. 4, f. 6.
1894. Oppenheim M[te] Pulli p. 442.

È una specie molto elegante e caratteristica che però non ha caratteri stabili, infatti io ritengo che le due seguenti non sono che modificazioni della stessa. Certo il tipo del *Bolognai* è ben raffigurato dalla f. 6 di Bayan ed ha un aspetto molto differente del subnovatus, io ne possiedo individui identici. Però possiedo pure qualche esemplare intermedio fra l'uno e l'altro, in modo che il limite fra le due specie sfugge. Siccome l'angolo spirale delle due forme è assai dissimile, potrebbe da taluno esser ciò riprovato come inverosimile. Il *Tr. Bolognai* e il *subnovatus* segnano i limiti della specie mentre il *perfectemedius* è intermedio fra i due tipi.

### Trochus f. perfectemedius De Greg.

Tav. 12, f. 17 *a-b-c-d* lo stesso esemplare da tre lati ingrandito da un lato in grandezza naturale.

È una forma perfettamente intermedia tra il *T. Bolognai* e il *subnovatus*, in modo che le unifica in una sola.

### Trochus f.[a] subnovatus Bayan.

Tav. 12, f. 16.

1870. Bayan Et. fait Mines p. 14, tav. 4, f. 10.
1894. Oppenheim M[te] Pulli p. 442.

È per me piuttosto che una specie una forma, ossia una mutazione del *Bolognai*. Però il suo angolo spirale è così differente che acquista un aspetto molto differente.

### Trochus Saemani Bayan.

Tav. 12, f. 11 var. antebicarinatus

Bayan Et. fait. Mines p. 13, tav. 5, f. 1.

È anche questa una delle specie caratteristiche di Roncà. Essa non è rara, ma ordinariamente la si trova in cattivo stato di conservazione. Nondimeno io ne ho parecchi in ottimo stato.

La forma tipica della specie ha quattro cingoli spirali di granuli, dei quali l'inferiore cioè quello posto alla sutura anteriore è un po' maggiore degli altri, presso a poco come il dettaglio 1 c dato da Bayan.

**Idem.**

Var. antebicarinatus De Greg.

Tav. 12, f. 11 *a b* grand. nat. con dettaglio

Dei quattro cingoli di granuli i due cingoli anteriori sono abbastanza più sviluppati degli altri; i due posteriori sono meno sviluppati; gli anfratti nella metà anteriore sono un po' convessi e nella metà posteriore sono concavi.

**Trochus f.ª mitis De Greg.**

Tav. 12, f. 12.

Si distingue dal *Saemani* Bayan per essere i cingoli granulosi, tenui e tutti uguali fra loro in modo che non esiste alcuna carena, e perchè sono cinque e non quattro; l'ultimo anfratto è posteriormente più scavato che nelle var. antebicarinatus. Questa prima è molto rara; è importante perchè collega il Saemani a tipi molto diversi del tipo della specie. Si potrebbe considerare come varietà dello stesso e anche come specie a parte. Io " pro modo " la considero come una forma di passaggio. Le strie spirali intermedie ai cingoli granulosi sono come nel Saemani.

**Trochus propelucasianus De Greg.**

Tav. 12, f. 10 *a b* un esemplare con dettaglio

*Testa conica, paulo pupoides; anfractus complanati; cinguli granuliferi 7, in ultimo autem anfractu (basi excepta) 9.*

*L. 24*mm.

È una forma che collega la forma precedente al *Trochus Lucasianus.*

Differisce dal *Saemani* per la forma più conico-pupoide come il *lucasianus*, l'ultimo giro alla periferie meno angolato, i cingoli granuliferi più numerosi, mancanti le strie spirali interposte.

**Trochus tigrinus De Greg.**

Tav. 12, f. 14 *a b* un esemplare in grand. nat. e ingrand.

*Testa subtrochiformis, conica, zonis cinereis flavisque alternantibus picta, umbilicata; anfractus laevigati, sub lente paucis filis spiralibus linearibus ornati ; ultimus anfractus basi subcomplanatus , ad peripheriam subangulatus, in medio umbilicatus; apertura potius lata, subquadrangularis.*

*L. 20*mm.

Per taluni caratteri ricorda la *Lacuna praelonga* Desh. (Bassin Paris tav. 17, f. 10-12) però così diversa da non occorrere di descriverne le differenze. È una specie molto graziosa e importante perchè conserva ancora il colorito che consiste in fasce alternanti bianchicce e griggie.

**Monodonta Cerberi Brongt. ***

1823. Monodonta Cerberi Brongt. Brongnart Vicent. p. 53, tav. 2, f. 5.
1831. Trochus " " Bronn. It. tert. p. 60.
1850. " " " D'Orb. Prodr. vol. 2, p. 312.
1877. Monodonta " " Fuchs Vicent. p. 76 etc. tav. 10, f. 20-21.

È questa una delle specie caratteristiche di Roncà, però non ne possiedo alcun esemplare di tal deposito fossilifero.

### Trochus lucasianus Brongt. *

1850. D'Orbigny Prodr. vol. 2, p. 712.

È probabile che l' " habitat „ dell'esemplare di D'Orbigny sia errato perchè questa specie non è citata da alcun autore, nè si trova tra i fossili della mia numerosa collezione di Roncà. Però non è impossibile che realmente si trovi in codesta località, perchè sebbene essa ordinariamente si rinvenga in diverso orizzonte è stata anche da me trovata nell'eocene di S. Ilarione.

### Trochus monilifer Brongt. *

1865. Hébert Note terr. numm. It. sept.

Hébert cita questa specie di Roncà; essa deve trovarsi dunque in detta località, sebbene io non ne possegga degli esemplari di detto giacimento e sebbene lo stesso Brongnart la citi di altra località.

### Cyclostrema venusta Rauff. *

1885. Rauff Gastrop. Vicent. tert. p. 28.

Il sig. Rauff descrive questa specie senza però darne alcuna figura.

### Turbo unicus De Greg.

Tav. 12, f. 13 *a b* lo stesso esemplare da due lati

*Testa globosa ovata; ultimus anfractus magnus; funiculi spirales densi, alternantes (unus minor unus major), rugis obliquis axialibus sub lente visibilibus clathrati; apertura magna subrotundata.*

*L.* $30^{mm}$.

Deve essere una specie rara, perchè non ne possiedo che un esemplare che ho estratto io stesso dalla roccia che è durissima. Spiacemi non poter dare dettagli dell' interno dell'apertura del labbro columellare perchè impiantato nella roccia. I funicoli sono obsoleti nella spira, più distinti nella parte anteriore dell'ultimo giro.

Ha qualche analogia col *T. scalptur* Sow. (Deshayes Coq. Paris tav. 30, f. 19-22), però ha la dimensione molto maggiore etc.

### Phasianella syrtica Mayer.

1894. De Gregorio Foss. Monte Postale p. 15, tav. 5, f. 135-38.

Il rinvenimento di questa specie a Roncà è di molta importanza perchè è un argomento di più che prova le relazioni intime tra le due faune. Nè vi è dubbio tra le identità delle forme. Io possiedo molti esemplari di Roncà, però in generale lasciano a desiderare riguardo allo stato della loro conservazione. Taluno di loro raggiunge una dimensione maggiore e rassomiglia molto alla *Ph. Lonigensis* De Greg. che è una grande specie ovoidale, che si trova a Lonigo. — Ciò che mi tiene un po' perplesso è questo: taluni esemplari giovani della *Rostellaria athleta* D'Orb. le somigliano alquanto. Questa specie si trova pure a Roncà ove raggiunge grandi dimensioni e non è facile distinguere gli esemplari giovani dell'una e dell'altra specie, laddove gli adulti della specie di Solander hanno un aspetto affatto dissimile. Ora se si tiene conto della cattiva conservazione di entrambi le specie a Roncà, si può benissimo comprendere quali difficoltà s' incontrano nel classificarle.

### Phasianella subturbiformis De Greg.

Tav. 12, f. 18 un esemplare ingrandito di lato e in grandezza naturale.

*Testa ovata, crassiuscula, laevigata; anfractus potius rapide crescentes; ultimus postice obsolete striatus, basi subrotundatus; labbrum internum potius callosum.*

*L. 19*$^{mm}$.

Rammenta molto la *Phasianella pulla* L. vivente nei nostri mari. Ricorda pure la *Lacuna propemarginata* De Greg., che è molto analoga alla pulla.— La *Ph. subturbiformis* distinguesi dalla *propemarginata* per l'apertura meno eretta, l'ultimo giro più largo, la spira più oblunga, la mancanza dell'insinuazione caratteristica del labbro interno.

### Phasianella superstetes Rauff *

1884. Rauff Uber. gegenseit Altersw. mittl. eoc. Monte Postale p. 2.

Questa specie è descritta dall'autore, ma non è figurata; trattandosi di un genere che ha pochi caratteri distintivi, resta una specie alquanto dubbia.

## LITTORINIDAE

### Lacuna propemarginata De Greg.

Tav. 12, f. 19 *a c* da due lati in grandezza naturale e da un lato ingrandito.

*Testa ovata, elegans, rapide crescens, laevigata, tribus anfractibus efformata, filis spiraliter linearibus tenuissimis ornata; ultimus anfractus antice productus; apertura ovata, antice producta, erecta paulo declivis.*

*L. 12*$^{mm}$.

Elegantissima specie, di cui possiedo un solo esemplare; credo debba essere adunque una specie molto rara a Roncà. Esso è molto rimarchevole, perchè conserva il colorito che consiste in fascette grigie punteggiate a zig-zag in senso assiale che somigliano immensamente a quelle della *Phasianella pulla* L. attualmente vivente nei nostri mari. Talune varietà di quest'ultima specie sono anche nella forma siffattamente simili alla propemarginata da quasi indurre a credere che sia la stessa specie.

La nostra specie si distingue dalla *marginata* Desh. per la dimensione maggiore, il labbro esterno non ispessito, i giri più rapidamente crescenti e di minor numero (tre soltanto).

### Planaxis Beaumonti Bayan *

1870. Bayan Et. faites Mines p. 9, tav. 4, f. 9.

Io non possiedo alcun esemplare di questa specie; talune varietà della *Mel. Stygis* le somigliano molto.

### Rissoina clavula Desh. *

1895. Vinassa De Regny Synopsis p. 229.

Io cito questa specie perchè essa fa parte del catalogo del sig. Vinassa, ma nissuno esemplare ne ho rinvenuto.

**Keilostoma turricula Brug. sp.**

1895. Vinassa de Regny Synopsis p. 229 (Cheilostoma).

Il rinvenimento di questa specie a Roncà è di molta importanza. Spiacemi non possederne alcun esemplare. Vari esemplari della mia collezione le somigliano, ma mancano dell'ultimo giro il cui esame è necessario pel riconoscimento esatto di essa. Siccome il nome di *Keilostoma* fu proposto da Deshayes nel 1848 e già nel 1833 Fitzinger avea proposto un genere *Chilostoma* il sig. Bayan propose in sostituzione il nome di *Paryphostoma*, il quale è adottato da Fischer per la detta specie. Però a me pare che fin tanto che il genere proposto da Fitzinger non è in uso, non si può dire che il genere di Deshayes debba necessariamente mutarsi.

PLEUROTOMARIIDAE

**Pleurotomaria concava Desh.** *

1895. Vinassa De Regny Synopsis p. 228.

Io non possiedo alcuna pleurotomaria di Val Nera. Questo genere è ben rappresentato nella formazione di Priabona; però non ne ho mai rinvenuto a Roncà. Che sia accaduto qualche equivoco nell' " habitat " degli esemplari del museo di Pisa?

PATELLIDAE

**Patella roncana Menegh.** *

1898. Vinassa de Regny I moll. terr. terz. Alp. Venet. p. 221.

Questa specie finora non è stata nè descritta nè figurata.

**Patella Raincourti Desh.**

1866. Deshayes Bassin Paris p. 227, tav. 5, f. 5-12.
1888. Cossmann Cat. vol. 3, p. 26.

**Var. subauversiensis De Greg.**

È similissima alla Var. B di Deshayes (tav. 5, f. 9-12) che nella spiegazione delle tavole è detta " depressa auversiensis ". Differisce per la mancanza dei funicoli concentrici; ciò potrebbe dipendere da erosione; in tal caso si tratterebbe allora della vera var. B di Deshayes. A Parigi si trova nelle sabbie medie. Il rinvenimento di questa specie a Roncà è di molta importanza. Il colore delle costolette primarie e delle secondarie è bianco; gli intervalli sono grigiastri.

# PELECYPODA

## PHOLADIDAE

### Teredo Tournali Leym.

Var. subparisiensis De Greg.

Tav. 13, f. 1-3 tre frammenti di cui quello rappresentato dalla figura 3 presenta una biforcazione anomala.

1894. Teredo subparisiensis De Gregorio M$^{te}$ Postale p. 87, tav. 6, f. 187-188.

Nel citato lavoro ho paragonato i miei esemplari alla *Ter. Parisiensis* Desh. e alla *Tournali* Leym. Possiedo vari esemplari di Roncà che somigliano maggiormente alla *T. personata* Lamk. e più ancora alla *Tournali* Leym. (Leymerie Montagne Noire p. 560, tav. 14, f. 3-4), coi quali credo si identificano. La sola differenza sta nella superficie, che nella specie di Leymerie è levigata, nella nostra è striata. Però tale carattere è molto più pronunziato negli esemplari di M$^{te}$ Postale che in quelli di Roncà, i quali si rassomigliano maggiormente a quelli della Montagne Noire. Nella descrizione il detto autore non ne parla punto; l'esemplare da lui figurato pare assolutamente levigato. Nei nostri si notano molte strie di accrescimento e qualche leggero cercine. È possibile che l'esemplare di lui fosse corroso e levigato e i nostri esemplari meglio conservati. Ad ogni modo considero i nostri come una varietà della stessa specie salvo poi a identificarla ovvero a considerarla come specie a parte. Deshayes (Bassin Paris tav. 3, f. 19) cita il caso di un'anomalia di biforcamento del tubo della personata. Un fatto simile ho osservato tra gli esemplari di Roncà. La stessa specie si ritrova a M$^{te}$ Pulli.

## PHOLADOMYIDAE

### Pholadomya Roncaensis De Greg.

Tav. 12, f. 20-21 due esemplari, di cui uno giovane, l'altro adulto, entrambi da due lati.

(1831. Bronn It. tert. f. 88)?

*Testa trapezoides, brevis, lata; antice concentrice costata, postice truncata, sublaevigata, dense obsolete striata; umbo valde prominulus atque depressus et aduncus.*

*L. anteroposter.* 55$^{mm}$.

È una specie molto bella e caratteristica che non so come sia sfuggita ai vari autori. Essa non ha ch'io sappia alcuna forma affine nel bacino di Parigi; non è rara ma è raro trovare dei buoni esemplari. Suppongo che l'esemplare citato da Roncà senza nome specifico debba riferirsi a questa specie.

### Pholadomya oviformis De Greg.

Tav. 12, f. 22.

*Testa ovata, lutrariaeformis, elliptica, convexa, obsolete concentrice costulata, postice tenue radiatim costulata; costae subgranulosae; umbo minimus.*

*L.* 65$^{mm}$.

È una specie molto rara, perchè non ne possiedo che un solo esemplare. La superficie di esso è in parte incrostata e un po' alterata, non di meno si vedono taluni caratteri dell'ornamentazione. La forma della conchiglia è molto caratteristica, talchè non si lascia confondere con le altre specie.

SOLENIDAE

### Solecurtus elongatus D'Orb.

1850. Solecurtus elongatus D'Orb. D'Orbigny Prodr. v. 2, p. 321.

D'Orbigny così definisce questa specie: " Magnifique espèce allongée pourve d'un sillon longitudinal sur la région cardinale ". Egli rapporta alla stessa specie la *Lutraria elongata* Michtti. Cita la provenienza di Roncà.

### Solecurtus pudicus Brongt. *

1823. Psammobia pudica Brongt. Brongnart Vicent. p. 82, tav. 5, f. 9.
1850. Solecurtus pudicus D'Orbigny Prodr. v. 2, p. 321.

D'Orbigny cita questa specie di Roncà, però Brongnart la cita invece da Val-Saugonini. Io non ne ho rinvenuto alcun esemplare.

### Solecurtus Deshayesi Des Moul.

Var. perelegans De Greg.

Tav. 14, f. 16 *a b* lo stesso esemplare in grand. nat. e ingrandit.

Solen strigillatus Deshayes Coq. Paris v. 1, p. 27, tav. 2, f. 22-23.
S. Deshayesi Des Moul. Des Moulins 1830. Notice sur la fam. de solens p. 24.
S. Deshayesi Des Moul. Deshayes Bassin Paris v. 1, p. 160.

È una specie assai rara a Roncà; ne ho trovato un piccolo bello esemplare nel blocco di roccia ove è impiantata la *Restellaria Roncaincola* De Greg., che ho di sopra descritto. Ho procurato distaccarnelo, ma non ci sono riuscito. Esso è identico al tipo del bacino di Parigi, però le strigillature sono ancora più marcate specialmente nel lato posteriore. Sono esse molto oblique sinuose e subimbricate, si estendono per tutta la superficie tranne che nella parte anteriore. Sono presso a poco equidistanti fra loro.

TELLINIDAE

### Psammobia Lamarckii Desh.

1823. Solen effusus non Defr. (Deshayes Coq. Paris tav. 2, f. 24).
1860. Psammobia Lamarckii Deshayes Bassin Paris p. 376.

Riferisco a questa specie un esemplare in parte fratturato che le somiglia molto; però la determinazione di essa è molto dubbia.

### Psammobia? crassatellopsis De Greg.

Tav. 13, f. 4-5 due esemplari.

*Testa elliptica potius angusta solecurtiformis, subsymetrica, costis laminaribus raris erectis regularibus ornata.*

*L. 40*$^{mm}$.

È una graziosa intesessante rara specie che richiama la *Ps. effusa* Desh. da cui differisce principalmente per le lamelle concentriche. Tale ornamentazione richiama quella di talune crassatelle. Non ho potuto esaminare la cerniera. Proviene dal calcare di Val Nera.

### Tellina scalaroides Lamk.

Var. venetincola De Greg.

Tav. 13, f. 6-7 due esemplari

1865. Hébert Note sur le terr. numm. It. Sept.

*Differt a specie tipica latere postico magis angulato.*
*L. 50*$^{mm}$.

Possiedo due belli esemplari di Val Nera che sono simili agli esemplari tipici del bacino di Parigi. Hanno il margine anteriore ugualmente arrotondato, ma quello ventrale lo hanno più retto; perocchè quello posteriore forma con esso un angolo più acuto. Ciò dipende dall'essere la carena molto avvicinata al margine suddetto.

### Tellina pertenuestriata De Greg.

Tav. 13, f. 8.

*Testa depressa, triangularis, symetrica, axialiter tenue confertim striata.*
*L. anteropost. 50*$^{mm}$.

Somiglia molto alla *T. patellaris* Lamk. (Deshayes Coq. Paris tav. XI, f. 5-6). Ne differisce per l' ornamentazione consistente in strie ossia piccole costolette raggianti numerosissime. Dubitavo che tal carattere fosse dovuto ad erosione e dipendesse dalla struttura interna, ma infine mi son quasi convinto che dipende dalla ornamentazione esterna.

### Tellina carinulata Lamk.

Deshayes Coq. Paris tav. 13, f. 1-2.

Non possiedo che un esemplare di questa specie proveniente da Val Nera. La sua determinazione mi pare esatta, sebbene non ne abbia esaminato la cerniera, infatti tanto per la forma che per l' ornamentazione vi è un' assoluta identità.

### Tellina Postalensis De Greg.

Tav. 13, f. 9-12 quattro esemplari

1894. De Gregorio Monogr. foss. éoc. Mont Postale p. 38, tav. 6, f. 203.

La ornamentazione degli esemplari di Roncà è identica a quella degli esemplari di Monte Postale. L'aspetto è lo stesso. Però il contorno di quelli del Postale è più ellittico.

## CHAMIDAE

### Chama calcarata Lamk.

1817. Chama calcarata Defr. Defrance Dict. Sc. Nat. v. 6, p. 64.
1823. „ „ „ Brongnart Vicent. p. 19.
1824. „ „ „ Deshayes Coq. Paris p. 246, tav. 38, f. 5-7.
1860. „ „ „ Deshayes Bassin Paris p. 583.
1873. „ „ „ Hébert Munier Chalmas Compt. rend. Inst. France tav. 85.

1894. Chama calcarata Desh. Oppenheim Eoc. M[te] Pulli p. 443.
1895. „ „ „ Vinassa de Regny Synopsis p. 227.

Rapporto a questa specie vari esemplari che lo somigliano molto. La loro dimensione però è maggiore che essa non suole raggiungere. Gl' individui piccoli sono identici; i grandi parmi abbiano le coste un po' più numerose che nel tipo. Non ho visto alcuna appendice alle coste; ma ciò deve addebitarsi al cattivo stato in cui si trovano.

### Chama fimbriata Defr.

1818. Defrance Dict. sc. nat. v. 6, p. 65. — Deshayes Coq. p. 248, tav. 37, f. 9-10. — Deshayes Bassin p. 584.

Riferisco alla specie suddetta un esemplare, la cui forma e più ancora la cui ornamentazione somiglia molto alla specie di Defrance. Però, avuto riguardo ai pochi caratteri differenziali e alla mutabilità di questi nel genere chama, non si può essere del tutto sicuri dell' identificazione.

### Chama Roncaensis De Greg.

Tav. 14, f. 1-8 quattro esemplari di cui due da tre lati (valva inferiore). — f. 9-15 cinque esemplari di cui uno da due lati (valva superiore).

*Testa magna, inflata, subaequivalvis, ad umbones maxime crassa et solida; umbones reflexi, paulo prominuli, non autem magis quam margo cardinalis; costae concentricae, laminares, gradatae, valde rarae atque distantes; dentes cardinales valvae inferioris duo, oblongi, quorum unus bifidus; dens cardinalis valvae superioris brevis, trifidus, dens lateralis oblongus parvus.*

*Diam. umboventr. 12$^{cm}$ (15$^{cm}$)?*

È una specie importantissima per l'enorme sviluppo che raggiunge e per la dimensione e per la forma caratteristica. Tra le chame del bacino di Parigi quella cui più si avvicina è la *calcarata*; se ne distingue per la dimensione molto maggiore, per le coste molto più rare e ch' io sappia non laciniate e per le due valve più simetriche. Gli umboni sono molto contorti e assottigliati all' estremità, però sono di una solidità immensa, perchè tutti per intero massicci; essi non sporgono punto al di là del bordo cardinale, solo quello della valva è appena prospiciente di qualche linea. Uno dei caratteri più distintivi è la simetria delle valve, simetria certo non perfetta ma molto maggiore che in questo genere suole trovarsi. La dimensione di questa specie è enorme: ne possiedo modelli lunghi 12$^{cm}$ ma da alcuni framenti rilevo che tal dimensione dovette esser superata; probabilmente dovettero essi raggiungere 15$^{cm}$.

I denti della valva inferiore sono due di cui uno bifido, sicchè si possono considerare come se fossero tre; nella parte anteriore interna la valva è alquanto corrugata. Nella valva superiore vi è un dente cardinale breve, leggermente bifido di prospetto all'estremità dell'umbone e un dente posteriore bislungo, non molto sviluppato.

## MYIDAE

### Corbula italicula Bayan.

Tav. 12, f. 24.

1873. Bayan Et. fait. écol. mines vol. 2, p. 162, tav. 13, f. 4-5.
1894. Oppenheim Eoc. M[te] Pulli p. 443.

Riferisco a questa specie un esemplare fratturato che le somiglia di molto, ma la cui identificazione non è punto sicura. Esso consta della valva sinistra in parte rotta.

### Corbula exarata Desh.

Deshayes Coq. Paris tav. 7, f. 4-7.
Hébert Munier Chalmas Compt. rend. Inst. France tav. 85.

Riferisco a questa specie un esemplare che le somiglia molto.

### Corbula gallicula Desh.

Tav. 12, f. 23.

Deshayes Bassin Paris vol. 1, p. 214, tav. 14, f. 1-6.

Riferisco alla specie citata un esemplare che le somiglia molto, tanto per la forma che per l'ornamentazione. Non ho potuto però osservare la cerniera.

## CARDIIDAE

### Cardium roncanum De Greg.

Tav. 18, f. 1 *a b* un esemplare da due lati

*Testa magna, globulosa, laevigata; costae latae, laevigatae compressae subrectangulares, majores quam interstitia, circiter 24; umbo satis contortus revolutus.*

*Diam. circiter 10*$^{cm}$.

Interessantissima specie di gran dimensione caratterizzata sì dalla forma che dall'ornamentazione. Nel bacino di Parigi non conosco alcuna specie affine ad essa.

### Cardium perelegans De Greg.

Tav. 18, f. 8 un esemplare in grand. nat. e ingrand.

*Testa subrotundata, symetrica; costulae circiter 38, tenues, potius latae, subcomplanatae, majores interstitiis, elegantes, papillosae; interstitia eleganter obsolete concentrice funiculata.*

*Diam. 35*$^{mm}$.

È una specie molto elegante, che somiglia assai sì per la forma dell'umbone che per le coste e il contorno al *Cardium gratum* Defr. Ne differisce per avere le coste ornate di papille o per meglio dire di eleganti piccoli tubercoletti rotondi e per avere lungo gl' interstizi dei funicoli concentrici che formano un ingraticolato quadrangolare e non come la figura 5 del dettaglio dato da Deshayes. Quindi per l'ornamentazione richiama il *C. Levesquei* Desh. che del resto però è differentissimo.

### Cardium gigas Defr.

Tav. 18, f. 2, f. 3-4 var. cordorotundum De Greg.

1817. Defrance Dict. sc. nat. p. 110. — 1824. Deshayes Coq. Paris vol. 1, p. 418, tav. 27, f. 3-4 Cardium *hippopeum* Desh. — 1850 Dixon Sussex p. 91-168. — 1852 Bellardi Nice p. 242 (hippopeum). — 1860 Deshayes Bassin Paris v. 1, p. 354 (C. gigas).

È questo il cardio più comune di Roncà ove raggiunge dimensioni enormi. Io ne possiedo molti esemplari, taluni deformati, altri in discreto stato di conservazione e la cui determinazione mi pare non lasci dubbio di sorta, nè so spiegarmi come esso sia sfuggito ai vari autori. Probabilmente è stato confuso con il *C. gratum* Defr. L' esemplare più grande che io possiedo ha un diametro anteroposteriore di 15$^{mm}$. Esso però è molto corroso.

### Var. cordorotundum De Greg.

Tav. 18, f. 3-4.

Questa varietà ha una forma un po' più rotonda e cordata ed ha l'umbone un po' meno prominente.

### Cardium modiolopsis De Greg.

Tav. 18, f. 7 *a c* un esemplare in grand. nat. e ingrandito.

*Testa ovata, gibbosula, angustata, modioliformis, tenue costata; costae anteriores rotundatae, majores quam interstitia; costae medianae magis tenues, costae anteriores obsoletae.*

*L. umbo-ventral 35*$^{mm}$.

Graziosa specie del tipo del *Cardium rachitis* Desh. Deshayes Coq. Paris tav. 29, f. 1-2). La sua forma ricorda molto quella di talune modiole precipuamente la *M. pectinata* Lamk. e più ancora quella di talune lime, tanto che dapprima credevo di aver da fare con qualche specie di Lima. Avendo raschiato accuratamente la roccia, non ho scoverto alcuna traccia di orecchietta; però non ho potuto arrivare a scovrire il bordo cardinale. Avuto anche riguardo alla forma un po' uncinata dell'umbone ho creduto riconoscervi una specie di Cardium. Non possedendone che un solo esemplare e non in buone condizioni, questa specie rimane alquanto dubbia.

### Cardium obliquum Lamk.

1877. Defrance Dict. sc. nat. suppl. p. 184. — 1824. Deshayes Coq. Paris p. 171, tav. 30, f. 7-8-11-12. — 1852 Bellardi Nice p. 242. — 1854 Bellardi Egypte p. 19. — 1860 Deshayes Bassin Paris v. 1, p. 568. — 1894 Oppenheim Eoc. M$^{te}$ Pulli p. 442.

Questa specie è citata dal sig. Oppenheim come faciente parte della fauna di Roncà; io ne possiedo un solo esemplare proveniente da tale località e propriamente da Val Nera.

### Cardium gratum Defr.

1817. Defrance Dict. sc. Nat. — Deshayes Coq. Paris v. 1, p. 165, tav. 28, f. 3-5. — Ronault Paris p. 469.— Bellardi Nice p. 241. — Deshayes Bassin Paris v. 1, p. 556. — Vinassa de Regny Synopsis p. 227.

Questo cardio non è raro a Roncà ove raggiunge dimensioni molto ragguardevoli. Uno dei miei esemplari ha una lunghezza anteroposteriore di 70$^{mm}$. Generalmente, forse anche a causa della relativa tenuità della conchiglia, si trova deformato dalla fossilizzazione.

### Cardium granulosum Lamk.

Deshayes Coq. Paris v. 1, p. 171, tav. 30, f. 5-6, 9-10. — Idem 2 ed. p. 553.
Hébert Note sur le terr. numm. It. Sept.
Oppenheim Eoc. M$^{te}$ Pulli p. 442.

Possiedo questa specie da varie località ma non da Roncà. Essa però deve trovarvisi essendo citata tanto da Hébert che da Oppenheim.

### Cardium anomale Math.

1842. Cardium anormale Math. Mathéron Rhone p. 194, tav. 32, f. 11-12.
1864. „ Pasini Schaur. Schauroth Coburg p. 210, tav. 20, f. 1-3.
1870. „ anomale Math. Fuchs Vicent. p. 30, tav. 7, f. 7-10.
1894. „ „ „ De Gregorio Foss. Env. Bassano p. 23.

### Var. polyptyctum Bayan.

1870. Cardium polyptyctum Bay. Bayan Et. fait. école Mines p. 70, tav. 6, f. 8.
1894. „ „ „ Oppenheim in Eoc. M[te] Pulli p. 442.

È una varietà molto caratteristica ed elegante. I nostri esemplari sono identici alla figura di Fuchs; se non che le costolette nella parte posteriore sono appena più marcate, invece nella regione indiana lo sono meno, e sono anzi un po' obsolete; nella parte anteriore sono pure obsolete ovvero poco marcate, sempre assai meno che nella parte posteriore. Le rughe trasverse sono subparallele, trasverse, alquanto onduiose e alquanto irregolari. Quindi corrispondono al *Cardium polyptyctum* Bayan, che è stato considerato come specie distinta dal *Cardium anomale*. Io credo che atteso la somiglianza generale e l'analogia dei caratteri è più conveniente e più giusto considerarla come varietà della specie di Matheron.

### Cardium porulosum Lamk.

Deshayes Coq. Paris v. 1, p. 169, tav. 30, f. 1-4. Idem 2 edit. v. 1, p. 554.

Riferisco a questa specie un esemplare che le somiglia perfettamente; però essendo un po' fratturato e non bene conservato la sua determinazione non è del tutto sicura.

## CRASSATELLIDAE

### Crassatella rhomboidea D'Arch. *

1847. Sphenia rhomboidea D'Arch. D'Archiac Mém. soc. geol. p. 208, tav. 7, f. 9.
1850. „ „ D'Orbigny Prodr. v. 2, p. 208.

Il sig. D'Orbigny cita questa specie come proveniente da Roncà. A me pare abbastanza dubbia perchè l'esemplare di D'Archiac è un semplice modello.

### Crassatella Michelotti D'Orb. *

1850. Sphemia Michelotti D'Orb. D'Orbigny Prodr. v. 2, p. 208.

D'Orbigny così definisce questa specie: " Espèce voisine de la *C. tumida*, mais infiniment plus longue plus anguleuse et plus comprimée ".

Egli dà per habitat Roncà.

### Crassatella plumbea Chemn.

Tav. 15, f. ˙-10 un esemplare da tre lati.

1783. Venus plumbea Chemn. Chemnitz Naturforch p. 185, tav. 8.
1792. „ mactra „
1818. Crassatella tumida Defr. Defrance Dict. Sc. nat. v. 21, p. 357.
1824. „ „ „ Deshayes Coq. Paris f. 33, tav. 3, f. 10-11.
1843. „ ponderosa Nyst. Nyst Coq. Pol. Belg. p. 208. f. 83.
1850. Sphenia „ „ D'Orbigny Prodr. v. 2, p. 478.
1865. Crassatella plumbea Desh. Deshayes Bassin Paris v. 1, p. 737.
1877. „ „ „ Hébert Munier Chalmas compt. rend. Inst. France tav. 85.
1894. „ „ „ Oppenheim Eoc. Monte Pulli p. 443.

Possiedo vari belli esemplari di questa specie provenienti da Roncà, che sono identici al tipo; hanno solamente il lato anteriore appena più contratto. Sebbene non ho potuto osservare la cerniera, non mi resta alcun dubbio intorno all'identificazione di essi. Questa specie è stata citata da quattro autori come proveniente da Roncà D' Orbigny, Hébert, Munier Chalmas e Oppenheim.

### Crassatella gibbosula Lamk.

1894. Deshayes Coq. Paris tav. 5, f. 5-7.

Riferisco a questa specie varie esemplari che le somigliano molto, tanto per l'ornamentazione che per la forma. Quindi la determinazione loro è probabilmente esatta. Io però non posso garentirlo, poichè non ho potuto esaminare la cerniera.

### Crassatella subdonacialis De Greg.

Tav. 15, f. 8-9 due esemplari.

Questa specie è similissima alla *Crassatella donacialis* Desh. (Bassin Paris tav. 20, f. 15-17); ne differisce solo per la superficie levigata e per l' umbone alquanto più prominente. — È una conchiglia piuttosto depressa, anteriormente troncata. La carena posteriore è abbastanza marcata essendo lo spazio antecarinale ben delimitato. L' umbone è conico molto eretto, ma non turgido anzi depresso. La superficie è levigata; però a guardarsi con la lente si notano nel lato anteriore delle fini strie concentriche, e nel lato umbonale qualche linea raggiante fina e obsoleta. Per tale carattere e per le forme dell'umbone richiama talune specie del genere Corbula del bacino di Parigi.

### Crassatella valida De Greg. sp. dub.

Tav. 16, f. 1-2 due esemplari di cui uno rotto.

*Testa subtrapezoides, dorso gibba, sublaevigata concentrice striata; umbo depressus, parvus, lateri antico maxime approximatus.*

*Diam. anteroposter.* $70^{mm}$. *Diam. umboventral* $50^{mm}$.

È una specie dubbia, perchè non sostenuta che da un solo esemplare, del quale non ho neppure potuto studiare la cerniera. Però la sua forma mi pare diversa delle specie affini a causa precisamente dell'umbone ravvicinato assai al lato anteriore.

### Crassatella cimbula De Greg. sp. dub.

Tav. 15, f. 10.

*Testa maxime inaequilateralis, trapezoides; carina rotundata; umbo parvus non prominulus, ad latus anticus prospiciens.*

*Diam. anteropost.* $65^{mm}$. *Diam. umboventr.* $40^{mm}$.

Questa specie si trova nelle stesse condizioni della precedente. Differisce da essa per la forma più stretta e bislunga essendo la larghezza umboventrale minore, differisce pure da essa per l'umbone ancora più sporgente dal lato anteriore e per la carena o per meglio dire per una specie di depressione presso al lato postcardinale che è accennata nella precedente, ma più marcata in questa, in modo che si forma una specie di carena, la quale però non è punto ben delimitata ma semplicemente arrotondata.

## LUCINIDAE

### Corbis subpectunculus D'Orb. *

1834. Corbis pectunculus Lamk. Deshayes Coq. Paris p. 87, tav. 13, f. 3-6.
1860. „ subpectunculus D'Orb. Deshayes Bassin Paris p. 607.
1868. „ „ „ Suess Vicent.

Questa specie è citata dal sig. Suess. Io ritengo però che altro non sia che la *Corbis major* di Bayan o per meglio dire che gli individui, in cui il suddetto autore credette riconoscere la specie di D'Orbigny, appartenghino alla stessa specie per cui il sig. Bayan propose il nome di Corbis major.

### Corbis major Bayan.

Tav. 17, f. 1-4 quattro esemplari di cui uno da tre lati; — f. 5 dettaglio della superficie di un altro esemplare;— Tav. 20, f. 4 var. depressa De Greg.

1843. Corbis pectunculus Defr. Deshayes trait. él. p. 805.
1869. Fimbria subpectunculus D'Orb. Suess Att. straord. Vicenza p. 309.
1870. „ magna Bay. Bayan Bull. soc. geol. France p. 401 (non magna Anton).
1873. Corbis major Bay. Bayan Et. fait. écol. Mines v. 2, p. 175, tav. 13, f. 7, tav. 14, f. 1-2.
1894. „ „ „ De Greg. M[te] Postale p. 33.
1894. „ „ „ Oppenheim Eoc. M[te] Pulli p. 442.

È questa senza dubbio una delle bivalvi più rimarchevoli di Roncà sì per la sua diffusione, sì per la dimensione enorme che raggiunge. Il più grande individuo che possiedo ha una lunghezza antero posteriore di $16^{cm}$ e una larghezza umboventrale di $14^{cm}$.

La forma è piuttosto simetrica specialmente nella giovine età e ne ho esaminate degli esemplari quasi affatto ellittici; però ne ho esaminato esemplari in cui l'umbone è più ravvicinato all'estremità anteriore e hanno una forma molto asimetrica. Ne ho esaminato pure qualche raro esemplare in cui invece esso è ravvicinato alla parte posteriore. Negli esemplari molto grandi e adulti il lato anteriore è un pochino troncato in modo che il contorno della conchiglia diventa leggermente quadrangolare. Negli esemplari giovani la forma è invece ellittica.

La ornamentazione consiste (negli adulti) in costolette concentriche larghe, con interstizi talora lineari talora relativamente larghi. Tali costolette in taluni individui sono sublaminari, in vari individui sono quasi obsolete. Nel lato anteriore e nel lato posteriore della conchiglia vi sono profondi e regolari solchi raggianti, i quali intersecano le costolette e determinano la formazione di costolette raggianti, le quali sono poco accennate nel lato posteriore, ma più nel lato anteriore. — Negli individui giovani le costolette concentriche sono molto più distaccate l'una dall'altra e regolari. Sono molto più anguste degli interstizi i quali sono traversati da funicoli raggianti densi e regolari. Tali funicoli si vedono pure (ma più cancellati) negli individui adulti e sono più visibili negli esemplari in cui la superficie esterna è corrosa. La cerniera della valva sinistra ha due denti cardinali e un piccolo dente laterale anteriore. La fossetta del legamento è abbastanza larga, non però molto profonda. Le impronte muscolari abbastanza marcate, quella anteriore è più distaccata dall'umbone che l' anteriore. Il margine interno è alquanto denticolato. La conchiglia, specialmente presso il margine è abbastanza spessa, ma non molto tenace avendo una struttura alquanto cellulare. Io dubito che questa specie si debba forse considerare come una fase speciale di sviluppo della *subpectunculus* D'Orb.

*Var. subtrigona De Greg.* Noto questa varietà avente una forma triangolare e asimetrica, essendo l'umbone ravvicinato al lato anteriore. La superficie esterna ha l'ornamentazione alquanto obsoleta.

*Var. depressa De Greg.* (Tav. 20, f. *a b*). Segno con questo nome un'altra varietà in cui la conchiglia è assai più depressa, l'umbone poco appariscente, l'ornamentazione abbastanza marcata.

## Corbis lamellosa Lamk.

| | | | |
|---|---|---|---|
| 1823. Corbis | lamellosa | Lamk. | Brongnart Vicent. p. 20. |
| 1824. „ | „ | „ | Deshayes Coq. Paris p. 88, tav. 14, f. 1-3. |
| 1832. „ | „ | „ | Bellardi Nice p. 248. |
| 1860. Fimbria | „ | „ | Deshayes Bassin Paris vol. 1, p. 606. |
| 1865. Corbis | „ | „ | Schauroth Coburg p. 208. |
| 1877. „ | „ | „ | Hébert Mun. Chalmas Compt. rend. Inst. France. |
| 1894. „ | „ | „ | Oppenheim M^te^ Pulli p. 442. |
| 1895. „ | „ | „ | Vinassa de Regny Synopsis p. 217. |
| 1848. „ | „ | „ | Bronn Ind. Pal. p. 333. |
| 1850. „ | „ | „ | D'Orbigny Prodr. vol. 2, p. 387. |

Come osserva Deshayes, è questa una delle specie più diffuse e caratteristiche dell'eocene. Essa è stata trovata in America (1834 Conrad Morton Cret. group. p. 87), e fino in Australia (1834 Sturt Exped South Australia p. 254). Io credo però che sebbene il tipo della lamellosa è molto diffuso e caratteristico dell'eocene, molte determinazioni specifiche devono essere rettificate. Sebbene per esempio il sig. Sturt cita questa specie del Sud di Australia, essa non si trova punto nelle importanti memorie pubblicate dal mio amico prof. *Tate* (1886 Descr. new specie South Austral. mar. moll. — 1886 The Lamellibr. old tert. Australia. — 1885 Supplement. Palliobranchs old tert. Australia. — 1893. Correlat. mar. tert. Australia), quindi io ritengo che la determinazione del sig. Sturt non è esatta.

Gli esemplari di Roncà, che io ho esaminato, corrispondono per la forma e l' ornamentazione perfettamente agli esemplari di Parigi. Non ne ho però esaminato la cerniera. Come ho detto a proposito della *C. major* io dubito molto che gli esemplari giovani di questa sieno identici. In tal caso la major si potrebbe considerare come una forma di massimo sviluppo di questa stessa specie.

I rapporti tra la *major* la *subpectunculus* e la *lamellosa* non mi paiono ben definiti.

## Lucina gigantea Desh.

Tav. 16, f. 4, var. secunda De Greg. — f. 5-7 var. Escheri Mayer; — f. 8, var. obliquopsis De Greg.
f. 9-10 var. inradata.

Deshayes Coq. Paris tav. 15, f. 11-12.

Riferisco a questa specie vari esemplari che si presentano con caratteri molto mutevoli. Io le ho classificate dividendoli in quattro sezioni.

### Var. inradata De Greg.

Tav. 16, f. 9-10.

Riferisco a questa varietà due grossi esemplari con un diametro superiore a 10 cm, i quali corrispondono bene al tipo di Deshayes. Però mancano delle strie raggianti, ed è perciò che ho proposto tale varietà.

### Var. Escheri Mayer.

Tav. 16, f. 5-7 tre esemplari

1870. Mayer Coq. tert. inf. p. 323, tav. 12, f. 6.
1894. De Gregorio Foss. Eoc. M^te Postale p. 35, tav. 7, f. 209.

Gli esemplari di Roncà corrispondono benissimo a quelli di M^te Postale, anzi si trovano in migliore stato di conservazione.

### Var. secunda De Greg.

Tav. 16, f. 4.

1894. De Gregorio Foss. M^te Postale p. 36, tav. 7, f. 214-216.

Anche questa varietà di M^te Postale è ben rappresentata a Roncà.

### Var. obliquopsis De Greg.

Tav. 16, f. 8.

1894. De Gregorio Foss. M^te Postale p. 36, p. 7, f. 212-123.

Il rinvenimento di questa varietà a Roncà è un'altra prova del sincronismo delle due faune eoceniche.

### Lucina Hermonvillensis Desh. *

1866. Deshayes Bassin Paris tav. 40, f. 15-18.
1869. Bayan Bull. Soc. geol. France p. 456.
1893. Oppenheim Eoc. M^te Pulli p. 443.

Io non possiedo alcun esemplare di codesta specie proveniente da Roncà. Essa però deve trovarsi in detta località essendo citata da due autori.

### Lucina perornata Bay. *

1870. Bayan Bull. soc. geol. France p. 456.
1870. Bayan Et. fait. écol. mines p. 72, p. 6, f. 9.
1894. Oppenheim Eoc. M^te Pulli p. 443.

Bayan paragona questa specie alla *ornata* Ag. A me pare maggiormente vicina alla *divaricata* Lamk. Io non ne possiedo alcun esemplare.

### Lucina mutabilis Lamk. *

Deshayes Coq. Paris tav. 14, f. 6-7. Suess Vicent.

Questa specie è citata dal sig. Suess come proveniente da Roncà. Io però non l'ho punto trovata colà.

### Lucina scopulorum Brongt. *

1823. Brongnart Vicent. p. 79.
1850. D'Orbigny Prodr. vol. 2, p. 324.
1893. Oppenheim Eoc. M<sup>te</sup> Pulli p. 423.

Il sig. Oppenheim riferisce come sinonimo la *L. saxorum* Lamk. Però in caso di identità la *L. saxorum* avrebbe il dritto di priorità. Brongnart non ne dette alcuna figura, egli dice che differisce appena dalla *L. saxorum* Lamk., cita come habitat Roncà e la Montagna di Torino. La suddetta specie è figurata nel lavoro di Deshayes (Coq. Paris tav. 15, f. 5-6). Di Roncà io non posseggo alcun esemplare nè dell'una nè dell'altra.

### Lucina gibbosula Lamk.

1821. Deshayes Coq. Paris tav. 15, f. 1-2.
1823. Brongnart Vicent. p. 79.
1894. Oppenheim Eoc. M[te] Pulli p. 443.

Neppure questa specie si trova nella mia collezione. Essa però deve trovarsi a Roncà essendo citata tanto dal Brongnart che da Oppenheim.

### Lucina Vicentina Opp.

Oppenheim M[te] Pulli p. 216, tav. 23, f. 78.

Deve essere una specie rara a Roncà poichè non ne possiedo che una semplice valva. Però nissun dubbio ho sulla sua determinazione.

### Lucina Bovensis De Greg.

Var. Roncaensis De Greg.

Vav. 16, f. 3 *a b* lo stesso esemplare da due lati.

1865. Schauroth Coburg. p. 209, tav. 19, f. 3 (Cardium limaeformis D'Arch.).
1894. De Gregorio Dintorni di Bassano p. 19, tav. 3, f. 58.

L'esemplare di Val Nera, che io possiedo, somiglia immensamente a quello di S. Bovo, però parmi un po' più simetrico e alla parte postcardinale ha una compressione laterale che determina la formazione di una specie di carena e di uno spazio postcardinale compresso che ha l'apparenza di una larga ninfa. A primo aspetto pare di aver davanti una Pholadomya. Io non sono del tutto sicuro della identificazione proposta, tanto più che io non ho nella mia collezione l'esemplare tipico della Bovensis e disgraziatamente la figura non è ben riuscita. Atteso poi le differenze e le analogie osservate, ho creduto prudente " pro modo " di considerare l'esemplare di Roncà come varietà della specie bassanese. Ha inoltre grandissima analogia con la *Lucina Fontis Felsinae* Opp. (M[te] Pulli tav. 22, f. 3). Ne differisce per la carena alla parte posteriore.

## Lucina detrita Desh.

Deshayes Bassin Paris tav. 40, f. 7-10.

Possiedo due esemplari la cui forma e ornamentazione corrisponde perfettamente al tipo di Deshayes. Non ne ho esaminato l'interno nè la cerniera, ma suppongo che questa sia pure simile. Solo la dimensione di essi è un po' maggiore misurando $32^{mm}$.

## Lucina subcircularis Desh.

Deshayes Bassin Paris tav. 40, f. 23-24.

Possiedo quattro esemplari di Val Nera che mi paiono assolutamente identici alla specie suddetta.

## Lucina n. sp.

Noto con tal nome una grande specie simile alla *L. gigantea* Desh. specialmente alla var. *inradiata* De Greg. però molto più rigonfia. Non ne possedo che un grosso modello, il cui diametro è di $110^{mm}$ e il cui spessore è di $55^{mm}$. La superficie esterna pare simile a quella della inradiata, a giudicarne da un pezzettino di guscio che vi sta attaccato.

### CARDITIDAE

## Cardita Laurae Brongt.

1831. Venericardia Laurae Brongt. Vicent. p. 80, tav. 5, f. 3.

Io non posseggo alcun esemplare di questa specie proveniente da Roncà, ma molti da varie località del Vicentino. Non è impossibile che a Bronn sia accaduto qualche equivoco. Lo stesso Brongnart non la cita di Roncà ma di Castelgomberto.

## Cardita multicostata Lamk.

Tav. 15, f. 4 tipo, f. 5, var. flabelloides De Greg. f. 6-7, var. veretrapezoides De Greg.

Deshayes Coq. Pasis p. 151, tav. 26, f. 1-2, 2 ed. Bassin Paris v. 1, p. 758.

Importantissimo è il rinvenimento di questa grande specie caratteristica delle sabbie inferiori. Essa è abbastanza comune a Val Nera ove si rinviene in grandi esemplari con una lunghezza anteroposteriore di $70^{mm}$. Io noto tre forme:

1. *Forma tipica* rappresentata dalla figura di Deshayes sopra citata. Questa è piuttosto rara.

2. *Forma veretrapezoides* È questa la forma consueta che si trova a Val Nera. Differisce dal tipo per essere l'umbone molto più ravvicinato al lato anteriore e per la forma meno rotonda e più trapezoide.

3. *Forma flabelloides* De Greg. È una forma caratterizzata dal contorno ovato e dall'essere il diametro anteroposteriore molto minore del diametro umboventrale. Nel mio esemplare quello è di $3^{cm}$, questo è di $9^{cm}$.

CYPRINIDAE

### Cypricardia cyclopea Brongt.

Tav. 18, f. 9 un esemplare da tre lati; f. 9-13 due valve e un framento della cerniera di una delle due in grandezza naturale e ingrandito. — Fig. 13 altro piccolo esemplare.

1823. Venericardia Cyclopea Brongt. Brongnart Vicent. p. 82, tav. 5, f. 22.
1831. Cypricardia „ „ Bronn It. tert. p. 105.
1850. Solecurtus cyclopeus „ D'Orbigny Prodr. p. 321.
1869. Cypricardia cyclopea „ Bayan Bull. Soc. geol. France p. 456.
1894. „ „ „ Oppenheim Eoc. M[te] Pulli, p. 442.

È una delle specie più caratteristiche di Roncà. La sua forma è quella di un piccolo Unio; è una conchiglia abbastanza sottile e fragile. Molto singolare è la cerniera; la valva destra ha un dente laminare non molto marcato, ravvicinato all'estremità dell'umbone. Detto dente, a guardarsi con una buona lente, appare solcato da due strie traverse che lo rendono quasi trifido.

### Cypricardia Brongnarti Bayan *

1869. Cypricardia Brongnarti Bay. Bayan Bull. soc. geol. France p. 456.
1870. „ „ „ Bayan Bull. Soc. geol. France p. 485.
1870. „ „ „ Bayan Et. fait. ecole mines p. 71, tav. 4, f. 1.
1894. „ „ „ Oppenheim Eoc. M[te] Pulli p. 443.

La forma di questa specie mi pare identica a quella della cyclopea Brongt., se non che la cerniera pare sia diversa. Infatti Bayan dice che la valva destra ha due denti cardinali ineguali e obliqui, cosa che non si verifica nella specie di Brongnart.

VENERIDAE

### Cytherea suberycinoides Desh.

Tav. 15, f. 1 (tipo); — f. 2 *a b* 3 due esemplari di cui uno ingrandito (var. astartopsis) De Greg.

Deshayes Coq. Paris tav. 22, f. 8-9.

Possiedo vari esemplari di Val Nera i quali corrispondono bene agli esemplari di Parigi tipici. Taluni invece rappresentano la varietà seguente.

### Var. astartopsis De Greg.

Tav. 15, f. 2-3.

Differisce dagli esemplari tipici per la forma più corta e cordata e le lamelle un po' più larghe. Non ne ho esaminato la cerniera; ma tutto m' induce a credere che si tratti di varietà della specie precedente. La forma della varietà somiglia a taluni esemplari della *Cytherea sulcataria* Desh. e ad alcune forme di Astarte.

### Cytherea sulcataria Desh.

Tav. 13, f. 35.

Deshayes Coq. Paris tav. 20, f. 14 e 15.

Riferisco a questa bella specie del bacino di Parigi un esemplare che le somiglia di molto.

### Cytherea bellovacina Desh.

Var. Roncana De Greg.

Tav. 13, f. 21-23 tre esemplari

Deshayes Bassin Paris tav. 32, f. 15-16.

Gli esemplari di Roncà sono identici a quelli tipici figurati da Deshayes. Solo hanno il lato posteriore col margine un po' angolato, e il margine ventrale meno arrotondato. L'esemplare figurato dal sig. Oppenheim è riferito alla *Cyrena ercbea* (M[te] Pulli tav. 21, f. 6) mi pare identico ai nostri esemplari.

### Cytherea semisulcata Lamk.

Tav. 13, f. 25-29 lo stesso esemplare da tre lati

Deshayes Coq. Paris tav. 20, f. 4-5.

Possiedo un bello esemplare di questa specie la cui forma e dimensione corrisponde bene al tipo di Lamark. La ornamentazione richiama molto quella della *Venus proserpina* Brongt. specie abbastanza dubbia. Non ho però potuto esaminare la cerniera perchè le valve sono tenacemente attaccate alla roccia.

### Cytherea trigonula Desh.

Deshayes Coq. Paris tav. 21, f. 12-13.

Riferisco a questa specie due esemplari che rassomigliano immensamente ad essa; se non che non ne ho potuto nominare bene la cerniera.

### Cytherea lunularia Desh.

Var. roncaensis De Greg.

Tav. 13, f. 31-33 quattro esemplari

Deshayes Coq. Paris tav. 23, f. 6-7.

*Differt a specie tipica propter latus antecardinale magis arcuatum, atque umbonem minus angulatum. Testa est satis depressa.*

Possiedo molti esemplari di Val Nera che somigliano moltissimo a questa specie. Ho procurato di osservarne la cerniera raschiando con cura la roccia in cui sono impiantati, ma non la ho potuto osservare adequatamente.

Questa specie è stata da me trovata pure a M[te] Postale (Foss. eoc. M[te] Postale p. 37, tav. 6, f. 207). La nostra varietà è intermedia tra la *C. polita* Desh. e la *lunularia*.

**Cytherea polita Desh. ***

Deshayes Coq. Paris tav. 23, f. 3-5.
Deshayes Bassin Paris p. 471.
Hébert Note terr. numm. It. Sept.

Questa specie è citata dal sommo Hébert tra i fossili di Roncà. È probabile che egli abbia avuto degli esemplari simili a quelli da me riferiti alla *C. lunularia* Desh. var roncaensis De Greg. Questa varietà potrebbe anche considerarsi come varietà della suddetta essendo intermedia tra le due dette specie.

**Cytherea Maura Brongt.**

Var. ?

Tav. 13, f. 24-26 lo stesso esemplare da tre lati

1823. Venus Maura Brongt. Brongnart Vicent. p. 81, tav. 5, p. 11.
1831. „ „ „ Bronn It. tert. p. 100.
1850. „ „ „ D'Orbigny Prodr. v. 2, p. 322.
1869. Cytherea „ „ Bayan Bull. soc. geol. France.

Riferisco a questa specie un esemplare a doppia valva che le somiglia di molto, però ha una forma più simetrica. La determinazione di esso non è punto sicura perchè non ne ho esaminato la cerniera.

**Venus Proserpina Brongt. ***

1823. Proserpina Brongt. Brongnart Vicent. p. 81, tav. 5, f. 7.
1831. Venus? „ „ Bronn It. tert. 10.
1850. Cyclas „ „ D'Orbigny Prodr. v. 2, p. 323.
1868. Cyrena „ „ Suess Vicent.

Io dubito che non si tratti punto di una venus ma di un pectunculus. La nostra *Cyrena pectunculiformis* De Greg. somiglia alla figura di Brongnart ma ha l'umbone molto più prominente.

**Venus texta Lamk. ***

1894. Oppenheim Eoc. M^te^ Pulli p. 443.

Questa specie è citata dal sig. Oppenheim, ma io non ne posseggo alcun esemplare.

CYRENIDAE

**Cyrena erebea Brongt.**

Tav. 13, f. 20.

1823. Mactra erebea Brongt. Brongnart p. 81, tav. 5, f. 8.
1831. ? „ „ Bronn It. tert. p. 89.
1850. Cyclas „ „ D'Orbigny Prodr. v. 2, p. 322.
1894. Cyrena „ „ Oppenheim Eoc. M^te^ Pulli p. 335, tav. 22, f. 5.

Riferisco alla detta specie un esemplare che somiglia molto al tipo figurato da Brongnart, molto più di quello figurato da Oppenheim che mi pare alquanto differente e identico alla *Cytherea bellovacina* Desh. var. *Roncaensis* De Greg.

### Cyrena sirena (Brongt.) Opp.

Tav. 13, f. 17-19 var. rostrata De Greg.

1823. Mactra? sirena Brongt. Brongnart Vicent. p. 81, tav. 5, f. 10.
1831. Cyrena Brongnarti Bast. Broun It. tert. p. 96.
1850. Cyclas sirena Brongt. D'Orbigny Prodr. v. 2, p. 323.
1868. Cyrena „ „ Suess Vicent.
1894. „ „ „ Oppenheim Eoc. M^te^ Pulli p. 325, tav. 20, p. 2-4.

Il sig. Bayan riferisce con un punto interrogativo *Cyclas sirena* Brongt. tra i sinonimi di *Cytherea Maura*. Il sig. Oppenheim fa un interessante studio di questa specie e ne figura la cerniera. Io credo che sia giusto di unire le iniziali di Brongnart a quelle di Oppenheim per designare questa specie. Ne posseggo molti esemplari di Val Nera di Roncà. La loro forma varia di molto: quasi ogni individuo è differente dall'altro.

### Var. rostrata De Greg.

Tav. 13, f. 17-19.

Riferisco a questa varietà un esemplare con il lato posteriore più bislungo e angolato.

### Cyrena pectunculiformis De Greg.

Tav. 13, f. 13-14 lo stesso esemplare da due lati.

*Testa pectunculiformis, aequilateralis, symetrica, postice vix-vix carinata, striis concentricie ornata; dentes cardinales tres, ex quibus medianus bifidus; dens lateralis anticus conoideus.*

*Diam. antero-poster. 40$^{mm}$. Diam. umboventr. 45$^{mm}$.*

Questa specie si può forse considerare come forma di passaggio; essa non è proposta che per il suo contorno che non è ellettico o trapezoide, ma a forma di pectunculo essendo l'umbone mediano promiuente non contorto ed essendo il diametro antero-posteriore minore del diametro umboventrale. Somiglia alla *Venus? proserpina* Brongt. ma ha l'umbone molto più prominente.

### Cyrena Baylei Bay. *

1870. Bayan Bull. soc. geol. France p. 485.
1870. Bayan Et. fait. ecol. mines p. 75, tav. 3, f. 8.
1894. Oppenheim Eoc. M^te^ Pulli p. 332, tav. 21, f. 1-3, tav. 22, f. 6.

Possiedo molte bivalvi di Roncà la cui forma esterna somiglia a questa specie ; però non posso identificarle non conoscendo punto la cerniera.

### Cyrena alpina D'Orb. *

1894. Oppenheim M^te^ Pulli p. 331, tav. 22, f. 1.
1850. D'Orbigny Prodr. v. 2, p. 387.
1854. Hébert e Renevier Diableret p. 64, tav. 2, f. 7.

Non possiedo alcun esemplare di questa specie.

### Cyrena roborata? Desh. *

1865. Deshayes Bassin Paris p. 499, tav. 38, f. 15-16.
1865. Hébert Note sur le terr. numm. It. Sept.

Hébert cita questa Cyrena tra i fossili di Roncà; io non ho punto ritrovato questa specie nella mia collezione.

### Cyrena Veronensis Bay.

Tav. 13, f. 15.

1870. Bayan Bull. Soc. geol. France p. 485.
1870. Bayan Et. fait. ecol. mines p. 74, tav. 5, f. 5.
1894. Oppenheim M[te] Pulli p. 333, tav. 21, f. 14.

Ho qualche dubbio che questa specie altro non sia che la stessa *C. Baylei* Bay. Io possiedo un esemplare che corrisponde a quello figurato da Oppenheim.

### Cyrena n. sp.

Tav. 13, f. 16.

*Testa subaequilateralis, trigona elliptica; umbo paulo prominulus centralis.*

Possiedo un esemplare che probabilmente appartiene ad una nuova specie.

## NUCULIDAE

### Nucula lapidosa De Greg.

Tav. 19, f. 9 *a b* un esemplare in grand. nat. e ingrandito

*Testa ovato depressa, elegantissime radiatim striata, postice subcostulata, antice oblique tenue corrugata.*

È una conchiglia molto elegante e rara di cui non possiedo che un solo esemplare. La sua forma richiama quella della *N. lunulata* Nyst (*margaritacea* Desh. postica = var. B Coq. Paris tav. 36, f. 19-21). Se ne distingue per l'ornamentazione. Probabilmente devono riferirsi a questa specie gli esemplari riferiti da Bronn alla *pectinata* Sow. (Bronn Ital. tert. 109). Egli cita questa specie di Roncà ma evidentemente egli ha torto perchè la specie di Sowerby proviene dal cretaceo.

## ARCIDAE

### Arca granulosa Desh.

Deshayes Coq. Paris Tav. 32, f. 17-18.

Riferisco a questa specie un esemplare di Val Nera che le somiglia di molto. Non sono sicuro della sua identificazione, ma essa è probabilmente esatta.

### Arca Balestrai De Greg.

Tav. 19, f. 10-14 quattro esemplari e un frammento; due dei detti esemplari anche ingranditi (f. 11b, 14b).

*Testa elegantissima, maxime compressa, maxime inaequilateralis; quando juvenis est elliptica; sed adulta postice magis lata atque effusa est. Umbo depressus anterius approximatus. Costulae radiantes, confertae minutae, a striis concentricis secatae aut asperulutae; costulae posteriores latae, undulatae a sulco lineari divisae; costulae anteriores apud marginem anticum granulosae; in regione mediana atque antica a sulco profundo radiante divisae nempe bifidae. Interdum in regione postica sunt quidam sulci profundi, rari, radiantes, notati, regulares, 7 vel 8 vel minus. Hoc accidit in exemplaribus magnis.*

*L. 90mm.*

È una specie importantissima e ben distinta sì per la sua ornamentazione che per la forma. Quando è giovane il suo contorno è ellittico e regolare, allora somiglia molto alla *modioliformis* Desh., con cui forse è stata confusa. Quando però è adulta il lato posteriore si slarga immensamente; avviene allora un altro fatto: che le coste della regione anteriore diventano bifide, mentre quelle proprio vicino il margine anteriore diventano granulose. Addippiù nella regione posteriore compariscono quattro o cinque o anche maggior numero di solchi (fino ad 8) raggianti i quali sono molto più profondi degli interstizi delle coste. In ogni spazio interposto ad essi solchi vi sono varie costolette, sovente 6 costolette raggianti. Questa specie è così depressa che un individuo lungo 55mm ha uno spessore di 10mm. Avevo dapprima sospettato che tale carattere dipendesse da compressione nel fossilisarsi, ma avendolo riscontrato in molti esemplari mi son convinto che è un carattere della specie. Io la ho dedicata all'illustre e caro amico Andrea Balestra di Bassano, i cui studi sui fossili di quel territorio sono stati di molta utilità per la scienza paleontologica.

### Arca propeheterodonta De Greg.

Tav. 20, f. 1-2 *a b* un esemplare e un formato con dettaglio delle coste.

*Testa tenuis, depressa!, elliptica, costulata; costae tenues minutae, rotundatae, densae, laevigatae paulo magis latae quam earum interstitia; umbo parvus subsymetricus.*

*L. 40mm.*

È una specie abbastanza caratterizzata sì dalla forma che dalla speciale ornamentazione; però disgraziatamente non ho potuto esaminare la cerniera. Questa specie sembra analoga della *A. heterodonda* Desh. (Deshayes Bassin Paris tav. 67, f. 22-25); però l'ornamentazione delle coste di questa è molto diversa essendo queste asperulate mentre nella nostra sono levigate. È diversissima dell'*Arca Pandorae* Brongt sì per le coste immensamente più numerose e fini etc. etc.

### Arca tubulosa De Greg. sp. dub.

Tav. 20, f. 3 *a d* un esemplare dei tre lati con dettaglio delle coste.

*Testa oblonga, elliptica, angusta, turgida dense minute costulata, umbo depressus margini cardinali adnatus, margines subparalleli.*

*L. 50mm.*

È una specie dubia che parrebbe avere qualche analogia con la *barbatula* Lamk. ma non punto da unificarsi ad essa. I due margini cardinale e ventrale sono subparalleli. La regione ventrale è molto compressa e lamellosa. L'umbone è assai compresso e ravvicinato al bordo cardinale. Se tali caratteri non dipendono da deformazione, questa è da ritenersi senza dubbio come una buonissima specie. Ma siccome io ho tal sospetto, la considero come specie dubbia.

## Arca rudis Desh.

Var. Roncana De Greg.

Tav. 19, f. 15-16 un framento e un esemplare alquanto incrostato.

*Haec varietas differt a specie tipica propter aream quae in ipsa caret dum in specie tipica existit.*

Noto questa interessante varietà che forse si potrebbe considerare come specie, perchè la mancanza dell'area ligamentare e l' essere quindi l' umbone ravvicinato al margine cardinale è un carattere di molta importanza. Addippiù parmi che quest'ultimo sia nella nostra più robusta e munita di denti più grossi, però tal carattere non l' ho constatato. Non avendone che due esemplari mal conservati ho creduto riferirli alla specie di Deshayes, tanto più che hanno essi una simiglianza siffatta con essa che non se ne possono di leggieri scompagnare.

## Arca biangula Lamk.

1824-65. Deshayes Coq. Paris p. 198, tav. 34, f. 1-8. Bassin Paris p. 867.
1894. Oppenheim Eoc. M[te] Pulli p. 443.
1895. Vinassa de Regny Synopsis p. 227.

Riferisco a questa specie un unico esemplare che le somiglia di molto. Però io non sono sicuro della sua determinazione. Del resto essa è citata tanto dal sig. Oppenheim che dal sig. Vinassa ; quindi la sua presenza in Roncà è sicura.

## Arca modioliformis Desh.

Deshayes Coq. Paris p. 214, tav. 32, f. 5-6. — Bassin Paris p. 896.
1894. Oppenheim Eoc. M[te] Pulli p. 443.

Possiedo un piccolo esemplare che somiglia immensamente al tipo di questa specie. Sarei sicuro della sua determinazione tanto più che questa specie è citata dal sig. Oppenheim come proveniente da Roncà; se non che esso somiglia siffattamente agli esemplari giovani della *A. Balestrai* De Greg. che io ho molto sospetto per giudicarlo quale forma giovane di quest'ultima specie, piuttosto che quale esemplare della *modioliformis*.

## Pectunculus auriculatus Bronn.

Tav. 19, f. 1-6 — f. 1 *a b* un esemplare con il dettaglio della superficie; — f. 2 l'altra valva dello stesso. — f. 3 piccolo esemplare da due lati; — f. 4 *a b* altro esemplare con dettaglio della superficie; — f. 5 altro esemplare in grandezza naturale e ingrandito; — f. 6 altro esemplare di profilo.

1823. Pectunculus auriculatus Bronn. Bronn It. tert. p. 108.

Questa specie è stata proposta e descritta da Bronn nel citato lavoro come proveniente da Roncà. Egli però non la cita punto nell'Index Paleontolog. — D'Orbigny non la cita neppure nel Prodr.; nè altri autori la nominano. Bronn così descrive questa specie: *P. testa ovata, obliqua, superne angustata, radiatim costata, costis 30-32, inferne divergentibus, remotioribus; interstitiis dense transversim striatis, cardine aurito.* Egli dice che questa specie è affine del *P. auritus* e ne nota le differenze.

Certo è una specie molto vicina ad altre note soprattutto mi pare affine al *P. terebratularis* Lamk. e al *P. dispar.* Defr. Ciò che più la caratterizza è la forma depressa dell' umbone e il suo limitato sviluppo. In taluni esemplari, a guardarsi dal dorso, l'umbone è appena visibile. A valve chiuse l'umbone non forma alcuna estremità adunca e raggiunge il margine cardinale sporgendo appena al di là di esso. Pare manchi l'area della cerniera o che sia essa estremamento limitata; anche questo è un carattere di molta importanza. Riguardo all'ornamentazione dirò che essa è abbastanza mutevole; nella forma tipica esistono finissimi funicoli raggianti molto densi incrociati da strie finissime concentriche e funicoli più grandi, talora a forma di fini costolette, distanti l'una dall'altra, in ogni interstizio vi sono circa 5 funicoli. Le costolette sono più marcate da un lato che dall'altro. In taluni individui pare che esse quasi manchino, in altri sono più sviluppate. Dove sono più sviluppate generalmente sono più obliterati e cancellati i funicoli intermedi o anche mancanti.

### Pectunculus n. sp.

Tav. 19, f. 7-8 due esemplari.

Possiedo due esemplari in gran parte allo stato di modelli che mi pare appartenghino a specie nuova. Essi hanno l'umbone molto prominente più che ordinariamente sogliono averlo le specie appartenenti a questo genere. La superficie è ornata di costolette concentriche.

### Pectunculus depressus Desh.

Deshayes Coq. Paris tav. 35, f. 12-14.

Possiedo un grosso esemplare di questa specie che ha un diametro umbonoventrale 45$^{mm}$. Esso è identico al tipo di Deshayes e messo di profilo corrisponde alla sua figura 14. Credo che a Roncà deve essere raro, poichè non ne ho che un esemplare. Si distingue dagli altri esemplari appartenenti all'auriculatus per l'umbone assai più prominente.

## MYTILIDAE

### Modiola (Brachydontes) corrugata (Brongt) Opp.

Tav. 20, f. 4-6 var normalis De Greg. tre esemplari grand. nat. e ingraud. f. 7-9 tre esemplari di cui uno ingrand. nat. e anche ingrandito.

1823. Mytilus corrugatus Brongt. Brongnart Vicent. p. 78, tav. 5, f. 6.
1831. „ „ „ Bronn It. tert. 114.
1850. „ „ „ D'Orbigny Prodr. v. 2, p. 326.
1862. „ „ „ Zittel Numm. Ung. p. 393.
1865. „ „ „ Bayan Bull. Soc. geol. France p. 456.
1894. „ „ „ Oppenheim Eoc. M$^{te}$ Pulli p. 335, tav. 23, f. 9-10.

È una delle caratteristiche specie di Roncà e di M$^{te}$ Pulli. Brongnart ha riferito questa specie al genere Mytilus. Oppenheim ne ha fatto uno studio ben condotto e riferito al genere Modiola, tanto che io ho creduto unire le iniziali di entrambi autori. In vero io credo che questa specie si trovi nei limiti di entrambi i generi. Ho il sospetto che la *Modiola pectinata* Lamk. (Deshayes Coq. Paris tav. 41, f. 1-2) sia una specie plastica e primaria e che l'esemplare figurato da Deshayes sia giovane esemplare. Io ne ho distinto tre varietà.

### Var. normalis De Greg.

Tav. 20, f. 4-6 tre esemplari.

Esemplari grandi con poche coste molto larghe levigate e prominenti, le quali presso il margine si biforcano due volte; talora compaiono negli interstizi altre costolette più fini. Questa varietà è quella che è più simile al tipo.

### Var. mitis De Greg.

Con coste piccole levigate e numerose. Questa varietà si trova nelle ligniti di M[te] Pulli, non mi risulta che si trova in Roncà; però è probabile che si trovi. Ha una dimensione minore delle altre due. Essa è figurata nell' appendice.

### Var. verornatus De Greg.

Tav. 20, f. 7-9 tre esemplari di cui uno in grand. nat. e ingrandito.

Con coste piccole numerose traversate da cordoncini concentrici che le rendono asperulate. È una varietà così simile al *Mytilus Rigaultii* Desh. che pare identica (Deshayes Bassin Paris tav. 74, f. 23 24).

### Tichogonia (Congeria) euchroma Opp. *

1894. Oppenheim Eoc. M[te] Pulli p. 338, tav. 27, f. 15-16.

Avrei il sospetto che sia stata proposta questa specie per giovani esemplari del *Mytilus acutangulus* Desh. Ma la mia sarebbe una mera supposizione tanto più che il chiaro autore ha studiato accuratamente la cerniera interna e l'apparato ligamentare. Quindi non ci è a ridire.

### Mytilus rimosus Lam.

Deshayes Coq. Paris p. 274, tav. 40, f. 3, 2 ed. v. 2, p. 27. — Oppenheim M[te] Pulli p. 443.

Il sig. Oppenheim cita questa specie come proveniente da Roncà, io non ne possiedo alcun esemplare nella mia collezione di Val Nera. Nel bacino di Parigi si trova nel calcare grossulare.

### Mytilus acutangulus Desh.

Tav. 21, f. 1-6 sei esemplari di cui uno da due lati.

Deshayes Coq. Paris p. 274, tav. 40, f. 1-2. 2 ed. v. 2, p. 27.
Brongnart Vicent. f. 19 Mytilus edulis L.

La presenza di questa specie a Roncà mi pare non possa mettersi menomamente in dubbio, perochè io ne posseggo vari buoni esemplari di Val Nera la cui identificazione non lascia dubbio di sorta. Ne ho fatto figurare vari esemplari per dimostrare la sua variabilità di forma. Io dubito che gli esemplari descritti dal sig. Oppenheim col nome di *Congeria euchroma* (M[te] Pulli p. 338, tav. 27, f. 15-16) debbano considerarsi come forme giovani della stessa specie. Il *Mytilus acutangulus* Desh. è una delle specie caratteristiche delle sabbie medie del bacino di Parigi. — Brongnart cita il *Mytilus edulis* L. come trovantesi a Roncà. Siccome questa specie parmi somigli molto a quella di Deshayes, credo di non sbagliare citando nella sinonimia la determinazione di Brongnart.

## ANOMIIDAE

### Anomia gregaria Bayan *

1869. Bayan Bull. soc. geol. France p. 456.
1870. Bayan Idem p. 484.
1870. Bayan Et. fait. écol. mines p. 65, tav. 3, f. 1-2.
1894. Oppenheim Eoc. M[te] Pulli p. 443.

Non possiedo alcun esemplare di questa specie proveniente da Roncà.

INOCERAMIDAE

### Perna centralis Bay. *

1873. Bayan Et. fait. coll. écol. mines p. 131, tav. 13, f. 2.

È questa una specie molto importante e rara a Roncà, di cui son dolente di non possedere alcun esemplare.

SPONDYLIDAE

### Spondylus rarispina Desh.

Tav. 21, f. 7-8 due esemplari.

Deshayes Coq. Paris tav. 46, f. 6-10.

Riferisco a questa specie quattro esemplari che somigliano molto alla suddetta. Però essendo attaccati fortemente nella roccia riesce difficile separarneli e esaminare la cerniera e convincersi della esattezza della determinazione.

LIMIDAE

### Lima postalensis De Greg.

Tav. 21, f. 9 esemplare di Roncà, f. 10 esemplare del Postale.

1894. De Gregorio Monte Postale p. 39, tav. 7, f. 217 *Lima plicata* Lamk. var. *postalensis*.

Avendo esaminato vari esemplari di questa forma, vengo ora nella supposizione che si tratti non di varietà ma di specie analoga di quella di Lamarck. La diversità sta nella forma meno asimetrica e più pettiniforme.

### Roncania n. gen.

Propongo questo genere per la specie seguente. Pare temerità il farlo, tanto più che io non possiedo di essa che un solo individuo, ma esso è così dissimile dei generi noti ed ha forma così caratteristica che non so astenermi dal farlo. Il genere cui pare più vicino è il genere Lima e più ancora il genere Pecten.

### Roncania? prima De Greg.

Tav. 21, f. 11 *a b* — f. 14 un esemplare in grand. nat. e ingrandito da tre lati.

*Testa trigona, radiatim costata; costae magnae angulatae, paulo irregulares; umbo angustus, satis prominulus, conicus, aduncus.*

*L. 14*mm.

È una forma molto strana che a prima vista parrebbe un Pecten o una Lima mostruosa. Fa risovvenire di talune Rhynchanelle; però esaminata accuratamente non si lascia riferire a nissun genere noto. Potrebbe forse rappresentare una anomalia, potrebbe forse anche il mio giudizio essere non esatto e imprudentemente avventurato. Ma intanto io per designarla non saprei decidermi per nissun genere, e quindi, debba pure la mia determinazione di seguito venir rettificata, io la annunzio come attualmente la ho.

Mancano nella nostra valva le orecchiette, però vi è lateralmente all'umbone una dilatazione in senso verticale da ambo i lati, la quale raggiunge l'estremità di esso che è abbastanza adunca. Le coste sono poche, grandi ed elevate e triangolari; sono 4, però due di loro si biforcano, quindi in tutto sono 6 al margine.

PECTINIDAE

### Pecten Meneguzzoi Bayan.

Bayan Et. fait. Mines tav. 8, f. 7. — De Gregorio Foss. Bassano tav. 4, f. 86.

Riferisco a questa specie un esemplare che le somiglia di molto. Però è esso così corroso che la sua determinazione riesce molto incerta. Il *P. Meneguzzoi* è specie caratteristica dell'eocene di S. Ilarione.

### Pecten lepidolaris Lam. ? *

Lamarck An. 5 vert. v. 6, p. 185. Bruguière p. 76. 1821 Serres. Tert. p. 131.
1823. Brongnart Vicent. tav. 76. — 1831 Bronn It. tert. p. 118.

Brongnart cita questa specie con un punto interrogativo come proveniente da Roncà. Bronn la cita pure come proveniente da Roncà. Però cita come altra sua provenienza la formazione pliocenica di Montpellier. Io, per dire il vero, non conosco il tipo della specie di Lamarck che ritengo provenga di diverso orizzonte e quindi erronea la determinazione citata.

### Pecten plebeius ? Lam. *

1823. Brongnart Vicent. p. 19. — Deshayes Coq. Paris tav. 44, f. 1-4.

Brongnart cita questa specie come proveniente da Roncà; io però non l'ho punto ritrovata.

### Pecten defatigatus De Greg.

Tav. 21 due esemplari di cui uno con dettaglio delle coste.

*Testa flabelliformis, sublimiformis, compressa, vix convexa; costae latae circiter 16, interstitia aequantes, a funiculis concentricis exasperatae; funiculi in interstitiis obsoleti; auriculae parvae ?*

La forma di questa specie pare somigliante a quella di taluno Lima essendo il diametro antero posteriore più piccolo del diametro umbonoventrale. Le coste sono larghe o rotondeggianti. Pare decorrino dei funicoli concentrici, i quali sono obliterati lungo gli intestizi ma sormontano le coste rendendole asperulate. Le costolette sono rotte nei quattro esemplari che possiedo, però sembrano molto anguste.

### Pecten n. sp.

Tav. 21, f. 17.

Pecten tripartius Schaur. non Desh. Schauroth Coburg p. 202, tav. 16, f. 5.

Possiedo un esemplare che corrisponde bene alla figura citata; la quale però mi pare non riproduca il tipo di Deshayes.

OSTREIDAE

### Ostrea eversa Mell. *

1894. Vinassa de Regny Synopsis p. 228.

Questa specie è citata dal sig. Vinassa senza però alcun dettaglio.

### Ostrea elegans Desh. sp. aff. *

1865. Bayan Bull. Soc. Geol. France p. 456.

Bayan cita questa specie senza però darne alcuna illustrazione.

### Ostrea Roncaensis De Greg.

Tav. 21, f. 19, tav. 22, f. 1-3 valva inferiore da tre lati, f. 4 valva superiore di profilo. Tav. 23, f. 1 *a b* una valva inferiore da due lati, f. 2 la valva superiore figurata nella tavola 21 vista da fuori, f. 3 *a b* varietà ovvero forma affine della stessa specie.

(1864. Ostrea roncana Bayan. Bayan Bull. Soc. geol. France p. 456)?
1884. „ Roncaensis De Greg. De Gregorio Studi conch. medit. viv. e foss. p. 197.
1887. „ Runcensis Mayer Mayer Eymar Descr. coq. foss. terr. tert. inf. p. 311.
1888. „ Roncaensis De Greg. De Gregorio Boll. Soc. Mal. It.
(1894. „ Roncana Bay. Oppenheim M[te] Pulli p. 448)?

È questa una delle bivalvi che raggiunge maggiore taglia a Val Nera. Come ho detto altra volta, essa non costituisce affatto una specie con caratteri ben limitati. Le specie di ostriche del terziario e viventi presentano caratteri mutevolissimi, imperocchè la forma del cardium e della cerniera e la forma e spessore del guscio variano imensamente da un individuo all'altro sicchè è probabile che non si debbano considerare che quali forme della stessa specie e probabilmente dell'*edulis* L. Il nome di *Roncana* avrebbe il dritto di priorità, però Bayan non ne dette alcuna figura e descrizione. Anzi nel suo lavoro sul terziario del Veneto (Et. fait. école Mines) la soppresse affatto, segno evidente che egli credette che fosse una specie insostenibile. Di resto anche ammesso che si voglia reintegrare tale nome non si può sapere se debba o no riferirsi a questa specie o a qualche altra.

Sebbene in taluni individui non si trovano caratteri spiccati differenziali e questi variano immensamente, i distintivi della forma da me proposta consistono nell'enorme spessore delle valve. La valva inferiore di un individuo che ha un diametro anteroposteriore di $10^{cm}$ e un diametro umboventrale di $12\ {}^1/_2{}^{cm}$ ha uno spessore di $9^{cm}$. Le valve superiori che ordinariamente non sogliono mai raggiungere uno spessore ragguardevole, in questa assumono delle proporzioni veramente imponenti. Una valva superiore ha uno spessore di $6^{cm}$. Si può immaginare quale dovea essere lo spessore della valva inferiore corrispondente.

Una tale doppiezza di conchiglia suppone evidentemente la presenza di muscoli potentissimi. Infatti una delle caratteristiche più rimarchevoli di questa forma tipica è la lamina cardinale ligamentare larghissima e troncata a sbieco.

La struttura della conchiglia è laminare a strati foliacei, come molte forme affini anche tuttora viventi. La superficie esterna non presenta però nè coste nè sinuosità.

Tali sono i caratteri della forma tipo; però devo ripetere che essi non si rinvengono in tutti gli esemplari taluni dei quali presentano caratteri mutevoli e molto diversi talchè non si può punto dire si tratti di specie ben caratterizzata.

### Ostrea fraenigera De Greg.

Tav. 21, f. 18 *a b*.

Non è neppure questa una forma bene definita però segna un sufficiente differenziamento. È cortissima, avendo il diametro antero-posteriore maggiore dell'umboventrale. Infatti la lunghezza anteroposteriore è di 8cm mentre la lunghezza umbonoventrale è solamente di 6cm. Ciò le dà un aspetto molto specioso e caratteristico. Addipiù la valva inferiore è munita di un'espansione laterale abbastanza sviluppata. La impressione muscolare è bislunga stretta molto profonda. Il cardine breve e adunco. La superficie esterna sublevigata.

### Ostrea Defrancei Desh.

Tav. 23, f. 4.

Deshayes Coq. Paris vol. 1, p. 328, tav. 47, f. 1-3, p. 354, tav. 94, f. 9-11 (ostrea arenaria). — Deshayes Bassin Paris v. 2, p. 98.

Ne possiedo di Val Nera un piccolo esemplare che però è di molto probabile identificazione.

## BRYOZOA

### ESCHARIDAE

### Eschara Schaurothi De Greg. *

1865. Escharina Strackeyi Arch. Schauroth Coburg p. 195, tav. 11, f. 6, tav. 12, f. 6.

Questa specie descritta da Schauroth non è stata da me ritrovata a Roncà. Io credo che si tratti di un' Escara piuttosto che di un'escarina. Schauroth cita il nome di D'Archiac; non trovo questa specie citata nè nel libro di lui su Bayonne nè in quello di D'Archiac ma in quello sul " Nummul. de l'Inde „ (p. 276, tav. 36, f. 4). Ora la figura di D'Archiac è molto diversa di quella di Shauroth e per ciò io propongo per la specie di Roncà il nome di *Schaurothi*.

## ECHINODERMATA

### ECHINOIDEA

### CASSIDULIDAE

### Cassidulus testudinarius Brongt *

1823. Cassidulus testudinarius Brongt. Brongnart Vicent. p. 83, p. 5, f. 15.
1831. „ „ „ Bronn It. tert. p. 132.

Non possiedo alcun esemplare di questa specie nella mia collezione di Roncà. Entrambi gli autori citati dànno come habitat di essa la località da noi studiata.

### Pyrina ovulum Lamk. *

1823. Nucleolites ovulum Lamk. Brongnart Vicent. p. 20.
1826. " " " Goldfuss Pet. Germ. p. 138, tav. 43, f. 2.
1831. " " " Bronn It. tert. p. 132.
1838-43. Pyrina " " Agassiz Monogr. Echin. v. 3, p. 26, tav. 5, f. 35-37.
1848. " " " Bronn Ind. Pal. p. 1069.

Neppure questa specie trovasi rappresentata nella mia ricca collezione di Val Nera. Essa è citata come proveniente da tale località tanto da Brongnart che da Bronn.

## CLYPEASTRIDAE

### Clypeaster fasciatus Cat. *

1826. Clypeaster fasciatus Cat. Catullo Giorn. di fisica, v. 55, p. 405 (etiam v. 5, tav. 2, f. c, idem 1822).
1831. " " " Bronn It. tert. p. 132.
1848. " " " Bronn Ind. Pal. 312.

Trovo questa specie citata da Bronn come proveniente da Roncà, egli però nell'Index Pal. aggiunge: species nuper non recognita. Quindi pare che egli dubiti della determinazione di Catullo.

## CIDARIDAE

### Porocidaris Schmidelii (Münst.)

Tav. 24, f. 1-5 cinque framenti di aculei.

1830. Cidarites Schmidelii Münst. Goldfuss Petr. Germ. p. 120, tav. 40, f. 4.
1847. Cidaris serrata d'Arch. D'Archiac Bayonne et Dax p. 419, tav. 10, f. 6.
1865. " " " Schauroth Coburg p. 188, tav. 8, f. 10.
1868. " " " Laube Echin. Vicent. p. 11.
1868. " " " Taramelli Ech. cret. e tert. Friuli.
1877. " " " Dames Echin. Vicent. p. 13.
1880. " Schmidelii Münst. Zittel Handbuch v. 1, p. 496, f. 353.
1881. " " " De Loriol Monogr. echinid. Egypte p. 61, tav. 1, f. 1-15.

È una specie molto diffusa e caratteristica il cui rinvenimento a Roncà è di molta importanza. Certo gli esemplari che io posseggo appartengono senza fallo a questa specie e corrispondono perfettamente a quelli di Egitto figurati da De Loriol. Però è l' unica specie della mia collezione di cui sono un po' in dubbio riguardo alla provenienza, perocchè i detti aculei hanno un colorito e una maniera di fossilizzazione un po' diversa degli altri fossili di Roncà. Così mi sorge il sospetto che il mio raccoglitore le abbia presi in una località sia pur vicina ma non identica. Ma il mio è un semplice sospetto. Certo però essi corrispondono benissimo a quelli studiati dal mio illustre amico sig. De Loriol, le cui iniziali io ho creduto di aggiungere a quelle di Münster avendone egli fatto uno studio molto ben condotto e corredato da ricca bibliografia cui rimando il lettore.

# COELENTERATA

## ANTHOZOA

### GORGONIDAE

#### Juncella? antiqua D'Acch. *

1865. D'Acchiardi Corr. foss. terr. numm. p. 15.
1868. D'Acchiardi Studio Comp. cor. terr. terz. p. 32.

Questa specie, ch' io sappia, non è stata punto figurata.

### TURBINOLIDAE

#### Paracyathus Roncaensis D'Acch. *

1866. Paracyathus Roncaensis D'Acch. D'Acchiardi Cor. foss. terr. numm. Alp. p. 19, tav. 1, f, 5.
1868. " " " D'Acchiardi Studio comp. p. 32.
1873. " " " Reuss. Pal. Stud. p. 22, tav. 53, f. 6.

Non possiedo neppure questa specie nella collezione di Roncà.

#### Paracyathus Spinelli D' Acch.

1866. Paracyathus Spinelli D'Acch. D'Acchiardi Cor. foss. p. 19, tav. 1, f. 4.
1868. " " " D'Acchiardi Studio comparativo p. 32.
1873. " " " Reuss. Pal. Stud. v. 3, p. 22.

Nè anche di questa specie trovasi alcun esemplare nella collezione di Val Nera.

#### Trochocyatus sinuosus Brongt. *

(1823. Turbinolia sinuosus Brongt. Brongnart Vicent. p. 16. tav. 6, f. 17).
1865. Trochocyathus " " Schauroth Coburg p. 182.
1866. " " " D'Acchiardi Cor. foss. terr. numm. p. 15.
1868. " " " D'Acchiardi Studio comparativo p. 32.
1873. " " " Reuss Pal. Stud. v. 2, p. 5, 6, 9, 16, v. 3, p. 4, 8, 22, 44, tav. 27, f. 10-11.

Possiedo molti esemplari di questa specie, nissuno però proveniente da Roncà.

#### Turbinolia roncana Schaur. *

Turbinolia roncana Schaur. Schauroth Coburg p. 182, tav. 5, f. 7.

Schauroth descrive questa specie, però mi pare si tratti di una determiazinone dubbia essendo l'esemplare da lui figurato abbastanza alterato.

### Trochocyathus irregularis (Desh.) Edw. *.

1834. Turbinolia irregularis Desh. Deshayes Ladoucette Hist. Haut. Alp. tav. 13, f. 1-6-15.
1841. „ brevis Mich. Michelin Icon. zooph. p. 37, tav. 8, f. 12.
1849. „ irregularis Des. Milne Edwards Haime Ann. Sc. nat. 3, Ser. p. 240.
1868. „ „ D'Acch. D'Acchiardi Studio comparativo cor. foss. p. 32.

La presenza di questa specie a Roncà è constatata dal sig. D'Acchiardi, quindi non può mettersi in dubbio. Ho unito le due iniziali di Deshayes e di Milne Edwards poichè costui ne rettificò il senso, perocchè egli considera la *brevis* e la *tenuistriata* Desh. come sinonime.

### Trochocyatus aequicostatus Schaur. *

1865. Parasmilia aequicostata Schaur. Schauroth Coburg p. 183, tav. 6, f. 4.
1866. Coelosmilia „ D'Acch. D'Acchiardi Cor. foss. terr. Numm. p. 57, tav. 1, f. 2-3.
1868. „ „ „ D'Acchiardi Studio comp. p. 32.

Questa specie è citata dal sig. D'Acchiardi come proveniente da Roncà.

### Blastotrochus? proliferus D'Arch. *

1868. Blastotrochus proliferus D'Arch. D'Archiac Studio comp. cor. foss. p. 32.
1868-73. „ „ „ Reuss Pal. Stud. v. 3, p. 22.

Questa specie ch'io sappia non è stata nè descritta nè figurata.

### Flabellum appendiculatum Brongt. *

1823. Turbinolia appendiculata Brongt. Brongnart Vicent. p. 83, tav. 6, f. 13.
1848. Flabellum „ „ Edwards Haime Ann. sc. nat. p. 269.
1850. „ „ „ D'Orbigny Prodr. p. 334.
1857. „ „ „ Catullo terr. sed. sup. p. 35.
1858-61. „ „ „ Fromentel Intr. Pal. foss. p. 89.
1873. „ „ „ Reuss Pal. Stud. p. 22, 44.

È questa una specie abbastanza caratteristica e diffusa. Io ne possiedo esemplari di varie località, però non di Roncà. — Brongnart a pag. 10 dà come provenienza Roncà, invece nella diagnosi a pag. 83 dà come habitat San Gonini. Essa è pure citata da Catullo come specie di Roncà non solo, ma come una specie comune di detta località. Però il sig. D'Acchiardi, che ebbe ad esaminare una collezione di coralli di Roncà relativamente ricchissima, dice che non ebbe ad osservare alcun esemplare di questa specie.

### Flabellum Bellardii Haime *

1850. Haime Bull. Soc. geol. France v. 7, p. 678.
1852. Bellardi Nice p. 282, tav. 22, f. 1.
1861. Fromentel Intr. Stud. Pal. p. 89.
1868. D'Acchiardi Studio comparativo p. 32.
1873. Reuss Pal. Stud. p. 22.

Non possiedo alcun esemplare di questa specie, però ne sono abbastanza distinti per molteplici caratteri. Ricordano pure l'*Eupsammia trochiformis* Pallas sp. (*Turbinolia elliptica* Brongnart Descr. geol. Paris 1822, p. 33, tav. 8.

1844. Michelin Icon. Zooph. p. 45, tav. 6, f. 6. — Milne Edwards Hist. Nat. v. 3, p. 94). Però questa ha una dimensione più piccola ed è più conica (1843 Nyst. Coq. e pol. Belgique tav. 45, f. 6). È probabile che gli esemplari di M[te] Postale riferite da me alla Tr. Cocchi D'Arch. (De Gregorio M[te] Postale p. 40, tav. 8, f. 231-234) debbano riferirsi alla stessa specie.

TROCHOSMILIIDAE

### Trochosmilia validiuscula De Greg.

Tav. 24, f. 5-6 due esemplari di fianco e di sopra; uno anche in sezione.

Polipaio conoide; calice ellittico abbastanza concavo. I setti principali sono circa 24, le costolette sono appariscenti nel bordo esterno del calice e sono circa 88. Tutti sono un poco debordanti. Tra i setti principali se ne vedono taluni secondari. I setti arrivano verso il centro, non però confluiscono in un punto, ma all'asse del polipaio. Però non si vede punto una vera columella. Le costolette, come ho detto, si vedono alquanto sui bordi esterni, ma sono in generale coverte da epiteca.

Possiedo tre esemplari di questa specie che disgraziatamente sono però non ben conservati, sicchè non posso aggiungere alcun dettaglio. Ricordano molto *Tr. Panteniana* D'Acch. (D'Acchiardi cor. foss. numm. p. 2, f. 2-9.

### Trochosmilia parvula Reuss *

1873. Reuss Pal. Stud. Alt. tert. p. 23, tav. 54, f. 3-4.

Nella mia collezione di Roncà non esiste questa specie.

### Trochosmilia sp.

Tav. 24, f. 8.

Possiedo un grosso frammento che ricorda la *Tr. varicosa* Reuss (Reuss Pal. v. 2, tav. 17, f. 4-7) però è in così cattivo stato che non si può azzardare alcuna determinazione.

### Parasmilia cingulata Cat. sp. *

1857. Catullo Cor. foss. p. 46, tav. 6, f. 5 (Caryophyllia cingulata Cat.).
1868. D'Acchiardi Studio comparativo p. 32 (Parasmilia cingulata).
1866. D'Acchiardi Cor. foss. terr. Numm. p. 36.
1873. Reuss Pal. Stud. v. 3, p. 22.

Neppure questa specie mi è nota per esemplari originali, ma la trovo citata nei libri. D'Acchiardi le riferisce come sinonimo la *Caryophyllia biformis* Catullo. (Terr. sed. sup. p. 17, tav. 1, f. 11.

### Placosmilia sp. *

1823. Reuss Pal. Stud. p. 23.

Reuss dice che è una specie intermedia tra la *Goniastrea Cocchii* e la *G. elliptica* Menegh.

ASTRÆIDAE

### Spinellia pulchra D'Acch. *

1866. D'Acchiardi Cor. foss. terr. numm. p. 17, tav. 10, f. 7.
1868. D'Acchiardi Studio comparativo Cor. foss. p. 32.
1870. Reuss Pal. Stud. v. 3, p. 22.

Questa specie come osserva D'Acchiardi non si rinviene che a Roncà ed è caratteristica di detta fauna. A me però duole di non possederne alcun esemplare.

### Heliastræa ellisana Edw. H. *

1865. Heliastrea ellisana Edw. H. D'Acchiardi Cor. foss. terr. numm. p. 6.

= Astræa ellisana Defr. (1826). — Sarcinula astroites Goldf. Petref. p. 71, tav. 24, f. 12 (1826). — Astræa astroites Michelin Icon. p. 60, tav. 12, f. 2 (1842). — Stylina thyrsiformis Mich. Idem p. 50, f. 6. — Hel. ellisana Edwards Haime An. Sc. nat. p. 109 (1850). — Idem Hist. Nat. Cor. v. 2, p. 468.

Questa specie fu dapprima chiamata da Defrance *ellisiana*, poi *ellisana*, da Milne Edwards che rettificò il nome non so perchè. È citata dal sig. D'Acchiardi come faciente parte della fauna di Roncà. Io non ne ho alcun esemplare.

### Heliastræa sp.

Possiedo un framento di polipaio che mi pare una Heliastræa del tipo della *H. inaequalis* Reus (Pal. Stud. v. 1, tav. 12, f. 2), però non è determinabile.

### Goniastrea Cocchi D'Acch. *

1868. D'Acchiardi Studio Comp. p. 32.
1873. Reuss Pal. Stud. p. 23, tav. 40, f. 23, tav. 53, f. 4-5.

Non possiedo alcun esemplare di Roncà di questa elegante specie.

### Astræa funesta Brongt. *

1823. Astræa funestra Brongt. Brongnart Vicent. p. 84, tav. 5, f. 16.
1868. „ „ „ D'Acchiardi Studio Comparativo p. 32.
1843. „ „ „ Michelin Icon. Zooph. p. 62, tav. 13, f. 1.
1848. Siderastræa „ „ Edwards Haime Ann. sc. nat. p. 143.
1859. „ „ „ D'Archiac Inde p. 192.
1856. Astræa „ „ D'Orbigny Prodr. v. 2, p. 511.
1873. „ „ „ Reuss Pal. Stud. p. 24, 19.

Io non possiedo alcun esemplare di questa specie caratteristica di Roncà. Essa deve di certo far parte di detta fauna essendo citata da vari autori. Il sig. Reuss la cita di Val Barilati presso Roncà. Michelin (1842 Icon. Zooph. p. 62, tav. 13, f. 1) cita questa specie e la figura; però il sig. D' Acchiardi crede non si tratti della stessa specie; Edwards e Haime credono invece sia la stessa specie sua rappresentata da cattivo esemplare. A me pare la stessa specie. Edwards e Haime citano come sinonimo la Astræa intersepta Mich. (1838 Michelotti Spec. p. 130, tav. 5, f. 1.

STYLOPHORIDAE

### Stylophora distans Leym.

1845 Astræa distans Ley. Leymerie Montagne Noire p. 258, tav. 13, f. 6.
1868. Stylophora „ „ D'Acchiardi Studio compar. p. 32.
1868. „ „ „ Reuss Pal. Stud. v. 1, p. 25 etc.

Non posseggo neppure alcun esemplare di questa specie.

STYLINIDAE

### Stylocoenia Monticularia Schweigg. *

1819. Stylophora monticularia Schweigger Beob. auf nat. tav. 6, f. 62.
1830. Astræa hystrix Blainv. Michelin Icon. p. 160, tav. 45, f. 1.
1850. Stylophora monticularia Lonsd. Dixon Sussex p. 542, tav. 1, f. 6.
„ Stylocoenia „ Schweigg. Edwards Haime Brit. foss. Cor. p. 132, tav. 5, f. 2.
1857. „ „ „ Edwards Hist. Nat. Cor. v. 2, p. 253.
1868. „ „ „ D'Acchiardi Studio Comp. p. 32.
1873. „ „ „ Reuss Pal. v. 3, p. 23.

Nella mia collezione non si trova alcun esemplare di questa specie.

HELIOPORIDAE

### Heliopora Bellardi Haime

1893. Reuss Pal. Stud. p. 248, tav. 51, f. 2-3.

Riferisco a questa specie un esemplare la cui determinazione è molto dubbia. La presenza di essa però a Roncà è stata constatata da Reuss.

ASTRANGIIDAE

### Astrangia princeps Reuss *

1869. D'Acchiardi Studio comparativo p. 32.
1873. Reuss Pal. Stud. p. 23, 32, tav. 14, f. 1.

Questa specie è citata da D'Acchiardi e Reuss come proveniente da Roncà dalla zona a Strombus Fortisi Brongt. Io però non ne possiedo di codesta località alcuno esemplare.

CLADOCORIDAE

### Lithodendron sarcinuliforme Cat. *

1857. Catullo Terr. Sed. sup. Venez. p. 39, tav. 2, f. 9.

Questa specie non è citata nel lavoro di Reuss. Il genere Lithodendron è sinonimo al genere Cladocora Ehr. che ha il dritto di priorità.

PORITIDAE

### Porites Pellegrinii D'Arch.

Tav. 24, f. 7.

1865. D'Acchiardi Cor. foss. numm. p. 10.
1868. D'Acchiardi Studio comp. p. 32.
1873. Reuss Pal. Stud. p. 17, tav. 40, f. 9-10.

È questa una delle pochissime specie di cui possiedo un esemplare di Val Nera la cui determinazione parmi sicura.

### Porites microtheca D'Acch. *

1865. D'Acchiardi Cor. foss. numm. p. 19.
1873. Reuss Pal. Stud. p. 22.

Il sig. D'Acchiardi le riferisce come sinonime la *Lithacea lobata* Reuss specie che io non conosco punto. Egli dice che possiede un esemplare della *Porites Deshayesana* Mich. fossile di Auvert che le somiglia immensamente.

POCILLOPORIDAE

### Pocillopora infundibuliformis Cat. sp. *

1857. Meandrina infundibuliformis Cat. Catullo Ter. Sed. sup. p. 69, tav. 9, f. 5.
1865. Pocillopora „ „ D'Acchiardi Cor. foss. numm.
1873. „ „ „ Reuss Pal. Stud. p. 22.

Non possiedo alcun esemplare di questa specie proveniente da Val Nera.

FUNGIDAE

### Cyathoseris formosissima (Cat.) D'Arch.

Lobophyllia formosissima Cat. Catullo Terr. Sed. supp. 53, tav. 10, f. 1.
1865. Cyathoseris „ „ D'Acchiardi Cor. foss. terr. numm. p. 8. Idem Stud. comp. p. 72.

Queste specie è citata da Reuss (Pal. Stud. v. 3, p. 35) a proposito della sua *Dimorphyllia oxylopha*. Il signor D'Acchiardi riferisce alla stessa specie le seguenti specie:

*Meandrina costata* Cat. — *Meandr. collinaria* Cat. — *Mycetophyllia costata* Mich.— *Trochoseris distorta* Schaur.

Egli riconosce la specie come propria; io ho creduto più conveniente unire le iniziali di lui a quelli di Catullo per designarla. A Roncà non ne ho trovato alcun esemplare. Egli però la cita come proveniente di detta località.

### (Cyclolites elliptica (Guét.) Lam.)?

1770. Porpite elliptique Guet. Guettard Mém. sur les scienc. et arts p. 452, tav. 21, f. 17-18.
1816. Cyclolites „ Lam. Lamarck Hist. an. sans vert. v. 2, p. 234.
1826. Fungia polymorpha Gold. Goldfuss Petr. Germ. p. 48, tav. 14, f. 6.
1846. Cyclolites elliptica Mich. Michelin Icon. zooph. p. 281, tav. 64, f. 1.

1854. Cyclolites elliptica Mich. Michelin Icon. zooph. p. 281, tav. 64, f. 1.
1857. „ „ „ Catullo Terr. Sed. sup. Venez. p. 30, p. 1, f. 19.
1860. „ „ „ Edwards Hist. Nat. Cor. v. 3, p. 45.

Noto questa specie sebbene io non ne possegga alcun esemplare da Roncà e sebbene non sia citata di codesta località che dal solo Catullo. — Ciò non sarebbe punto ad arrecar meraviglia, perocchè, come si è già visto, talune specie non sono citate che da un autore e molte nuove specie sono state da me illustrate. Ma quel che mi rende perplesso è questo che la *Cyclolites elliptica* è una specie cretacea. Io la avrei soppressa da questo catalogo se tre considerazioni non me ne avessero distolto: l'una è l'osservazione di Catullo di avere egli stesso raccolto questa specie " nella brecciola di Roncà da cui Brongnart trasse la più gran parte dei fossili da lui illustrati „. L'altra è questa che sebbene l'aspetto della nostra fauna è francamente eocenica pure abbiamo veduto qualche rara specie di tipo più antico infiltrarsi in detto deposito, alludo ai cefalopodi. La terza infine è questa che potrebbe darsi si tratti di qualche specie affine e somigliante alla suddetta, ma non identica. Però bisogna confessare che la figura di Catullo corrisponde al tipo della specie.

## EUPHYLLIDAE

### Dendrogyra aequalisepta D'Arch. *

1866. D'Acchiardi Cor. foss. terr. numm. Alp. p. 39, tav. 3, f. 10.

Possiedo vari esemplari di questa specie ma non provenienti da Roncà. Il sig. D'Acchiardi descrisse nel detto lavoro questa specie come proveniente da Roncà. Però nello " Studio comparativo cor. foss. „ pubblicato nel 1868 nel quale dà l'elenco dei corallari di Roncà la omette. Egli avverte nel citato lavoro di non citare talune specie già considerate come di Roncà perchè non ha la piena certezza di tale provenienza.

### Plocophyllia caliculata (Cat.) Reuss.

Var. Roncaensis De Greg.

Tav. 24, f. 9 *a b* un esemplare da due lati.

| | |
|---|---|
| 1857. Plocophyllia caliculata Cat. | Catullo Terr. sed. sup. p. 52, tav. 4, f. 7. |
| „ „ contorta „ | Idem p. 52, tav. 3, f. 10. |
| „ „ pulchella „ | Idem p. 53, tav. 3, f. 11. |
| 1865. Trochoseris distorta Schaur. | Schauroth Coburg p. 186. |
| 1866. Thecosmilia contorta D'Acch. | D'Acchiardi Cor. foss. terr. numm. tav. 9, f. 2, 3, 6-14, tav. 10, f. 1-4. |
| 1866. „ multilammellosa D'Arch. | Idem p. 16, tav. 10, f. 5-6. |
| 1869. Plocophyllia constricta Reuss. | Reuss Pal. Stud. p. 18, tav. 3, f. 6, tav. 4, f. 1. |
| 1869. Dasyphyllia deformis Reuss. | Idem p. 16, tav. 2, f. 9. |
| 1868-69. Plocophyllia caliculata Reuss. | Reuss Pal. Stud. v. 1, p. 17, tav. 3, f. 6, tav. 4, f. 1, v. 2, p. 29! tav. 48, f. 1-2, tav. 49, f. 1-4. |
| 1894. „ „ „ | De Gregorio M[te] Postale p. 41, tav. 8, f. 239-240. |

Riferisco a questa specie un grande dubbio esemplare di forma raggiante a ventaglio, ondulosa, subsimetrica, che meglio si può osservare dalla figura della tavola che descriversi. La superficie esterna è rivestita da ricca epiteca. La sezione non fa vedere bene la forma dei setti e ciò sì perchè l'esemplare è in parte spatizzato, sì perchè è alterato, sì perchè è incastrato di roccia fitta. Ciò è davvero un peccato perchè disagevole ed incerta riesce la sua determinazione. Però a guardare qua e là si osserva un ricco tessuto endotecale. L'apertura totale della superficie superiore è di circa $13^{cm}$. Deve essere una specie abbastanza rara, non ne possiedo che un solo esemplare.

# PROTOZOA

## RHIZOPODA

### MILIOLIDAE

**Orbitolites angulata Cat.** *

1857. Catullo Terr. sed. sup. Venez. p. 27, tav. 1, f. 11.

L'esemplare descritto e figurato da Catullo mi pare una orbitoide compressa e sformata nel fossilizzarsi.

**Orbitolites nummuliformis Cat.** *

1857. Orbitolites nummuliformis Cat. Catullo Terr. sed. sup. Venez. p. 27.

L'esemplare figurato da Catullo mi pare evidentemente una nummulite e non un' orbitolites. Però egli nella descrizione dice che non è affatto una nummulite ma un'orbitolite. Ciò posto non so che dire. Io sono dell'opinione che il detto autore non ebbe bene a studiare la seziono delle logge dei suoi esemplari.

## FORAMINIFERA

### NUMMULITIDAE

**Nummulites Brongnarti D'Arch.**

Tav. 24, f. 17 blocco zeppo di questa specie.— f. 18 sezione —19-20 D'Arch. due esemplari di faccia e in profilo.— f. 31 giovane esemplare in grandezza naturale e ingrandito. — f. 22 dettaglio dalla superficie di un altro esemplare.

D'Archiac Inde p. 110, tav. 5, f. 1-4.
Oppenheim Ueb. numm. Venet. tert. p. 8.

È questa la specie più comune e diffusa a Roncà, almeno a giudicarne dai numerosi esemplari che posseggo. Ordinariamente ha la forma dell'esemplare f. 1 *a* in D'Arch.; ne ho vari agglomeramenti e varie sezioni; talora però è alquanto più depressa, allora si vede più spiccatamente il cercine centrale come nella *Defrancei* D' Arch. (Loc. cit. tav. 5, f. 6) e pare un'orbitoide. Il numero dei giri è superiore a 20. La spira pare un pochino irregolare. Lo spessore dei giri è uguale a quello delle logge. I sepimenti sono sottilissimi, molto arcuati e sono relativamente molto scarsi, in minor numero che nel tipo di D'Archiac. Ne ho contato 16 nell'ottavo giro, 22 nel 16 giro; quindi le celle sono abbastanza lunghe. Talune varietà della *N. perforata* (1881 De la *Harpe Nummulites* tav. 3, f. 5 var. umbonata) rassomigliano siffattamente alla specie in questione che difficilmente se ne distinguono.

**Nummulites Molli D'Arch.** *

D'Archiac Inde p. 102, tav. 4, f. 13.
Oppenheim Ueb. numm. Venet. tert. p. 8.

Non possiedo alcun esemplare nella mia collezione di Val Nera.

### Nummulites perforata (Montf.) D'Arch.

Tav. 24, f. 16 un esemplare da due lati.

1808. Egeon perforatus Montf. Montfort Conch. Syst. p. 166.
1853. Nummulites perforata D'Orb. D'Archiac Inde p. 115, tav. 6, f. 1-12.
1894. „ „ „ Oppenheim Ueb. nummulit. Venet. tert. p. 10.

Di questa specie posseggo un esemplare di forma tipica e di sicura determinazione sebbene non abbia potuto esaminare le logge. Questa specie è citata da tutti gli autori anche da D'Archiac con le iniziali di D' Orbigny. Costui nel 1876 (Ann. Sc. Nat. v. 7, p. 129) propose il nome di *Nummulina perforata*. Però il nome di Montfort ha la priorità. Quindi sono le sue iniziali che debbono seguire il nome della specie. Ad esse ho unito quelle di D'Archiac, perchè questo autore ne pubblicò ottime illustrazioni e descrizioni e rettificò anche il senso; infatti egli la riferisce come sinonimo la *spissa* d'Orb., la *globosa* Rut. etc. varietà di questa specie sono figurate dal sig. Tellini (1890 Nummuliti della Mosella tav. 12, f. 1-3).

### Nummulites complanata Lamk.

Tav. 24, f. 10-11 due esemplari di cui uno anche in profilo.

D'Archiac Inde p. 87, tav. 1. f. 1-3.
1877. Hébert Munier Chalmas Compt. rend. Inst. France tav. 85.

Riferisco a questa nota specie varii esemplari che somigliano molto al tipo di questa specie, se non che non avendone esaminato le sezioni non posso esser sicuro.

### Nummulites lucasana Defr. *

1894. D'Archiac Inde p. 124, tav. 7, f. 5-12.
Oppenheim Ueb. numm. Venet. tert. p. 8, 10.

È questa una specie molto diffusa. Nelle formazioni terziarie venete la ho ritrovato più volte. Però non ne ho trovato alcuna a Roncà. Però il sig. Oppenheim ne ha constatata la presenza in detta località.

### Nummulites striata D'Orb. *

D'Archiac Inde p. 135, tav. 8, f. 9-14.
1894. Oppenheim Ueb. numm. venet. tert. p. 8.

Il sig. Oppenheim cita questa specie come proveniente da Roncà. Io però non la ho punto ritrovata. Nella mia collezione posseggo taluni piccoli esemplari la cui forma è identica alla figura 9 *a* in D'Archiac però la loro ornamentazione è affatto dissimile ed io reputo siano giovani esemplari della *N. Brongnarti* D' Arch. Però la presenza di questa specie a Roncà è stata constatata da Oppenheim e quindi non può esser messa in dubbio.

### Nummulites gizehensis Ehrenb.

Tav. 24, f. 12-13 due esemplari da due lati — f. 14-15 due esemplari da due lati (var. Harpei De Greg.)

D'Archiac Inde p. 94, tav. 2, f. 6-8.
De la Harpe Nummulites tav. 1, f. 1-23.

Riferisco a questa specie taluni esemplari che tanto per la forma che per lo spessore e il contorno somigliano di molto al tipo descritto da D'Archiac e alle forme figurate da De la Harpe. Però non sono del tutto sicuro della loro identificazione, perocchè non ho potuto esaminare la sezione.

La Var. *Harpei* De Greg. è proposta per taluni esemplari di Roncà piuttosto depressi e ondulosi, al cui centro si trova soventi un bitorzoletto. Essi sono identici alla figura 4 di De la Harpe.

### Var. Harpei De Greg.

Tav. 24, f. 14-15 due esemplari da due lati.

Noto con questo nome taluni esemplari piuttosto depressi, ondulosi, al cui centro si trova sovente un piccolo bitorzoletto. Essi somigliano molto o per dir meglio sono identici alla figura 4 di De la Harpe sopra citata.

---

# RIEPILOGO DELLA FAUNA DI VAL NERA DI RONCÀ

Le specie di Val Nera, conservate nel mio privato gabinetto, giusta l'elenco che segue (non incluse le varietà), sono 226, le varietà sono 40; mentre il numero totale delle specie di Roncà è di 361. Le specie nuove per la prima volta da me illustrate, non tenendo conto delle varietà sono 56, le varietà nuove, come ho detto, sono 40. Talune di queste si potrebbero forse considerare come vere specie. Le specie del bacino di Parigi da me ritrovate a Val Nera sono 79. Il resto delle specie sono buona parte comuni ai depositi di M$^{te}$ Postale e di M$^{te}$ Pulli; talune sono caratteristiche del deposito di Roncà. Devo però aggiungere che delle 79 specie del bacino di Parigi non poche sono state pure ritrovate tanto a M$^{te}$ Postale che a M$^{te}$ Pulli. Come si vede dall'elenco che segue, molto ricca è in vero la mia collezione, però vi è una grande scarsezza di coralli. Io non so a cosa ciò si possa attribuire. Infatti molte specie di corallari sono stati mentovati dai vari autori che a me mancano assolutamente.

Delle specie da me notate mi pare meritino speciale considerazione le seguenti:

Bayanotheutis rugifer Schloemb.
Belemnites venetus De Greg.
Rostellaria roncaincola De Greg.
Ovula roncana De Greg.
Fusus quinquecostatus De Greg.
Cassis mammillaris Grat.
" " var. ingens De Greg.
Cerithium focillatum De Greg.
Chama roncana De Greg.
Cardium roncanum De Greg.
" gigas Defr.
Lucina gigantea Desh. var.
Arca Balestrai De Greg.
Pectunculus auriculatus Bronn.
Roncania prima De Greg.
Ostrea roncaensis De Greg.
Plocophyllia caliculata (Cat.) Reuss var.

Premesse queste brevi considerazioni dò di seguito l'intero elenco delle spese di Val Nera che fanno parte della collezione di detta località conservate nel mio privato gabinetto geologico.

## Catalogo delle specie di Val Nera

Lamma cuspidata Ag.
" n. sp.
Cancer (Harpactocarcinus) punctulatus Desm.
Serpula sp. ?
Bayanotheutis rugifer Schloenb.
Belemnites venetus De Greg. ?
Helix (Dentellacarallus) damnata Brongt.
" " var. roncaincola De Greg.
Bulimus Montevialensis Schaur.
Cyclostoma (Cyclotus) exaratus Sandb.
Glandina? Roncensis De Greg.
Rostellaria ? enigmatica Bayan.
" cfr. athleta De Greg.
" var. veregigas De Greg.
" Roncainoncola De Greg.
Alaria Zigni De Greg.
" var. perclathrata De Greg.
Strombus Tornouerei Bayan.
" (Stromboconus) Suessi Bayan.
" var. corrugatum De Greg.
" Fortisi Brongt.
" (Gallinula) canalis Lamk.
" (Rimella) Bartonensis Sow.
" pulcinella Bayan.
" Boreli Bayan.
Pterocera Canavari Vin.
Chenopus Pescarbonis Brongt.
Terebellum convolutum Lamk.
" var. roncanus De Greg.
" fusiforme Lamk.
" var. propedistortum De Greg.
" (Mauryna) pliciferum Bayan.
Bulla Fortisi Brongt.
" plicata Desh.
Cypraea Proserpinae Bayan.
" (Epona) Moloni Bayan.
" (Cyprovula) elegans Defr.
Ovula Roncana De Greg.
Oliva nitidula Desh.
Ancillaria dubia Desh.
Marginella (Glabella) phaseolus Brongt.
Voluta Bezanconi Bayan.
" propeambigua De Greg.
Mitra propefusellina De Greg.
" subcostatula D'Orb.
Conus Brongnarti D'Orb.
" infirmus De Greg.
Pleurotoma (Cryptoconus) lineolata Lamk.
" var. unisulcata De Greg.
" (Cryptoconus) cinta Desh.
" (Cryptoconus) prisca Sow.
" (Raphitoma) propecostaria De Greg.
Fusus (Pullincola) quinquecostatus De Greg.
" (Clavella) Noae Lamk.
" var. orangustatus De Greg.
Fusus polygonus Lamk.
" unicus De Greg.
" (Costulofosus) subscalarinus D'Orb.
" (Melongena) subcarinatus Lamk.
" ? columbellaeformis De Greg.
" cfr. maximus Desh. ?
" aequalis Michtti
Fasciolaria sp.
Triton Delbosi Fuchs.
Ranella n. sp. ?
Cassis Aeneae Brongt.
" harpaeformis Lamk.
" Thesei Brongt.
" mammillaris Grat.
" var. tuberculornata De Greg.
" Vicentina Fuchs ?
Harpa mutica Lamk.
" var. hilarionis De Greg.
Purpura (Ricinula) Cassis Mayer.
Hipponix dilatatus Defr.
Nerita circumvallata Bayan.
" Acherontis Brongt.
" Caronis Brongt.
Velates Scmideliana Chemn.
Natica propecochlearis De Greg.
" angustata (Grat.) Bayan
" ventroplana Bayan.
" perusta Defr.
" var. vulcani Brongt.
" " striovulcanica De Greg.
" " vapiucana D'Orb.
" " perlata De Greg.
" Pasinii Bayan
" var. zagaropsis De Greg.
" (Cepatia) caepacea Lamk.
" var. puerpera De Greg.
" epiglottina Lamk.
" Brongnarti Desh.
" var. cercinduta De Greg.
" spherica Desh.
" sigaretina Desh.
" hybrida Desh.
" Edwardsi Desh.
" n. sp.
" (Ampullaria) cfr. Willemeti Desh.
Serpulorbis laxatus Desh.
" var. roncaensis De Greg.
Tenagodes longoliratus De Greg.
Turritella asperula Brongt.
" imbricataria Lamk. var. ?
Melania Stygis Brongt.
" var. postunisulcata De Greg.
" var. cylindroelongata De Greg.
" elongata Brongt.
Melanatria auriculata Opp.

Cerithium corvinum Brongt.
" var. pliconndosum De Greg.
" fagineum De Greg.
" Stueri Cossm.
" bituberculornatum De Greg.
" acus Desh.
" undosum Brongt.
" roncanum (Brongt) D'Orb.
" lemniscatum Brongt.
" var. baccatum Defr.
" " postcingulatum De Greg.
" " triliratum De Greg.
" " antecingulatum De Greg.
" " postcorrugatum De Greg.
" " subcostulatum De Greg.
" atropos Bayan.
" tricorum Bayan.
" (Potamides) pentagonatum Schloth. sp.
" corrugatum Brongt.
" bisulcatum De Greg.
" vulcanicum Schloth.
" bicalcaratum Brongt.
" var. verebicalcaratum De Greg.
" " antebiliratum De Greg.
" variornatum De Greg.
" multisulcatum Brongt.
" calcaratum Brongt.
" (Potamides) Vulcani Brongt.
" Dallagonis Opp.
" focillatum De Greg.
" var. quinqueseriatum De Greg.
" irregulocostatum De Greg.
" mediocoucavum De Greg. ?
" aff. giganteum Lamk.
" n. sp.
" Bedechei Bayan.
" Lachesis Bayan.
" defrenatum De Greg.
" stridens De Greg.
" n. sp. ?
" ? (Brachytrema) eocaena Opp.
" var. misumenum De Greg.
Solarium bistriatum Desh.
Delphinula milda De Greg.
" scobina Brongt. sp.
" var. multisulcata Schaur.
" conica Lamk.
" var. Roncaensis De Greg.
Xenophora cumulans Brongt.
" agglutinans Lamk.
" dubia Schaur.
Trochus Bolognai Bayan.
" f. perfectemedius De Greg.
" subnovatus Bayan.
" Saemani Bayan.
" var. antebicarinatus De Greg.
Teredo Tournali Leym.

Pholadomya roncana De Greg.
" oviformis De Greg.
Solecurtus elongatus D'Orb.
Psammobia Lamarckii Desh.
" ? crassatellopsis De Greg.
Tellina scalaroides Lamk.
" var. venetincola De Greg.
" pertenuestriata De Greg.
" carinulata Lamk.
" Postalensis De Greg.
Chama calcarata Lamk.
" fimbriata Defr.
" roncaensis De Greg.
Corbula italicula Bay.
" exarata Desh.
" pixidicula Desh.
" Lamarckii Desh.
Cardium roncanum De Greg.
" perelegans De Greg.
" gigas Defr.
" " var. cordorotundum De Greg.
" modiolopsis De Greg.
" obliquum Lamk.
" gratum Defr.
" granulosum Lamk.
" anomale Math.
" porulosum Lamk.
Crassatella plumbea Chemn.
" gibbosula Lamk.
" subdonocialis De Greg.
" valida De Greg. sp. dub.
" cimbula De Greg. sp. dub.
Corbula gallinula Desh.
Corbis major Bay.
" var. depressa De Greg.
" lamellosa Lamk.
Lucina gigantea Desh.
" var. inradiata De Greg.
" " secunda De Greg.
" " obliquopsis De Greg.
" vicentina Opp.
" Bovensis De Greg.
" var. Roncaensis De Greg.
" detrita Desh.
" subcircularis Desh.
" n. sp.
Cardita Laurae Brongt.
" multicostata Lamk.
" f.ª veretropezoides De Greg.
" f.ª flabelloides De Greg.
Cypricardia cyclopea Brongt.
Cytherea suberycinoides Desh.
" trigonula Desh.
" lunularis Desh.
" var. roncaensis De Greg.
" sulcataria Desh.
" bellovacina Desh.

Cytherea var. roncana.
„ semisulcata Lamk.
„ Maura Brongt.
Cyrena crebea Brongt.
„ sirena (Brongi.) Opp.
„ var. rostrata De Greg.
„ pectunculiformis De Greg.
„ Veronensis Bay.
„ n. sp.
Nucula lapidosa De Greg.
Arca granulosa Desh.
„ Balestrai De Greg.
„ propeheterodonta De Greg.
„ tubulosa De Greg.
„ rudis Desh.
„ var. Roncana De Greg.
„ biangula Lamk.
„ modioliformis Desh.
Pectunculus auriculatus Bronn.
„ ? n. sp.
„ depressus Desh.
Modiola corrugata (Brongt.) Opp.
Tichoma (Congeria) euchroma Opp.
Mytilus rimosus Lam.
„ var. normalis De Greg.
Mytilus mitis De Greg.
„ vereornatus De Greg.
„ acutangulus Desh.
Spondylus rarispina Desh.
Lima postalensis De Greg.
Roncania prima De Greg.
Pecten Meneguzzoi Bayan.
„ defatigatus De Greg.
„ n. sp.
Ostrea Roncaensis De Greg.
„ froenigera De Greg.
„ Defrancei Desh.
Porocidaris Schmidelii (Münst.) De Lor.
Trochosmilia validiuscula De Greg.
„ sp.
Holiastræa sp.
Heliopora Bellardi Haime.
Cyclolites elliptica (Guét.) Lamk.
Porites Pellegrinii D'Arch.
Plocophyllia caliculata (Cat.) Reuss.
Nummulites Brongnarti D'Arch.
„ perforata (Montf.) D'Arch.
„ complanata Lamk.
„ gizehensis Ehrenb.

---

# UNO SGUARDO ALLA INTERA FAUNA DI RONCÀ

Non mi pare inutile dare di seguito un quadro sintetico della fauna di Roncà comprendendovi tutte quante le specie citate o descritte dagli autori come provenienti di detto deposito.

Il numero totale è di 361 specie e di 48 varietà talune delle quali forse si potrebbero considerare come specie distinta.

Come ho detto nella prefazione, rimarchevolissimo è lo sviluppo di talune forme di molluschi che raggiungono dimensioni enormi. Tra queste devo enumerare le seguenti:

*Velates Schmideliana* Chemn.; *Chama calcarata* Lamk. e *Ch. Roncaensis* De Gregorio; *Cardium gigas* ($15^{cm}$); *Corbis major* Bay. *Lucina gigantea* Desh. var.; *Ostrea Roncaensis* De Greg.; *Natica perusta* Defr.; *Trochus subcarinatus* Lamk.; *Hipponyx dilatatus* Defr.

Il genere Cerithium ha un immenso sviluppo sì per la multiplicità delle specie che per la loro grande dimensione. Varie forme del tipo del *giganteum* arrivano a dimensioni inattese il *C. lachesis* raggiunge una lunghezza di $65^{cm}$, il *defrenatum* De Greg. una larghezza di $21^{cm}$.

Delle specie caratteristiche del deposito di Roncà bisogna enumerare le seguenti:

Bayanotheutis rugifer Schloemb.
Belemnites venetus De Greg.
Helix damnata Brongt.
Rostellaria enigmatica Bayan.
„ roncaincola De Greg.
Strombus Tournoueri Bayan.

Strombus Suessi Bayan.
" Fortisi Brongt.
Bulla Fortisi Brongt.
Ovula roncana De Greg.
Fusus quinquecostatus De Greg.
" subcarinatus Lamk.
Cassis Aeneae Brongt.
" Thesei Brongt.
" mammillaris Grat.
Velates Schmideliana Chemn.
Nerita Acherontis Brongt.
" Caronis Brongt.
" Thersites Brongt.
Natica perusta Brongt.
" Pasini Bay.
Melania Stygis Brongt.
Cerithium corvinum Brongt.
" undosum Brongt.
" roncanum (Brongt.) D'Orb.
" baccatum Defr.
" tricorum Bayan.
" pentagonatum Schloth.
" corrugatum Brongt.
" vulcanicum Schloth.
" bicalcaratum Brongt.
" calcaratum Brongt.
" focillatum De Greg.
" lachesis Bayan.
" defrenatus De Greg.
Delphinula scobina Lamk.
Trochus Bolognai Bayan.
" Saemani Bayan.
Chama roncaensis De Greg.
Cardium roncanum De Greg.
" gigas Defr.
" anomale Math.
" " var. polyptyctum Bayan.
Crassatella plumbea Chemn.
Corbis major Bayan.
Lucina gigantea Desh. var.
Cardita multicostata Lamk. var.
Cypricardia cyclopea Brongt.
Arca Balestrai De Greg.
Pectunculus auriculatus Bronn.
Modiola corrugata Brongt.
Mytilus acutangulus Desh.
Lima postalensis De Greg.
Ostrea roncaensis De Greg.
Nummulites Brongnarti D'Arch. var.

Delle specie caratteristiche della fauna di M<sup>te</sup> Postale che io ho ritrovato a Val Nera di Roncà enumererò le seguenti

Strombus Tornoueri Bayan.
Terebellum fusiforme Lamk.
Fusus (Pullincola) quinquecostatus De Greg. (specie caratteristica anche di M$^{te}$ Pulli).
Nerita circumvallata Bayan.
Natica caepacea Lamk.
" " var. puerpera De Greg.
Teredo Tournali Leym.
Tellina Postalensis De Greg.
Corbis maior Bayan.
Lucina gigantea Desh. var. Escheri May.
Lima postalensis De Greg.

Maggiore è il numero delle specie comuni con la fauna di M$^{te}$ Pulli. Il signor Oppenheim publicò un instruttivo quadro comparativo delle specie; ma tal numero deve aumentarsi, perocchè varie altre specie di M$^{te}$ Pulli io ho ritrovato a Val Nera e le ho descritte di sopra. Varie altre ne ho ritrovato a M$^{te}$ Pulli che saranno passate in rivista nell'appendice. Tra le specie comuni ai due depositi le due più rimarchevoli mi paiono il *Cerith. Lachesis* Bay. (di cui parlerò nell'appendice e il *Cer. Dal Lagonis* Opp. specie molto caratteristica.

Ecco intanto il quadro generale di tutta la fauna di Roncà che io ho cercato di fare il più esatto e completo possibile. Non escludo però la possibilità anzi la probabilità che ulteriori ricerche nello stesso giacimento o ulteriore studio delle collezioni estratte da esso e disperse nei vari musei del mondo e non del tutto studiate possono fare aumentare sensibilmente il numero delle specie di codesto classico deposito fossilifero.

---

# CATALOGO SISTEMATICO DI TUTTE LE SPECIE DI RONCÀ

VERTEBRATA
PISCES
*Lamnidae*
Lamna cuspidata Ag.
Lamna n. sp.
ARTICULATA
CRUSTACEA
*Canceridae*
Cancer (Harpactocarcinus) punctulatus Desm.
VERMES
*Serpulidae*
Serpula sp.?
MOLLUSCA
CEPHALOPODA
*Belopteridae*
Vasseuria occidentalis Mun.
*Belemnitidae*
Bayanotheutis rugifer Schloenb.
Belemnites venetus De Greg.?
GASTEROPODA
*Helicidae*
Helix amblitropis Sandb.
" (Eurycratera) declivis Sandb.
" (Dentellocarallus) damnata Brongt.
" " var. roncaincola De Greg.
*Pupidae*
Clausilia oligogyra Boetg.
Bulimus Montevialensis Schaur.
*Cyclostomidae*
Cyclostoma (Cyclotus) exaratus Sandb.
*Testacellidae*
Glandina? Roncensis De Greg.

Cyclophorus (Craspedotropis) resurrecta Opp.

*Alatidae*

Rostellaria ? enigmatica Bayan.
" cfr. athleta D'Orb.
" var. veregigas De Greg.
Rostellaria Roncaincola De Greg.
Alaria Zigni De Greg.
" var. perclathrata De Greg.
Strombus Tornoueri Bayan.
" (Stromboconus) Suessi Bayan.
" var. corrugatum De Greg.
" Fortisi Brongt.
" (Gallinula) canalis Lamk.
" (Rimella) Bartonensis Sow.
" pulcinella Bayan.
" Boreli Bayan.
Pterocera Canavari Vin.
Chenopus Pescarbonis Brongt.
Terebellum convolutum Lamk.
" var. roncanum De Greg.
Terebellum fusiforme Lamck.
" propedestortum De Greg.
" (Mauryna) pliciferum Bayan.
" carcassense Leym.

*Bullidae*

Bulla Fortisi Brongt.
" plicata Desh.
Cyclichna procerula Rauff.

*Cypraeidae*

Cypraea Proserpinae Bayan.
" (Epona) Moloni Bayan.
" (Cypravala) elegans Defr.
" inflata ? Lam.
" amygdalum ? Brocc.
" annulus Lamk.
" ruderalis Lamk.
" Duclosiana Bast.
" tuberculata
Ovula Roncana De Greg.
Oliva nitidula Desh.
Ancillaria dubia Desh.
" glandina Desh.
" olivula Lamk.

*Volutidae*

Marginella (Glabella) phaseolus Brongt.
" eburnea Lamk.
Voluta Bezanconi Bayan.
" propeambigua De Greg.
" affinis Brocc.
Voluta subspinosa Brongt.
" crenulata (Lamk.) Brug.
" ambigua Lamk.
" imbricata Schaur.
" crenulifera Bayan.
" (Lyria) harpula Lamk.
Mitra crebricosta Lamk.
" propefusellina De Greg.
" subcostulata D'Orb.

*Conidae*

Conus Brongnarti D'Orb.
" infirmus De Greg.
" alsiosus Brongt.
" semicoronatus Vin.
Pleurotoma (Cryptoconus) evulsus Desh.
" (Cryptoconus) lineolata Land.
" var. unisulcata De Greg.
" (Cryptoconus) cincta Desh.
" ( " ) prisca Sow.
" (Raphitoma) propecostaria De Greg.

*Muricidae*

Fusus (Pullincola) quinquecostatus De Greg.
" (Clavella) Noae Lamk.
" var. orangustatus De Greg.
" polygonus Lamk.
" unicus De Greg.
" (Costufolusus) subscalarinus D'Orb.
" (Melongena) subcarinatus Lamk.
" ? culumbellaeformis De Greg.
" cfr. maximus Desh.
" intortus Lamk.
" polygonatus Brongt.
" (Clavella) pachyrhaphe Bayan.
" (Clavella) deformis Sol,
Melongena eusagona Vin.
Fusus (Siphonalia) scalarioides Lamk.
" aequalis Michtti.
Fasciolaria sp.
Triton Delbosi Fuchs.
Ranella n. sp. ?
Murex tricarinatus (Lamk.) Brug.
" angulosus Bronn.
Pyrula monile Bronn.
" laevigata Lamk.
Fasciolaria humilis Rauff.
" procerula Rauff.

*Cassididae*

Cassis Aeneae Brongt.
" harpaeformis Lamk.

Cassis Thesei Brongt.
„ mammillaris Grat.
„ „ var. ingens De Greg.
„ „ tuberculornata De Greg. ?
„ Vicentina Fuchs?
„ striata Sow.
„ Rondoleti Bayan.
„ flexuosa Bronn.

*Harpidae*

Harpa mutica Lamk.

*Purpurydae*

Purpura (Ricinula) Cassis Mayer.

*Hipponycidae*

Hipponyx cornucopiae Defr.
„ dilatatus Defr.

*Neritidae*

Nerita circumvallata Bayan.
„ Acherontis Brongt.
„ Caronis Brongt.
„ Thersites Brongt.
„ crassa Bell.

Velates Scmideliana Chemn.

*Naticidae*

Natica propecochlearis De Greg.
„ angustata (Grat.) Bayan.
„ ventroplana Bayan.
„ perusta Defr.
„ var. vulcani Brongt.
„ var. striovulcanica De Greg.
„ var. vapincana D'Orb.
„ var. perlata De Greg.
„ Pasinii Bayan.
„ var. zagaropsis De Greg.
„ (Cepatia) caepacea Lamk.
„ var. puerpera De Greg.
„ epiglottina Lamk.
„ Brongnarti Desh.
„ var. cercinduta De Greg.
„ spherica Desh.
„ sigaretina Desh.
„ hybrida Desh.
„ Edwardsi Desh.
„ n. sp.
„ (Ampullaria) brevispira Leym.
„ parisiensis Desh.
„ crassatina Desh.
„ var. roncana Schaur.
„ incompleta Zittel.
„ bivirgata Rauff.

Natica patulina Mun. Chalm.
„ depressa Lamk.
„ Suessoniensis Desh.
„ venusta Desh.
„ turbinata Desh.
„ (Ampullaria) cfr. Willemeti Desh.
„ (Deshayesia) fulminea Bayan.

Deshayesia n. sp.

Natica (Deshayesia eocenica Vin.

*Vermetidae*

Serpularbis cfr.limoides Desh.
„ laxatus Desh.
„ var. roncaensis De Greg.

Tenagodes longoliratus De Greg.

Turritella imbricataria Lamk. var. ?
„ incisa Brongt.
„ Archimedis Brongt.
„ carinifera Brongt.
„ edita Sow.

*Melanidae*

Melanopis vicentina Opp.
„ amphora Opp.

Melania Stygis Brongt.
„ var. postunisulcata De Greg.
„ var. cylindroelongata De Greg.
„ Cuvieri Lamk.
„ elongata Brongt.

Diastoma costellata Lamk.
„ var. roncana Brongt.

Melanatria auriculata Opp.

*Cerithiidae*

Cerithium corvinum Brongt.
„ var. plicoundosum De Greg.
„ fagineum De Greg.
„ Stueri Cossm.
„ bitubeculornatum De Greg.
„ acus Desh.
„ undosum Brongt.
„ roncanum (Brongt.) D'Orb.
„ lemniscatum Brongt.
„ baccatum Defr.
„ var. postcingulatum De Greg.
„ var. triliratum De Greg.
„ var. antecingulatum De Greg.
„ var. postcorrugatum De Greg.
„ var. subcostulatum De Greg.
„ atropos Bayan.
„ tricorum Bayan.
„ (Potamides) pentagonatus Schloth. sp.

Cerithium corrugatum Brongt.
„ bisulcatum De Greg.
„ vulcanicum Schloth.
„ bicalcaratum Brongt.
„ var. verebicalcaratum De Greg.
„ var. antebiliratum De Greg.
„ variornatum De Greg.
„ multisulcatum Brongt.
„ calcaratum Brongt.
„ (Potamides) Vulcani Brongt.
„ Dufresnei Desh.
„ mixtum Defr.
„ emarginatum Lamk.
„ stroppus Brongt.
„ striatum Brug.
„ Dal Lagonis Opp.
„ focillatum De Greg.
„ var. quinqueseriatum De Greg.
„ var. irregulocostatum De Greg.
„ medioconcavum De Greg. ?
„ aff. giganteum Lamk.
„ n. sp.
„ giganteum Lamk.
„ parisiense Desh.
„ Bedeckei Bayan.
„ Lachesis Bayan.
„ defrenatum De Greg.
„ stridens De Greg.
„ n. sp.
„ rarefurcatum Bayan.
„ semigranulosum Lamk.
„ lamellosum Brug.
„ Grecoi Vin.
„ eocaenum Opp.
„ var. misunenum De Greg.

*Solariidae*

Solarium bistriatum Desh.
„ umbrosum Brongt.
„ montevialense Schaur.

*Trochidae*

Delphinula milda De Greg.
„ scobina Brongt.
„ var. multisulcata Schaur.
„ conica Lamk.
„ var. roncaensis De Greg.
„ calcar Lamk.
„ lima Lamk.

Xenophora cumulans Brongt.
„ umbilicaris Sol.
Xenophora agglutinans Lamk.
„ dubia Schaur.

Trochus Bolognai Bayan.
„ perfectemedius De Greg.
„ subnovatus Bayan.
„ Saemani Bayan.
„ var. antebicarinatus De Greg.

PELECYPODA

*Pholadidae*

Teredo Tournali Leym.
„ var. subparisiensis De Greg.

*Pholadomyidae*

Pholadomya Roncaensis De Greg.
„ oviformis De Greg.

*Solenidae*

Solecurtus elongatus D'Orb.
„ pudicus Brongt.

*Tellinidae*

Psammobia Lamarckii Desh.
„ ? crassatellopsis De Greg.

Tellina scalaroides Lamarck.
„ var. venetincola De Greg.
„ pertenuestriata De Greg.
„ carinulata Lamark.
„ Postalensis De Greg.

*Chamidae*

Chama calcarata Lamark.
„ fimbriata Defr.
„ Roncaensis De Greg.

*Myidae*

Corbula italicula Bayan.
„ exarata Desh.
„ gallicula Desh.
„ Lamarckii Desh.

*Cardiidae*

Cardium roncanum De Greg.
„ perelegans De Greg.
„ gigas Defr.
„ var. cordorotundum De Greg.
„ modiolopsis De Greg.
„ obliquum Lamk.
„ gratum Defr.
„ granulosum Lamk.
„ anomale Math.
„ porulosum Lamk.

*Crassatellidae*

Crassatella rhomboidea D'Arch.
„ Michelotti D'Orb.
„ plumbea Chemn.

Crassatella gibbosula Lamk.
„ subdonacialis De Greg.
„ valida De Greg.
„ cimbula De Greg.
*Lucinidae*
Corbis subpectunculus D'Orb.
„ major Bayan.
„ var. depressa De Greg.
„ lamellosa Lamk.
Lucina gigantea Desh.
„ var. inradiata De Greg.
„ var. Escheri Mayer.
„ var. secunda De Greg.
„ var. obliquopsis De Greg.
„ Hermonvillensis Desh.
„ perornata Bayan.
„ mutabilis Lamk.
„ scopulorum Brongt.
„ gibbosula Lamk.
„ vicentina Opp.
„ Bovensis De Greg.
„ var roncaensis De Greg.
„ detrita Desh.
„ subcircularis Desh.
„ n. sp.
*Carditidae*
Cardita Laurae Brongt.
„ multistriata Lamk.
„ var. veretrapezoides
„ var. flabelloides
*Cyprinidae*
Cypricardia cyclopea Brongt.
„ Brongnarti Bayan.
*Veneridae*
Cytherea suberycinoides Desh.
„ trigonula Desh.
„ lunularia Desh.
„ var. roncaensis De Greg.
„ sulcataria Desh.
„ bellovacina Desh.
„ var. Roncana De Greg.
„ semisulcata Lamk.
„ polita Desh.
„ Maura Brongt. n.
Venus Proserpina Brongt.
*Cyrenidae*
Cyrena pectunculiformis De Greg.
„ Baylei Bayan.
„ erebea Brongt.
Cyrena sirena (Brongt.) Opp.
„ var. rostrata De Greg.
„ alpina D'Orb.
„ roborata Desh.
„ veronensis Bayan.
„ sp.
*Nuculidae*
Nucula lapidosa De Greg.
*Arcidae*
Arca granulosa Desh.
„ Balestrai De Greg.
„ propeheterodonta De Greg.
„ tubulosa De Greg.
„ rudis Desh.
„ var. roncana De Greg.
„ biangula Lamk.
„ modioliformis Desh.
Pectunculus auriculatus Bronn.
„ n. sp.
„ depressus Desh.
*Mytilidae*
Modiola corrugata (Brongt.) Opp.
Tichogonia euchroma Opp.
Mytilus rimosus Lamk.
„ var. normalis De Greg.
„ var. mitis De Greg.
„ var. verornatus De Greg.
„ acutangulus Desh.
*Anomiidae*
Anomia gregaria Bayan.
*Inoceraminae*
Perna centralis Bayan.
*Spondylidae*
Spondylus rarispina Desh.
*Limidae*
Lima postalensis De Greg.
Roncania prima De Greg.
*Pectinidae*
Pecten Meneguzzoi Bayan.
„ lepidolaris Lamk.
„ plebeius Lamk.
„ defatigatus De Greg.
„ n. sp.
*Ostreidae*
Ostrea cirena Mell.
„ elegans Desh.
„ Roncaensis De Greg.
„ fraenigera De Greg.
„ Defrancei Desh.

BRYOZOA

*Escharidae*

Eschara Schaurothi De Greg.

ECHINODERMATA

ECHINOIDEA

*Cassidulidae*

Cassidulus testudinarius Brongt.

Pyrina ovulum Lamk.

Clypeaster fasciatus Cat.

*Cidaridae*

Porocidaris Schmidelii (Münst.) De Lor.

COELENTERATA

ANTHOZOA

*Gorgonidae*

Iuncella antiqua D'Acch.

*Turbinoliidae*

Paracyathus Roncaensis D'Acch.

Paracyathus sinuosus Brongt.

Turbinolia roncana Schaur.

Trochocyathus? irregularis (Desh.) Edw.

„ acquicostatus Schaur.

Blastotrochus? proliferus D'Acch.

Flabellum appendiculatum Brongt.

„ Bellardi Haime.

*Trochosmiliidae*

Trochosmilia validiuscula De Greg.

„ parvula Reuss.

„ sp.

Placosmilia sp.

Parasmilia cingulata Cat. sp.

*Astræidae*

Spinellia pulchra D'Acch.

Heliastræa ellisana Edw.

Heliastræa sp.

Goniastræa Cocchi D'Acch.

Astræa funesta Brongt.

*Stylophoridae*

Stylophora distans Leym.

*Stylinidae*

Stylocoenia Monticularia Schweigg.

*Helioporidae*

Heliopora Bellardi Haime.

*Astrangiidae*

Astrangia princeps Reuss.

*Fungidae*

Cyclolites elliptica (Guét.) Lamk.

*Cladocoridae*

Lithodendron sarcinuliforme Cat.

*Poritidae*

Porites Pellegrini D'Acch.

„ microtheca D'Acch.

*Pocilloporidae*

Pocillopora infundibuliformis Cat.

*Euphyllidae*

Dendrogyra aequalisepta D'Acch.

Plocophyllia caliculata (Cat.) Reuss.

PROTOZOA

RHIZOPODA

*Miliolidae*

Orbitolites angulata Cat.

„ nummuliformis Cat.

*Nummulitidae*

Nummulites Brongnarti D'Acch.

„ Molli D'Arch.

„ perforata (Montf.) D'Arch.

„ complanata Lamk.

„ lucasana Defr.

„ striata D'Orb.

„ gizehnsis Ehrenb.

# APPENDICE

## su taluni fossili di M$^{te}$ Pulli del medesimo orizzonte

## DI RONCÀ

Come ho detto nella prefazione, le relazioni intime tra la fauna di M$^{te}$ Pulli e quella di Roncà e del Postale non possono mettersi in dubbio; questi tre depositi possono benissimo considerarsi come sincroni. Io fin da molti anni addietro avevo in animo di pubblicare una monografia sui fossili di M$^{te}$ Pulli. Avevo messo mano a detto lavoro la cui pubblicazione era già stata annunziata. Molteplici circostanze, che non è qui il caso di enumerare, mi fecero sospendere tale studio. Ormai dopo la pubblicazione del bel lavoro del sig. Oppeneim quella di un altro lavoro monografico della stessa fauna non sarebbe più opportuno. Mi astengo quindi dall'enumerare tutte le specie che si conservano nel mio gabinetto geologico, ma mi limito a studiare talune forme nuove e a fare qualche osservazione su talune specie note, tacendo tutte le mie antiche determinazioni, che non essendo state finora pubblicate, dovettero essere sostituite da quelle del sig. Oppenheim, che hanno il dritto di priorità. Il lodato autore cita e descrive le seguenti specie:

Melanatria auriculata v. Schloth.
Melania stygis Brugt.
Melanopsis vicentina Oppenh.
Diastoma costellatum Lam.
Glauconia? eocaena Oppenh.
Cerithium Vulcani Brugt.
„ corrugatum Brugt.
„ pentagonatum v. Schloth.
„ calcaratum Brungt.
„ aculeatum v. Schloth.
„ baccatum Brugt.
„ atropos Bay.
„ atropoides Oppenh.
„ Bassanii Oppenh.
„ lamellosum Brug.
„ corviniforme Oppenh.
„ Fontis-Felsineae Oppenh.
„ dal-Lagonis Oppenh.
„ spectrum Oppenh.
Fusus polygonus Lam.
„ approximatus Desh.
Terebellum cf. olivaceum Cossm.
Cypræa elegans Defr.
Cypræa Proserpinae Bay.
„ Moloni Bay.
„ Lioyi Bay.
„ pisularis De Greg.
„ parvulorbis De Greg.
„ Zigni Oppenh.
Ovula Bayani Oppenh.
Gisortia Hantkeni Héb. u. M. Ch.
Voluta mitrata Desh.
Ancillaria dubia Desh.
„ cf. olivula Desh.
Oliva nitidula Desh.
Criptoconus lineolatus Lam.
„ filosus Lam.
„ unifasciatus Desh.
Hydrobia pullensis Oppenh.
Cylichna coronata Lam.
Natica ceapacea Lam.
„ Vulcani Brugt.
„ parisiensis D'Orb.
„ depressa Lam.
„ patulina Mun. Ch.
„ cochlearis v. Hantk.

Neritina consobrina Fer.
Teinostoma vicentinum Oppenh.
Trochus Husteri Oppenh.
Corbis Bayani Oppenh.
Cardium polyptyctum Bay.
„ obliquum Desh.
„ pullense Oppenh.
Cyrena sirena Brugt.
„ Baylei Bay.
Corbula biangulata Desh.
Cytherea nitidula Lam.
Crassatella pullensis Oppenh.
Ostrea supranummulitica Zitt.
Anomia gregaria Bay.
Modiola corrugata Brugt.
Congeria euchroma Oppenh.
Lucina pullensis Oppenh.
„ Fontis-Felsineae Oppenh.
„ vicentina Oppenh.

Come si vede dal detto elenco, sono 67 specie di cui 20 sono nuove.
Le specie che passerò di seguito in rivista sono:

Strombus Suessi Bayan.
„ pulcinella Bay.
Brachitrema eocena Oppenh.
Cerithium Dal Lagonis Opp.
„ Lachesis Bayan.
„ corvinum (Brongt.) De Greg.
„ „ Form. sicariforme De Greg.
„ „ „ digitiforme De Greg.
„ „ „ corviniforme Oppenh.
„ „ „ bimixtum De Greg.
„ „ „ fontis felsinae Oppenh.
„ corvinum Brongt.
„ „ var. osculum De Greg.
„ lemniscatum Brongt.
„ variabile Desh.
„ Must. lignitincola De Greg.
„ Bassani (Opp.) De Greg.
„ „ Form. declarator De Greg.
„ „ „ ebriosum De Greg.
„ „ „ doryphorum De Greg.
„ „ „ luculentum De Greg.
„ „ „ luctans De Greg.
„ „ „ atropoides Opp.
„ „ „ semispectrum De Greg.
„ „ „ spectrum Oppenh.
Melanatria propeauriculata De Greg.
Melania Stygis Brongt.
var. cylindraelongata De Greg.
var. phasianelloides De Greg.
Voluta mitrata Desh.
var. Demidofi De Greg.
Cassidaria Pullensis De Grey.
Solarium traviatum De Greg.
Neritopsis Agassizi Bay.
„ Pullensis De Greg.
Delphinula scobina Brongt.
Modiola corrugata (Brongt.) Opp.
Mytilus Pullincola De Greg.
Idem var. dactylinus De Greg.
Anomya gregaria Bay.
Cardium anomale Math.
var. polyptyctum Bay.
„ pullense Oppenh.
Lucina gigantea Desh.
„ var. subtruncata
„ supragigantea De Greg.
„ vicentina Opp.
Teredo Tournali Leym.
„ „ var. subparisiensis De Greg.
Teredina personata Lamk.
Clavagella Caillati Desh.
Psammechinus n. sp.
Astrocoenia sp.
Nummulites Pullensis De Greg.
„ Meneghini D'Acch.

Basta dare un occhio all'elenco su esposto per vedere che esso è ancora una prova della strettissima analogia del deposito di Roncà e di M^te^ Pulli; infatti esso contiene molte altre specie di Roncà, che finora non si erano trovate in detta località. Esso pure prova anche le relazioni intime con la fauna di M^te^ Postale perchè talune specie della fauna di quest'ultima località vi si trovano rappresentate. Vi sono inoltre talune specie che finora nelle due località suddette non si sono finora rinvenute. Ma ciò non toglie nulla a quanto di sopra asserimmo anzi è conforme a quanto avemmo ad esporre nella prefazione; ciascuno dei tre depositi infatti mentre da un lato contiene una fauna di cui le principali specie sono comuni, d'altro lato contiene delle forme speciali caratteristiche, le quali prendono un sviluppo inatteso e dànno un' impronta caratteristica alla fauna, e quasi dirò un aspetto diverso.

I fossili di M[te] Pulli provengono da un calcare molto fitto un po' rossastro e un po' bituminoso. Io ne posseggo però inoltre parecchi delle ligniti e di un calcare lignifero submarnoso nerastro che passa alle ligniti. Vi si trovano col guscio bianco che spicca sul fondo nero della roccia. Sovente in detto strato si trovano calcinati in modo che assai difficile riesce esaminare la parte superficiale del guscio. Però dove questo si conserva un po' resistente si trovano in uno stato di conservazione così perfetto che conservano benissimo l'antico colorito.

Nello strato suddetto ho ritrovato le seguenti specie:

Cerithium mutabile Desh. var. lignitincola De Greg.
„ corvinum Brongt. var. osculum De Greg.
Melanatria subauriculata De Greg.
Mytilus pullincola De Greg.
Modiola corrugata Brongt. var. mitis De Greg.
Anomia gregaria Brongt.
Nummulites pullensis De Greg.

Delle specie citate le specie più comuni sono il Cerithium mutabile Desh. var. e il Mytilus pullincola De Greg. Quest'ultimo si ritrova sovente adorno dell'antica colorazione che è molto elegante.

Passerò ora in rivista le specie sopra indicate.

## Strombus Suessi Bayan.

De Gregorio Fauna Roncà p. 33.

Riferisco a questa specie un grosso esemplare fratturato che le somiglia molto. È in tutto identico; non si vedono però le costolette dei primi giri, forse per erosione.

## Strombus pulcinella Bayan.

De Gregorio Fauna M[te] Postale p. 11, tav. 1, f. 21-29.
„ „ Roncà p. 34.

Un esemplare fratturato la cui determinazione è probabilmente ma non sicuramente esatta.

## Cerithium (Brachytrema) eocaenum Opp.

1894. Glauconia? eocaena Opp. M[te] Pulli p. 383, tav. 26, f. 20.

Questa specie fu riferita dal sig. Oppenheim con dubbio al genere *Glauconia*, ma manca del solco caratteristico dell'ultimo giro e non ha la columella ombillicata. Io credo appartenga invece al gruppo del *Cerithium breviculum* Desh. (Deshayes Coq. Paris tav. 61, f. 9-12 e del *muricoides* Lamk. (Idem tav. 61, f. 13-16). Nel nostro esemplare si vede l'apertura o piuttosto la s' indovina perocchè si osserva solo il lato columellare che è un po' scavato anteriormente e sinuato posteriormente.

## Cerithium Dal-Lagonis Opp.

Oppenheim M[te] Pulli tav. 28, f. 1-4.

È questa una delle specie più comuni e caratteristiche di M[te] Pulli. È abbastanza variabile. Ora la spira è larga ora angusta e la forma anche più bislunga dell'esemplare 3 di Oppenheim. Vi sono individui che pure raggiungono maggiore dimensione. Le coste talora sono disposte irregolarmente, tal altra sono alquanto regolari; vi ha degli esemplari in cui le coste sono disposte in serie assiali regolarissime.

### Cerithium Lachesis Bayan.

Parlai di questa specie nel mio lavoro su Roncà. Dico solo che possiedo un grosso esemplare di M$^{te}$ Pulli lungo 23$^{cm}$. Io credo che se fosse intero e non fratturato raggiungerebbe 32$^{cm}$. Questa specie non è citata dal signor Oppenheim fra i fossili di M$^{te}$ Pulli, ma di Roncà. La sua presenza in M$^{te}$ Pulli è un altro argomento per la analogia e sincronismo delle due faune.

### Cerithium corvinum (Brongt.) De Greg.

Tav. 25, f. 1-6 (sicariforme De Greg.) — f. 7-8 (digitiforme De Greg.) — f. 9-10 corviniforme Opp.
f. 11-12 bimixtum De Greg. — f. 13-15 fontis felsinae Opp.

Dopo avere esaminato un numero grandissimo di esemplari e un numero considerevole di forme, mi sono convinto che si tratta di una specie sommamente plastica che si presenta sotto svariate modificazioni. Siccome ho avuto occasione di esaminare i passaggi intermedi delle varie forme, ho creduto necessario adottare un nome per l'intero gruppo. Sono stato allora nel dubbio di adottare addirittura un nome nuovo ovvero scegliere fra quelli proposti dai vari autori per talune forme. Essendo il nome di corvinum quello che ha il dritto di priorità sugli altri e quello più noto l'ho scelto elargandone il senso. A M$^{te}$ Pulli non ho trovato il *corvinum* Brongt tipo nè il *pliconudosum* che si trovano a Roncà. La forma *Zitteli* da me proposta per gli esemplari di Ungheria è molto vicina al *bimixtum* De Greg., la quale però e più piccola e più pupoide. Io già ne ho parlato descrivendo i fossili di Roncà. La posizione relativa delle varie forme è per me la seguente:

Zitteli De Greg.
- corvinum Brongt.
  - plicoundosum De Greg.
  - sicariforme De Greg. — digitiforme De Greg.
    - |
    - corviniforme Opp.
    - |
    - bimixtum De Greg.
    - |
    - Fontis felsinae Opp.

Delle suddette forme quelle che ho ritrovate a M$^{te}$ Pulli sono: sicariforme, digitiforme, corviniforme, bimixtum, Fontis felsinae. Le passerò in rivista successivamente.

### sicariforme De Greg.

Tav. 25, f. 1-6.

*Testa conoidea, in medio pupoides; anfractus complanati; primi axialiter costulati atque sulcati; costae, pliciformes, arcuatae. Apertura satis angusta, angulo postico sinuata atque subsoluta; canalis anticus satis brevis; labra potius incrassata; ultimus anfractus basi obsolete spiraliter sulcatus.*

*L. 90$^{mm}$.*

Questa forma è somigliantissima al *corvinum* Brongt in Oppenheim (M$^{te}$ Pulli tav. 25, f. 3), ne differisce per la apertura più angusta per la spira più pupoide e per l'ornamentazione dei primi giri, la quale nel corvinum è cancellata o consistente in tenui pieghe più rare e meno contorte. Però la forma Zitteli ha l'ornamentazione identica a quella del sicariforme, non è però pupoide.

### digitiforme De Greg.

Tav. 25, f. 7-8.

*Testa cylindracea, elongata, subpupoides; anfractus subcomplanati, postice vix gradati; primi anfractus tenue costulati atque sulcati; ultimus anfractus basi spiraliter obsolete sulcatus.*

*L.* $95^{mm}$.

Questa forma differisce dalla precedente per essere assai più angusta, bislunga, subcilindracea e meno pupoide. Essa segna il maggiore differenziamento però ho osservato degli esemplari che non sono così angusti come l'esemplare figurato e sono intermedi fra esso e il sicariforme.

### corviniforme Opp.

Tav. 25, f. 9-10.

Oppenheim M^te Pulli p. 392, tav. 25, f. 5-7.

*Testa pupoides, angusta, sublaevigata; ultimus anfractus varice munitus; primi anfractus obsolete costulati, ultimus anfractus basi obsolete spiraliter sulcatus.*

*L.* $66^{mm}$.

Si distingue dal sicariforme per essere più angusta, per i giri più levigati essendo le pieghe quasi del tutto cancellate e per la varice dell'ultimo giro che è più marcata. Si distingue dal digitiforme per gli stessi caratteri e per essere meno bislungo.

### bimixtum De Greg.

Tav. 25, f. 11-12.

*Testa subcylindracea, paulo pupoides; anfractus planiusculi, primi axialiter costulati, spiraliter sulcati; ultimi laevigati, ultimus autem antice spiraliter sulcatus; apertura potius angusta, postice prope suturam sinuata; canalis anticus satis brevis.*

*L.* $80^{mm}$.

Questa forma è molta importante perchè perfettamente intermedia tra il *corviniforme* Opp. e il *Fontis felsinae* Opp., talchè riesce ormai impossibile dividere le due specie in modo netto. In quest'ultima forma le costule assiali e i solchi spirali sono più marcati e non limitati ai primi giri ma estendentesi per tutta la conchiglia; la spira inoltre è un po' di meno pupoide.

### fontis felsinae Opp.

Tav. 25, f. 13-15 *a b*.

Oppenheim M^te Pulli p. 396, tav. 25, f. 8-10.

*Testa subturrita; vix pupoides; anfractus subplanati, axialiter costulati, spiraliter sulcati; costulae paulo arcuatae sulcis interruptae atque granulatae, plus minusve aliquando varicosae; in ultimo anfractu saepius costulae obsoletae; sulci in ultimo anfractu notati in parte antica regulares, in parte postica ejus alternantes, nam in singulo interstitio sulcus minor interpositus est.*

*L.* $65^{mm}$.

Questa forma è molto elegante e caratteristica e segna il limite massimo di differenzazione della specie. La forma dell'apertura e dell'ultimo giro è identica a quella del *bimixtum* De Greg. Questa e tutte le forme precedenti sono di tanto in tanto provviste di qualche varice che nelle forme allungate (*digitiforme* De Greg.) sono per compensazione di caratteri (vedi prefazione Studi Conch. Medit. Vic. e foss.) cancellate. Ordinariamente però in tutte le forme vi è una grossa varice nell'ultimo giro che è molto marcata nel *corviniforme*. Nella forma *fontis felsinae* talune costolette diventano variciformi e acquistano maggiore o minore importanza secondo i vari individui.

## Cerithium corvinum Brongt.

Var. osculum De Greg.

Tav. 25, f. 32 *a b* grand. nat. e ingrand.

Noto con questo nome una varietà da me estratta da un pezzo di lignite. È giovane esemplare della forma consueta. A guardarsi con la lente però mostra la superficie levigata ma segnata di lineole interrotte in serie; la superficie è bianca e levigata, però con la lente si scoprono cinque lineole spirali di colore più bianco della conchiglia stessa, le quali sono interrotte obliquamente formando dei fasci in serie oblique quasi regolari.

## Cerithium lemniscatum Brongt.

Riferisco alla suddetta specie un giovine esemplare, il cui svolgimento speciale è identico a quello della citata. I primissimi giri sono unicarinati. Nei seguenti compariscono vari cingoli, nell'ultimo ve ne ha 5, di cui il posteriore è bitorzoluto. I seguenti credo ne debbano avere pure 5 secondo asserisce Brongnart. Tale esemplare è rimarchevole, perchè quasi assolutamente identico all'*atropoides* Opp. partim (tav. 26, f. 5 tantum), però ha l'angolo spirale più largo.

## Cerithium variabile Desh.

Mut. lignitincola De Greg.

Tav. 25, f. 16-17 *a b* due esemplari di cui uno da due lati.

*Testa conica; anfractus complanati, postice juxta suturam tenue tuberculati; funiculi spirales obsoleti, laxi, tenues, submoniliformes; columella maxime brevis; canalis anticus subnullus sed emarginatus.*

*L.* $25^{mm}$.

Noto con questo nome una piccola specie di cerizio comune nelle ligniti, che però trovasi quasi sempre mal conservato, calcinato e decorticato. Esso somiglia alla varietà figurata da Deshayes (Coq. Paris tav. 61, f. 25). Però se ne distinguo poi funicoli molto più tenui e per la columella non contorta nè sporgente, ma troncata e attenuata

## Cerithium Bassani (Opp.) De Greg.

(= C. pullensis De Greg. manuscr.)

Tav. 25, f. 18 *a b*-19 *a b* declarator De Greg. due esemplari in grand. nat. e ingrand. — f. 24-25 doryphorum De Greg. — f. 26-29 luculentum De Greg. (quattro esemplari di cui uno ingrandito) — f. 30 luctans De Greg. grand. nat. e ingr. — f. 31 semispectrum De Greg. (grand. nat. e ingr.).

Raramente sono stato così confuso e imbarazzato a studiare e stabilire i limiti di una specie come per questa. Infatti io posseggo parecchie centinaia di esemplari di cerizi di M^te^ Pulli, i quali sono quasi tutti dissimili fra loro, ma pure uniti fra loro per molteplici e gradati passaggi per cui riesce impossibile tratteggiare i limiti. Quel che è più strano si è che taluni caratteri, che sembrano specialissimi e singolari, in altri si attenuano e scompariscono. Il *Cer. Bassani*

Opp. tipo non è che un ultimo limite della specie e non la rappresenta punto. Io prendo la specie " sensu lato „ e però e non per altro ho creduto necessario apporre il mio nome. Forse sarebbe stato preferibile adottare un altro nome per l'insieme della specie e adottare il nome di *Cer. pullensis* De Greg. Ma siccome io tal nome, sebbene adottato da molti anni, non lo aveva pubblicato, ho creduto meglio servirmi di quello di Oppenheim. Avrei potuto scegliere quello di *atropoides* Opp. ma tal nome comprende due forme di cui una della stessa specie, l'altra pure probabilmente, ma non sicuramente.

I caratteri della specie da me indicata sono i seguenti:

*Testa conica, interdum subcylindracea; primi anfractus subturriti, convexi; caeteri complanati, saepe antice convexiusculi, postice concaviusculi; funiculi spirales circiter 5, subgranulosi striis accretionis satis sinuosis interruptis; interstitia funiculorum lineares; suturae superficiales vel subcanaliculatae vel canaliculatae interdum profunde canaliculatae; canalis suturalis interdum antice protractus, nempe in parte postica anfractus saequentis, rarius fere in medio anfractus saequentis (Bassani Opp. tipus); basis ultimi anfractus saepe valde concava, interdum plana (praesertim in exemplaribus adultis), rarius vix convexa; columella brevis, satis contorta; ultimus anfractus in adultis apud aperturam divaricatus basi compressus; apertura quadrangularis, postice subcanaliculata.*

*L.* 45mm.

Passerò adesso in rivista le principali forme o sottospecie che ho nominato.

F.ma Bassani Opp. tipo ossia " sensu stricto „ Oppenheim tav. 24, f. 2. La sutura dei giri è spostata alla metà del giro seguente. Ciò non si vede bene nè dalla figura nè dalla descrizione datane dal lodato autore; il quale io credo non ebbe ad osservare tale importantissimo fenomeno e credeva che l'avvallamento ossia la interruzione dell'ornamentazione fosse dovuta ad uno strangolamento o canaliculo. Però avendo osservato io tale fenomeno nei miei esemplari ho a supporre con tutta probabilità che anche negli esemplari di lui la sutura dovea coincidere ove è lo strangolamento, cioè a metà dell'anfratto. Tale fenomeno coincide con la base dell'ultimo giro immensamente concava anzi io credo che l'un fenomeno sia coll'altro strettamente connesso.

F.a declarator De Greg.

Tav. 25, f. 18 *a b*-19 *a b*.

La sutura dei giri non coincide nel mezzo dei giri, ma nella parte posteriore, non però nel vero sito della sutura. La conchiglia è ornata di 4 cingoli granulosi; ora la sutura coincide tra il primo e il secondo cingolo in modo che i giri sono canalicolati posteriormente dove è la sutura; la detta sutura è internamente bordata da due piccoli funicoli di perline.

I primi giri della spira sono ornati di costolette assiali e posteriormente subangolati.

F.a ebriosum De Greg.

Tav. 25, f. 20-23.

Lo svolgimento dei primi giri è identico a quelli della forma precedente. Sono essi convessi, assialmente costulati, spiralmente funicolati e alquanto strangolati. Nei giri seguenti lo strangolamento si attenua e sparisce, nei seguenti la sutura riprende il sito regolare mentre la base dell'ultimo giro cessa di essere concava. La sutura resta poco accennata e poco canalicolata. I cingoli granuliferi sono circa cinque a giro. L'ultimo giro è alla apertura alquanto divaricato.

F.ª doryphorum De Greg.

Tav. 25, f. 24-25.

Ha la spira conico pupoidea, gli ultimi giri pianeggianti e serrati, appena convessi anteriormente, appena concavi posteriormente; i primi meno convessi e meno costulati che la precedente.

F.ª luculentum De Greg.

Tav. 25, f. 26-29 quattro esemplari di cui uno ingrandito.

Questa forma è un po' più cilindroide; le suture sono superficiali; i giri sono anteriormente poco convessi posteriormente poco concavi; i funicoli sono granulosi, ma lo sono maggiormente quelli posteriori, mentre quelli anteriori tendono alquanto a divenir liriformi. L'ultimo giro è presso l'apertura divaricato.

F.ª luctans De Greg.

Tav. 25, f. 30 grand. nat. e ingrand.

È di forma cilindraceo. Dei cingoli, il posteriore che è presso la sutura dell'ultimo giro, è un po' più sviluppato degli altri. Negli altri giri sono due i cingoli spirali che predominano sugli altri, cioè quello posteriore presso la sutura, e uno anteriore. Ciò dà un aspetto caratteristico ai giri che paiono un po' concavi nel mezzo. Il labbro esterno dell'apertura è alquanto divaricato, varicoso, e contorto.

F.ª atropoides Opp. Questa specie del sig. Oppenheim mi pare debba considerarsi come dipendente della stessa specie. Essa però comprende due tipi alquanto dissimili. Quello rappresentato dalla tav. 26, f. 5 (in Oppenheim) si ravvicina alla forma sopra descritta e io credo debba ritenersi come tipo della forma atropoides. Quello rappresentato dalla figura 6 si ravvicina alla nostra forma ebriosum.

F.ª semispectrum De Greg.

Tav. 25, f. 31 grand. nat. e ingrand.

Interessante caratteristica forma che io credo, possa considerarsi come specie a parte. Ha i giri piani, ornati di circa 5 cingoli granulosi spirali. Ciò che più la caratterizza è la forma speciale delle suture le quali sono ornate di un filare di bitorzoletti il quale decorre lungo la parte posteriore dei giri e da un filare più piccolo di minute crenellature, il quale decorre lungo la parte anteriore dei giri. Questi due cingoli sono eretti in modo che formano un unico cingolo, il quale dà un aspetto molto elegante alla conchiglia e fa parere che gli anfratti sieno scavati. Questa forma è molto vicina al *C. spectrum* Opp. da cui si distingue per la mancanza delle coste etc.

F.ª spectrum Opp. (Oppenheim tav. 24, f. 3-4). Anche questa si può credo considerare come specie a parte. Però a causa dell'analogia con la precedente e a causa della variabilità della specie primaria di cui ho detto di sopra ho creduto preferibile ascriverlo allo stesso gruppo.

**Melanatria propeauriculata De Greg.**

Tav. 26, f. 1 lo stesso esemplare in grand. nat. e ingrand. da due lati.

*Testa subconoides, laevigata, striis accretionis sinuosis ornata; ultimus anfractus postice angulatus, tenue nodosus, dorso autem laevigatus; apertura postice rimata; labrum columellae antice contorto, circinnatum; canalis anticus maxime brevis abrupto tuncatus.*

*L.* $24^{mm}$.

Piccola specie che dapprima avevo confuso con la *Mel. auriculata* Schloth., di cui ha il " facies ,,. Però ha una dimensione molto minore e a paragonare gli individui giovani della suddetta (Oppenheim tav. 27, f. 9) con la nostra sono affatto differenti; poichè nella auriculata l'apertura ha una forma assolutamente dissimile e non è anteriormente troncata. Si potrebbe forse considerare la nostra come una forma nana della auricolata.

Io ne ho trovato gran numero di esemplari nelle ligniti di M<sup>te</sup> Pulli Però il guscio è calcinato ed è rarissimo averne discreti esemplari.

## Melania Stygis Brongt.

Var. cylindroelongata De Greg.

Tav. 26, f. 3 grand. nat. e ingrand.

De Gregorio Fauna Eoc. Roncà.

Ho parlato di questa varietà nel citato lavoro e ho detto come si unifica con la lactea Lamck. Il tipo della stygis non è comune a M[te] Pulli, ordinariamente si presenta sotto molteplici varietà. La cylindroelongata non è rara.

## Var. phasianelloides De Greg.

Tav. 26, f. 4 grand. nat. e ingrand.

*Testa subovoidalis, subpupoides laevigata, sub lente tenue obsolete striata.*

*L.* $12^{mm}$.

Non ne possiedo che un esemplare, ha però dei caratteri abbastanza distinti.

## Voluta mitrata Desh.

Var. Demidofi De Greg.

De Gregorio Fauna M[te] Postale p. 24, tav. 4, f. 124-127.
Oppenheim M[te] Pulli tav. 28, f. 7-10.

La nostra forma differisce dal tipo di Parigi per i funicoli trasversi più numerosi e marcati e tendenti a divenir subgranulosi (e ciò per l'incontro delle strie assiali), per la mancanza del funicolo spirale che decorre alla periferia dei giri, per gli anfratti meno angolosi.

Ne possiedo molti esemplari di cui taluno di grande dimensione; l'ultimo giro è largo ben $30^{mm}$.

## Cassidaria pullensis De Greg.

Tav. 26, f. 5 un esemplare in grand. nat. e ingrandito da due lati.

Brongnart Vicent. tav. 3, f, 8.

*Testa parvula; ultimus anfractus costis 5 spiralibus ornatus; costa postica tuberculifera, cariniformis; costae antice decrescentes, liriformes; inter carinam et suturam funiculus interpositum est; apertura angusta; labrum externum valde varicosum.*

*L.* $18^{mm}$.

È una forma importante di cui spiacemi non possedere che un piccolo esemplare in parte rotto. Non è a trascurarsi, perchè rappresenta uno degli antichi stipiti della moderna echinophora che poi nel miocene inferiore e medio acquistò abbastanza sviluppo specialmente in Germania.

### Solarium traviatum De Greg.

Tav. 26, f. 6 grand. nat. e ingrand. da due lati.

*Testa discoidea, depressa, anguste, umbilicata; anfractus apud suturam anticam bilirati, apud suturam posticam unilirati; ultimus anfractus ad peripheriam carinatas; circum umbilicum rugis pliciformibus granulosis, circiter 4 sulcis decussatis ornatus; inter hanc regionem umbilicarem et peripheriam complanatus atque costa liriformi munitus.*

*Diam.* $9^{mm}$.

Di questa specie molto analoga al *Sol. plicatum* Lamk. non posseggo che un esemplare. L'ornamentazione dei giri cioè quella della faccia superiore consiste in due costolette liriformi quasi unite fra di loro, separate da un interstizio lineare e di un'altra costoletta che decorre lungo la sutura posteriore. Delle due costolette sopraddette quella che coincide con la periferia dell'ultimo anfratto forma la carena del suddetto. La faccia anteriore o basilare dell'ultimo giro o per meglio dire la base di esso è ornata nel modo seguente: la carena (di cui ho parlato), una costa liriforme a non molto distanza di essa; la regione ombilicare è granulosa per l'incontro di circa quattro solchi spirali e delle pieghe raggianti; la costoletta di cui ho detto di sopra, decorre nell'intervallo fra la carena e la detta regione ombellicare, il quale intervallo è alquanto depresso. L'ombellico non mi pare circondato da alcun cercine.

### Neritopsis Agassizi Bayan.

1870. Bayan Et. fait. Ecole Mines tav. 7, f. 10,

Possiedo un esemplare assolutamente identico a quello figurato e descritto da Bayan. Il detto autore cita la provenienza di Croce Grande (S. Ilarione).

### Neritopsis Pullensis De Greg.

Tav. 26, f. 7, un esemplare da tre lati.

*Testa ovata, elegans; spira plana vel concava; ultimus anfractus magnus, tribus magnis carinis tuberculosis ornatus, interstitia carinarum lata, duobus cingulis granulorum paulo obsoletis ornata; sutura ultimi anfractus costula erecta praedita.*

*L.* $20^{mm}$.

È un'elegante caratteristica specie.

### Delphinula scobina Brongt.

Ne possiedo un esemplare alterato, ma di sicura identificazione.

### Teredo Tournali Leym.

Var. subparisiensis De Greg.

Tav. 27, f. 19 un pezzo di roccia con un agglomeramento di teredo.

Ho parlato di questa specie nel mio lavoro su Roncà. Devo aggiungere che possiedo un grosso blocco di M[te] Pulli formato in gran parte da un'agglomerazione di codesta specie. La superficie dei tubi è ornata di funicoli trasversali o per meglio dire di funiculi ad anelli.

### Teredina personata Lamk.

Tav. 27, f. 17.

Deshayes Coq. Paris tav. 1, f. 23, 26, 28.
Idem Bassin Paris tav. 3, f. 10-21.

Riferisco a questa specie un esemplare dubbiissimo la cui determinazione è una semplice congettura.

### Clavagella Caillati Desh. ?

Tav. 27, f. 18.

Deshayes Bassin Paris tav. 1, f. 1-4.

Riferisco a questa specie con qualche esitazione un frammento di tubo che le somiglia molto. Basta paragonare la nostra figura alla figura 3 di Deshayes.

### Cardium anomale Math.

Var. polyptyctum Bayan.

Bayan Et. fait. Mines p. 71, tav. 6, f. 8.
Oppenheim M$^{te}$ Pulli p. 352, tav. 20, f. 7-8.

Ho parlato di questa forma nel mio lavoro su Roncà. Questa è una delle specie caratteristiche di M$^{te}$ Pulli. Bayan ne dette una mediocre figura. Gli esemplari figurati da Oppenheim non sono neppure i migliori. Io ne possiedo molto belli. Essi sono simili a quelli di Roncà i quali rappresentano il tipo della forma *polyptyctum*, però quelli di M$^{te}$ Pulli hanno l'umbone un pò più prominente e le coste più tenui; quindi non si possono ritenere come tipo, ma come una sottovarietà della stessa.

### Cardium pullense Opp.

Tav. 26, f. 8.

È un' importante specie caratteristica di M$^{te}$ Pulli. Il tipo di essa è rappresentato dalla figura 5 (tav. 20) di Oppenheim. La figura 6 della tavola 21 della stessa riproduce una varietà.

La var. *postdepressa* De Greg. ha una depressione nel lato posteriore che determina una specie di angolazione subcariniforme; inoltre il margine di detto lato è troncato e quadrangolare. Le coste sono piane e larghe separate da interstizi semplici. Però questi ultimi nella regione posteriore sono traversate da qualche ruga trasversa,

### Lucina gigantea Desh.

Var. subtruncata De Greg.

Tav. 26, f. 9 lo stesso esemplare da due lati.

De Gregorio M$^{te}$ Postale p. 36, tav. 7, f. 210-211.

Possiedo un esemplare di questa varietà proveniente da M$^{te}$ Pulli, il quale rassomiglia molto anzi è identico agli esemplari di M$^{te}$ Postale. Il rinvenimento di questa varietà caratteristica della fauna di M$^{te}$ Postale a M$^{te}$ Pulli è molto importante ed eloquente.

## Lucina supragigantea De Greg.?

De Gregorio M$^{te}$ Postale p. 35, tav. 8, f. 221-222.

Riferisco con molto dubbio un cattivo esemplare di M$^{te}$ Pulli a questa specie. Stante il cattivo stato di conservazione la sua identificazione è molto problematica.

## Lucina vicentina Opp.

Tav. 26, f. 10-12 tre esemplari di cui due da due lati.

Oppenheim M$^{te}$ Pulli p. 216, tav. 23, f. 7-8.

Possiedo molti esemplari di questa specie, taluni anche con doppia valva. Sono essi molto depressi: individui con un diametro di 40$^{mm}$ hanno uno spessore di 8$^{mm}$. Il sig. Oppenheim paragona questa specie alla *concentrica* Lamk. alla *emendata* Desh. a me pare più vicina e più analoga alla *subcircularis* Desh. (Deshayes Bassin Paris tav. 40, f. 23-24), della quale solo diversifica per la presenza della lunula, la quale manca nella specie di Deshayes. La lunula nella specie di Oppenheim esiste, però è spostata principalmente per la depressione delle valve e si appalesa a guisa di un piccolo solco. Essa si vede anche nella figura data dal lodato autore ed è a meravigliare come essa sia sfuggita alla di lui osservazione. Infatti egli dice a pag. 246 che la lunula è indistinta (undentlich).

Come ho detto ne possiedo anche un esemplare di Roncà esso si ravvicina alla *L. grata* Defr. (Deshayes Coq. Paris tav. 16, f. 5-6). Se ne distingue solo per la lunula che in quest'ultima manca.

## Anomia (Paraplacuna) gregaria Bayan.

Tav. 27, f. 13-14 due esemplari di cui uno fratturato.

1870 Bayan Et fait Mines p. 65, tav. 3, f. 1. — 1877 Hébert Munier Chalmas Rechercher p. 126. — 1878 Idem Nouv. Recherch. Vicent. 1488. — 1891 Oppenheim Brackwasser fauna Eoc. Ung. p. 804 (Paraplacuna). — 1892 Oppenheim Brackwasser und Binnen moll. kreid. un eoc. Ung. p. 736, tav. 31, f. 5-8.

Possiedo quattro esemplari di M$^{te}$ Pulli che però non sono in buono stato di conservazione. La conchiglia è madreperlacea, gialla, trasparente come l'ambra e molto fragile. L'umbone è prospiciente, conico non adunco. La valva superiore poco convessa, quella superiore piana. Io sono in dubbio riguardo al genere di questa interessante specie. Il sig. Oppenheim ha figurato anche la scultura di essa; io non ho potuto farlo essendo i miei esemplari alterati. Il prelodato autore le riferisce come sinonimo la dentata Hant.

I miei esemplari sono in cattivo stato; taluno di essi ha un'appendice laterale, in modo che richiama molto la *Avicula Stampinensis* Desh. (Deshayes Bassin Paris tav. 78, f. 1-3).

## Modiola (Brachydontes) corrugata (Brongt.) Opp.

Var. mitis De Greg.

Vav. 27, f. 15-16 due esemplari in grand. nat. e ingrand. da più lati.

Ho parlato di questa specie descrivendo la fauna di Roncà. Essa non è rara a M$^{te}$ Pulli. Nelle ligniti è comune; è la var. *mitis* De Greg. che vi si trova abbondante. Invece nel calcare si trova la var. *verornatus* De Greg. Essa raggiunge maggiori dimensioni ma in generale è più rara e spesso deformata dalla fossilizzazione.

**Mytilus Pullincola De Greg.**

Tav. 27, f. 1-6 sei esemplari che conservano l'antico colorito in grand. nat. e ingrand.

*Testa parvula, elegans, epidermata ovato depressa, concentrice striatula; latus anticus radiatim tenue sulcatum, latus posticum laevigatum, paulo dilatatum maculis tigrinis pictum in medio radiatim tenue striatum.*

*L. 14*$^{mm}$.

Piccola elegantissima specie che si trova nelle ligniti di M$^{te}$ Pulli abbastanza comune. Si mantiene di piccole dimensioni: ordinariamente supera appena 10$^{mm}$ in larghezza umbo-ventrale. Si trova in perfetto stato di conservazione. Ne possiedo esemplari così ben conservati che paiono viventi.

**Var. dactylinus De Greg.**

Tav. 27, f. 7-12 sei esemplari in grandezza naturale e ingranditi;
l'esemplare f. 11 conserva ancora l'antico colorito.

*Testa ovato-angustata parvula concentrice striata; radiatim striatula, maculataque.*

*L. 15*$^{mm}$.

Non sono sicuro se questa debbasi ritenere come varietà della specie precedente ovvero specie a parte. Ne differisce per la forma più angusta, lo che dipende dall'essere il lato posteriore non punto divaricato essendo il bordo cardinale non spostato ad ala. Pare che la superficie sia più levigata che la precedente mancando delle strie raggianti ovvero essendo queste cancellate. Ciò forse potrebbe attribuirsi a corrosione. La dimensione sembra un pochino maggiore.

**Psammechinus n. sp.**

Tav. 27, f. 20 un frammento in grand. nat. e ingrand. di faccia e in profilo.

Il framento che io possiedo presenta dei caratteri molto distinti ed è di grande varietà e anche di relativa importanza, perchè finora ch'io sappia non è stata segnalata mai da alcuno la presenza di echini a M$^{te}$ Pulli.

Ha desso un diametro di 18$^{mm}$. È ornato di 20 filari di tubercoli abbastanza prominenti. Negli interstizi dei quali sonvi altri 20 filari di tubercoli secondari. Quasi in ciascuno degli intervalli di questi ultimi vi è un filare di tubercoli ancora più piccoli e molto eleganti dei quali dovrebbero quindi trovarsene 40 filari. Però in taluni intervalli essi mancano.

Il nostro framento è probabilmente una nuova specie di Psammechinus, ma non posso nulla asserire essendo non solo dubbioso della specie ma anche del genere cui appartiene.

**Astrocoenia sp.**

(A. cfr. multigranosa Reus).

Tav. 27, f. 21 un frammento corroso.

Anche il rinvenimento di questa specie, sebbene indeterminabile, è di molta importanza, perchè nessun corallo è stato finora trovato a M$^{te}$ Pulli. Pare che essa appartenga al tipo delle *A. multigranosa* Reuss (Pal. Stud. vol. 3, p. 31, tav. 51, f. 4), la quale si rinviene a M$^{te}$ Grumi e in altre località del Vicentino.

### Nummulites Pullensis De Greg.

Tav. 27, f. 22 un esemplare in grand. nat. e ingrand.

È una piccola specie discoidale, depressa, degradante vicino il margine, la cui sezione trasversa è identica a quella della *N. Carpenteri* D'Arch. (1853 D'Archiac Monogr. Numm. p. 97, f. 1, f. 7), però più piccola ne è la dimensione. Il diametro dei miei esemplari non supera 10$^{mm}$. Ciò che caratterizza questa specie è l'ornamentazione o per meglio dire la struttura esterna consistente in un fine e irregolare denso rameggiamento di fili bianchi su fondo nero come nella *N. intermedia* D'Arch. (loc. cit. tav. 3, f. 4 *g*); ma cosparsi di piccole macchiette bianche. Ho cercato esaminare le sezioni e le logge; ma stante lo stato di fossilizzazione, non riesce possibile studiarle come si dovrebbe.

### Nummulites Meneghini D'Arch.

1853. D'Archiac Inde p. 120, tav. 5, f. 7.

Possiedo un piccolo esemplare, che somiglia immensamente tanto per la forma che per l'ornamentazione alla specie cui l'ho riferito. Però non avendone potuto osservare la sezione, tale determinazione è abbastanza dubbia. Gli esemplari comunicati da Meneghini a D'Archiac provenivano dall'isola di Tremiti.

---

## ELENCO DEI PRINCIPALI LAVORI CITATI NELLA PRESENTE MONOGRAFIA

Come si vede dal titolo, questo elenco non comprende punto tutti i lavori consultati, ma solamente quelli citati. Chi voglia leggere l'elenco di quelli, potrà riscontrare la mia monografia sulla fauna eocenica di Alabama, in fine della quale ho esposto un elenco della maggior parte dei libri riguardanti le faune del terziario inferiore, che si conservano nella mia privata libreria. Ad esso bisogna naturalmente aggiungere quelli pubblicati posteriormente al citato mio lavoro e che sono stati da me annunziati nel Bollettino bibliografico degli Annali di Geologia e di Paleontologia.

Bayan Bull. Soc. Geol. De France Tom. 77. 1869.
„ Tert. Vicent. Bull. Soc. geol. Franc. 1870.
„ Et. fait. école Mines 1873.
Bellardi e Sacco I Moll. tert. Piem. e Lig. 1871-1896.
„ Egypte 1854.
„ Nice 1852.
Bittner Colli berici 1882.
Brongnart Mén. terr. éd. sup. cal. trapp. Vicentino 1823.
Bronn It. tert. 1831.
Catullo Giorn. di Fisica 1820
„ Terr. sed. sup. Venez. 1857.
„ Corr. foss. 1857.
„ Terr. sed. sup. Venez. 1857.
Cosmann Cat. Illustr. coq. 1892.

Chemnitz Natur. fos. 1783.
D'Acchiardi Cor. foss. terr. numm. Alp. ven. 1866.
" secondo volume 1868.
" Studio compar. 1868.
" Cor. eoc. Friuli 1874-76
Dames Echin Vicent. 1877.
D'Archiac Inde 1859.
D'Archiac Bayonne et Dax 1847.
D'Argenville Hist. nat. éclair. Conch. 1742.
Defrance Dic. Sc. Nat. 1817.
De Gregorio Stud. Conch. Medit. viv. foss. 1888.
" Su taluni fossili di Bassano dell' orizzonte a Cerithium combustum 1890.
" Nota Conch. estramar 1892.
" Descr. cert. foss. extramar. eoc. vicent. 1892.
" Studio su tal. conch. medit. viv. e foss. 1885.
Desmarest Sopra il basalto di Auvergne.
De la Harpe Nummulit. 1881.
De Loriol Monogr. Echin. 1881.
Dixon Sussex 1 e 2 ed. Rupert Iones 1850.
Edwards Haime Rech. struct. class. pol. Ann. Sc. nat. 1848.
" Brit. Cor. 1850–54.
" Eoc. Moll. 1849-77.
" Hist. Nat. Cor. 1860.
Felix Krit. stud. kor. Fauna Vicent. 1885.
Ferber Lettere minerologiche sull'Italia.
Fortis Della Valle vulcanico-marina di Roncà 1778.
" Mém. Hist. Nat. Italic. t. 1. 1002.
Fuchs Vicent. 1870.
Fromentel Intr. Pol. foss. 1858-61.
Goldfuss Petr. Germ. 1826.
Gümbel Beitr. Foramin 1868.
Guettard Mém. sur les scienc et art. 1870.
Gualtieri Index test. 1742.
Grateloup Adour 1840.
Hacquet Nachricht Verstein. Schalth. Roncà in Veron 1780.
Hantken Jarb. Ung. géol. Aust. 1872.
" Südlicher Bakony 1875 (patula).
Hébert Note sur le terr. numm. Ital. sept. 1865.
" Sur le terrain. numm. de l'Ital. sept. (Bull. Soc. géol. Décember) 1865.
" e Munier Chalmas (Compt. rend. Académ. Scienc. Inst. de France) 1877.
Klein Petref. Gedanen 1770.
Knorr Samm. Werk. Nat. alt. Erdb. 1755-1773.
Lamarck Hist. an. sans vert. 1876.
Laube Echin. Vicent. 1868.
Leymerie Montagne Noire. 1845.
Lister Historia Conch. 1685-92.
Mayer C. Tabb. Synchr. terr. tert. inf. 1869.
" Journ. de Conch. Descr. coq. foss. terr. tert. inf. 1877-88.

Maraschini Saggio geologico 1824.
Martini Bande der Abhand der Berlin Gesel 1778.
" Conchylier 1769.
Munier Chalmas Etude du tithonique crétacé et tert. Vicentin. 1891.
Michelin Icon. Zooph.
Nyst Coq. Pal. Belg. 1843.
Agassiz Monogr. Echin. 1838-42.
Oppenheim Ueb. nummulit. Venet. tert. 1894.
" Die Eoc. fauna M[te] Pulli Valdagno 1894.
Rauff H. Uber die gegenseit· Altersverh. der mittl. Eoc. Mont Postale 1884.
" Uen. de gegenseit. Alt. mittl. eoc. M[te] Postale 1884.
" Gastrop. Arten. vicent. tert. 1885.
" Gastrop. Vicent. 1885.
Raspe Sul trattato dei vulcani.
Reuss Pal. Stud. 1868.
Rouault Pau 1848.
Suess Sulla strutt. sed. terz. Vicent. 1868.
Schauroth Verz. Verst. Coburg 1865.
Schweigger Beob. auf nat. 1819.
Sismondi Protoz. e celent. 1851.
Taramelli Echin. cret. e tert. Friuli 1868.
Tornouer Observ. sur la Commun. di M. Bayan 1870.
" Note foss. tert. Basse Alpes 1872.
Vinassa de Regny Synopsis dei moll. terz. Alp. Venete 1895.
" I. Moll. terr. Alp. Ven. 1893.
Zittel Die Obere Nummulit. in Ungarn 1862.
Wood Eoc. Riv. 1862-71.

# SPIEGAZIONE DELLE TAVOLE

## Tav. I.

Fig. 1 *a b c*. Lamna cuspidata Ag. (lo stesso esemplare di tre lati) p. 27.
Fig. 2. Serpula sp. p. 28.
Fig. 3-4. Bayanotheutis rugifer Schloenb. due frammenti visti di fianco e dalle due estremità p. 29.
Fig. 5-6. Belemnites venetus De Greg.? (due esemplari) p. 29.
Fig. 7. Lamna n. sp.? (lo stesso esemplare di due lati p. 27.
Fig. 8 *a b*. Glandina? Roncensis De Greg. p. 30.
Fig. 9. Rostellaria cfr. athleta D'Orb. var. veregigas De Greg. (un esemplare alquanto schiacciato per compressione) p. 31.
Fig. 10. Rostellaria? enigmatica Bayan p. 31.
Fig. 11. Strombus (Gallinula) canalis Lamk. p. 34.
Fig. 12 *a b*. Alaria Zigni De Greg. var. perclathrata De Greg. (un esemplare con dettaglio dell'ornamentazione) p. 32.
Fig. 13-15. Strombus Tornoueri Bayan tre esemplari p. 32.
Fig. 16-17. Helix (Dentellocarallus) damnata Brongt. due esemplari da due lati; f. 18 (var. roncaincola De Greg.) un esemplare da tre lati p. 30.

## Tav. 2.

Fig. 1 *a b*. Rostellaria Roncaincola De Greg. un esemplare visto da un lato e l'estremità dello stesso dall'altro lato p. 32.
Fig. 2-5. Strombus (Stromboconus) Suessi Bayan tipo. — f. 6-7, 6 *c d* var. corrugatum De Greg.; — f. 8-9 (sono probabilmente due diverse manifestazioni della stessa varietà corrugatum) p. 33.
Fig. 10. Strombus Fortisi Brongt. var. velaeformis De Greg. — f. 11-13 (juvenis) p. 33.

## Tav. 3.

Fig. 1 *a b* Strombus Fortisi Brongt. (var. biscarinatus De Greg.) — f. 2-3 (forma tipica) p. 33.
Fig. 4 Terebellum convolutum Lamk. (var. roncanum De Greg.) p. 35.
Fig. 5 tipo — f. 6 Terebellum fusiforme Lamk. propedistortum De Greg. p. 36.
Fig. 3-8. Bulla Fortisi Brongt. due esemplari da due lati con dettaglio della superficie anteriore p. 36.
Fig. 9. Cypræa Proserpinae Bayan p. 37.
Fig. 10. Cypræa (Epona) Moloni Bayan lo stesso esemplare da due lati p. 37.
Fig. 11 *a c*. Ovula Roncana De Greg. (an tuberculosa Duclos var. roncana De Greg.?). (= Cypræa tuberculata in Suess.?) lo stesso esemplare da tre lati p. 39.

## Tav. 4.

Fig. 1. Ancillaria dubia Desh. var. Roncaensis De Greg. lo stesso esemplare da due lati p. 39.

Fig. 2. Voluta propeambigua De Greg. grand. nat. e ingrand. p. 41.

Fig. 3 *a d*. Mitra propefusellina De Greg. lo stesso esemplare da due lati in grand. nat. e ingrand. p. 42.

Fig. 4-6. Conus Brongnarti d'Orb. tre esemplari; — f. 5 un esemplare di faccia, dalla spira, e dettaglio dell' ornamentazione spirale dei giri; — f. 6 esemplare giovane in grand. nat. e ingrand. p. 42.

Fig. 7. Conus infirmus De Greg. un esemplare in grand. nat. e ingrand. p. 43.

Fig. 8. Pleurotoma (Raphitoma) propecostaria De Greg. grand. nat. e ingrand. da due lati p. 44.

Fig. 9 Pleurotoma (Cryptoconus) lineolata Lamk. tipo; — f. 10 var. unisulcata De Greg. p. 44.

Fig. 10 *bis*-12. Fusus (Pullincola) quinquecostatus De Greg. tre esemplari in grand. nat. e in grand. it.—f. 13 *a b*. var. exiliusculus De Greg. grand. nat. e in grand. p. 45.

Fig. 14 *a c*. Fusus (Clavella) Noae Lamk. var. orangustatus De Greg. p. 45.

Fig. 15 *a b*. Fusus unicus De Greg. grand. nat. e ingrand. p. 46.

Fig. 16. Fusus cfr. maximus Desh.? (n. sp.) p. 47.

Fig. 17-18 *a b c*. Cassis mammillaris Grat. var. ingens De Greg. tre esemplari di cui uno da due lati p. 50.

## Tav. 5.

Fig. 1. Cassis mammillaris Grat.? Var. tuberculornata De Greg. p. 51.

Fig. 2. Cassis Thesei Brongt. p. 50.

Fig. 3. Cassis Vicentina Fuchs? p. 51.

Fig. 4-7. Hipponyx dilatatus Defr. cinque esemplari da due lati p. 52.

Fig. 8. Natica n. sp. p. 57.

Fig. 9-10. Natica ventroplana Bayan (an potius N. incompleta Zittel? due esemplari di cui uno da due lati p. 55.

Fig. 11. Natica Pasinii Bayan var. zagaropsis De Greg. un esemplare da due lati e ingrandito p. 56.

Fig. 12 *a b*. Natica propecochlearis De Greg. p. 54.

Fig. 13. Natica Brongnarti Desh. ver. cercinduta De Greg. un esemplare da tre lati p. 57.

Fig. 14. Natica angustata (Grat.) Bayan p. 54.

Fig. 15 *a b*. Natica perusta Defr. (Vulcani Brongt. tipo); — f. 16 *a b* var. striovulcanica; — f. 17 var. vapincana D'Orb. — f. 18 var. perlata De Greg. p. 55.

## Tav. 6.

Fig. 1-3. Velates Shmideliana Chemn. (f. 1 *a b* un grande esemplare da due lati; — f. 2 *a c* un altro esemplare da tre lati; — f. 3 un terzo esemplare di fianco) p. 54.

Fig. 4. Natica perusta Defr. un esemplare con tracce di colorito p. 55.

## Tav. 7.

Fig. 1 *a b*. Valates Shmideliana Chemn. un esemplare da due lati; — f. 2 un altro esemplare; — f. 3 *a b* un modello interno visto di sopra e di sotto; — f. 4 altro modello idem; — f. 5 un esemplare di fianco; — f. 6 *a c* un altro esemplare da Ire lati; — f. 7-8 (var. antemarginata De Greg.) due esemplari visti da tre lati p. 54.

## Tav. 8.

Fig. 1. Serpulorbis laxatus Desh. var. roncaensis De Greg. p. 60.

Fig. 2-3. Tenagodes longoliratus De Greg. due esemplari da due lati p. 60.

Fig. 4-5. Melania Stygis Brongt. (tipo). — f. 6 (esemplare giovane in grand. nat. e ingrand.); — f. 7 var. postunisulcata De Greg. — f. 8 var. cylindroelongata De Greg. p. 62.

Fig. 9-10. Melanatria auriculata Opp. p. 63.

Fig. 11-12. Cerithium corvinum Brongt. due esemplari; — f. 13-14 var. plicoundosum De Greg. due esemplari fratturati p. 64.

Fig. 15-20. Cerithium multisulcatum Brongt. sei esemplari p. 71.

Fig. 21. Cerithium focillatum De Greg. (forma quadriseriatum De Greg. un esemplare in grand. nat. e ingrandito da due lati e della base; — f. 22 var. A. — f. 23-24 for. quinqueseriatum De Greg. due esemplari da due lati in grand. nat. e ingrand. — f. 25 for. irregulostriatum De Greg. grand. nat. e ingrand. p. 73.

Fig. 26-27. Cerithium tricorum Bayan due esemplari di cui uno ingrand. p. 68.

Fig. 28. Cerithium roncanum (Brongt.) D'Orb. p. 66.

Fig. 29 Cerithium corrugatum Brongt. tipo; — f. 30 var. bisulcatum De Greg. p. 69.

Fig. 30 bis *a b* Cerithium variornatum De Greg. lo stesso esemplare in grand. nat. e ingrand. p. 70.

Fig. 31. Cerithium (Potamides) Vulcani Brongt. p. 72.

Fig. 32. Cerithium bitubeculornatum De Greg. grand. nat. e ingrand. p. 65.

Fig. 33-34. Cerithium (Potamides) pentagonatum Schloth. sp. due esemplari. — Tav. 10, f. 10 var. costospinosum De Greg. p. 68.

Fig. 33 bis. Cerithium medioconcavum De Greg.? grand. nat. con dettaglio dell'ornamentazione p. 74.

Fig. 35-36. Cerithium calcaratum Brongt. due esemplari p. 71.

## Tav. 9.

Fig. 1 Cerithium bicalcaratum Brongt. tipo. — f. 2 verebicalcaratum De Greg. grand. nat. e ingrand. — f. 3 antibiliratum De Greg. grand. nat. e ingrand. p. 70.

Fig. 4-5. Cerithium baccatum Defr. tipo due esemplari ingranditi — f. 6 var. postcingulatum grand. nat. e ingrand. f. 7 var. triliratum De Greg. — f. 8 var. antecingulatum De Greg. grand. nat. e ingrand.— f. 9 var. postcorrugatum De Greg. grand. nat. e ingrand. — f. 10 var. subcostulatum De Greg. grand. nat. e ingrand. p. 66.

Fig. 11. Cerithium fagineum De Greg. grand. nat. e ingrand. p. 64.

Fig. 12-13. Cer. Dal Lagonis Opp. due esemplari (per equivoco nel testo non furono citate le figure) p. 73.

Fig. 14 *a b*. Cerithium atropos Bayan (an. Cer. baccatum Brongt. var.?) un esemplare grand. nat. e ingrand. p. 68.

Fig. 15-16. Cerithium stridens De Greg. due esemplari di cui uno rotto p. 76.

Fig. 17-18. Melania elongata Brongt. due frammenti di cui uno ingrandito p. 63.

## Tav. 10.

Fig. 1-4. Cerithium Lachesis Bayan quattro esemplari; — f. 5-6 un frammento e la columella dello stesso mostrante le pieghe p. 75.

Fig. 6 bis-9. Cerithium vulcanicum Schloth quattro esemplari p. 69.

Fig. 10. Cer. pentagonatum var. costospiratum per equivoco la fig. 10 *b* fu designata dal litografo in senso inverso.

Fig. 10 bis. Cerithium (Brachytrema) eocaenum Opp. tipo p. 77.

Fig. 11. Cerithium ? (Brachytrema) eocaenum Opp. var. misumenum De Greg. p. 77.

## Tav. 11.

Fig. 1-2. Cerithium defrenatum De Greg. un frammento in grand. nat. — f. 3 un esemplare del Museo di Vicenza in dimensione ridotta, (l'originale è lungo $44^{cm}$ largo $21^{cm}$) p. 76.

## Tav. 12.

Fig. 1-5. Delphinula milda De Greg. cinque esemplari di cui due da più lati p. 78.
Fig. 6. Delphinula scobina Brongt. sp. (var. multisulcata Schaur.) p. 78.
Fig. 7. Delphinula conica Lamk. var. roncaensis De Greg. grand. nat. e ingrand. da due lati p. 78.
Fig. 8 *a b*. Xenophora dubia Schaur. un esemplare da due lati p. 80.
Fig. 9. Xenophora agglutinans Lamk. p. 79.
Fig. 10 *a b*. Trochus propelucasianus De Greg. un esemplare con dettaglio p. 81.
Fig. 11. Trochus Saemani Bayan. Var. antebicarinatus; — f. 11 *a b* var. antebicarinatus De Greg. grand. nat. con dettaglio p. 81.
Fig. 12. Trochus f.ª mitis De Greg. p. 81.
Fig. 13 *a b*. Turbo unicus De Greg. lo stesso esemplare da due lati p. 82.
Fig. 14 *a b*. Trochus tigrinus De Greg. un esemplare in grand. nat. e ingrand. p. 81.
Fig. 15. Trochus Bolognai Bayan p. 80.
Fig. 16. Trochus f. subnovatus Bayan p. 80.
Fig. 17 *a d*. Trochus perfectemedius De Greg. p. 80.
Fig. 18. Phasianella subturbiformis De Greg. un esemplare ingrandito di lato e in grandezza naturale p. 83.
Fig. 19 *a c*. Lacuna propemarginata De Greg. da due lati in grand. nat. e da un lato ingrand. p. 83.
Fig. 20-21. Pholadomya Roncaensis De Greg. due esemplari, di cui uno giovane, l'altro adulto, entrambi da due lati p. 85.
Fig. 22. Pholadomya oviformis De Greg. p. 85.
Fig. 23. Corbula gallicula Desh. p. 89.
Fig. 24. Corbula italicula Bayan p. 88.

## Tav. 13.

Fig. 1-3. Teredo Tournali Leym. var. subparisiensis De Greg. tre frammenti di cui quello rappresentato dalla fig. 3 presenta una biforcazione anomala p. 85.
Fig. 4-5. Psammobia? crassatellopsis De Greg. due esemplari p. 86.
Fig. 6-7. Tellina scalaroides Lamk. var. venetincola De Greg. due esempiari p. 87.
Fig. 8. Tellina pertenuestriata De Greg. p. 87.
Fig. 9-12. Tellina Postalensis De Greg. quattro esemplari p. 87.
Fig. 13-14. Cyrena pectunculiformis De Greg. lo stesso esemplare da due lati p. 101.
Fig. 15. Cyrena Veronensis Bayan p. 102.
Fig. 16. Cyrena n. sp. p. 102.
Fig. 17-19. Cyrena sirena (Brongt.) Opp. f. 18-19 var. rostrata De Greg. p. 101.
Fig. 20. Cyrena erebea Brongt. p. 100.
Fig. 21-23. Cytherea bellovacina Desh. var. Roncana De Greg. tre esemplari p. 99.
Fig. 24-26. Cytherea Maura Brongt. var.? lo stesso esemplare da tre lati.
Fig. 27-29. Cytherea semisulcata Lamk. lo stesso esemplare da tre lati. Per equivoco nel testo trovansi citate le figure 25-29 p. 99.
Fig. 31-33. Cytherea lunularia Desh. var. roncaensis De Greg. quattro esemplari p. 99.
Fig. 35. Cytherea sulcataria Desh. p. 99.

## Tav. 14.

Fig. 1-8. Chama Roncaensis De Greg. quattro esemplari di cui due da tre lati (valva inferiore); — f. 9-15 cinque esemplari di cui uno da due lati (valva superiore) p. 88.

Fig. 16 *a b*. Solecurtus Deshayesi Des Moul. var. perelegans De Greg. lo stesso esemplare in gra. nat. e ingr. p. 86.

## Tav. 15.

Fig. 1 Cytherea suberycinoides Desh. (tipo); — f. 2 *a b* 3 due esemplari di cui uno ingrandito (var. astartopsis) De Greg. p. 98.

Fig. 4 Cardita multicostata Lamk. tipo; — f. 5 var. flabelloides De Greg.— f. 6-7 var. veretrapezoides De Greg. p. 97.

Fig. 8-9. Crassatella subdonacialis De Greg. due esempiari p. 92.

Fig. 10. Crassatella plumbea Chemn. un esemplare da tre lati p. 92.

Fig. 10 bis. Crassatella cimbula De Greg. sp. dub. p. 93.

## Tav. 16.

Fig. 1-2. Crassatella valida De Greg. sp. dub. due esemplari di cui uno rotto p. 92.

Fig. 3 *a b*. Lucina Bovensis De Greg. var. Roncaensis De Greg. lo stesso esemplare da due lati p. 96.

Fig. 4. Lucina gigantea Desh. var. secunda De Greg.;— f. 5-7 var. Escheri Mayer;— f. 8 var. obliquopsis De Greg. f. 9-10 var. inradata p. 94.

## Tav. 17.

Fig. 1-4 Corbis major Bayan quattro esemplari di cui uno da tre lati; — f. 5 dettaglio della superficie di un altro esemplare; — Tav. 20, f. 4 *a b* var. depressa De Greg. p. 93.

## Tav. 18.

Fig. 1 *a b*. Cardium roncanum De Greg. un esemplare da due lati p. 89.

Fig. 2-3-4. Cardium gigas Defr. var. cordorotundum De Greg. p. 89.

Fig. 5-6. Cardium anomale Math. var. polyptyctum Bayan p. 91.

Fig. 7 *a c*. Cardium modiolopsis De Greg. un esemplare in grand. nat. e ingrandito p. 90.

Fig. 9-13. Cypricardia cyclopea Brongt. un esemplare da tre lati; — due valve e un framento della cerniera di cui una delle due in grandezza naturale e ingrandito. — f. 13 altro piccolo esemplare p. 98.

## Tav. 19.

Fig. 1-6. Pectunculus auriculatus Bronn. — f. 1 *a b* un esemplare con il dettaglio della superficie; — fig. 2 l'altra valva dello stesso; — f. 3 piccolo esemplare da due lati; — f. 4 *a b* altro esemplare con dettaglio della superficie; — f. 5 altro esemplare in grand. nat. e ingrand.; — f. 6 altro esemplare di profilo p. 104.

Fig. 7-8. Pectunculus n. sp. due esemplari p. 105.

Fig. 9 *a b*. Nucula lapidosa De Greg. un esemplare in grand. nat. e ingrand. p. 102.

Fig. 10-14. Arca Balestrai De Greg. quattro esemplari e un frammento; due dei detti esemplari anche ingranditi figure 116-146) p. 103.

Fig, 15-16. Arca rudis Desh. var. roncana De Greg. un frammento e un oseplare alquanto incrostato p. 104.

## Tav. 20.

Fig. 1-2 *a b*. Arca propeheterondata De Greg. un esemplare e un frammento con dettaglio delle coste p. 103.
Fig. 3 *a d*. Arca tubulosa De Greg. sp. dub. un esemplare dei tre lati con dettaglio delle coste p. 103.
Fig. 4 bis. Corbis major Bayan var. depressa p. 93.
Fig. 4-6. Modiola (Brachydontes) corrugata (Brongt.) Opp. var. normalis De Greg. tre esemplari grand. nat. e ingrandito; — f. 7-9 tre esemplari di cui uno in grand. nat. e anche ingrandito p. 105.

## Tav. 21.

Fig. 1-6. Mytilus acutangulus Desh. sei esemplari di cui uno da due lati p. 106.
Fig. 7-8. Spondylus rarispina Desh. due esemplari p. 107.
Fig. 9. Lima postalensis De Greg. esemplare di Roncà; — f. 10 esemplare del Postale p. 107.
Fig. 11 *a b* - 14. Roncania? prima De Greg.; un esemplare in grand. nat. e ingrandito da tre lati p. 107.
Fig. 15-16. Pecten defatigatus De Greg. due esemplari di cui uno con dettaglio delle coste p. 108.
Fig. 17. Pecten n. sp. p. 108.
Fig. 18 *a b*. Ostrea fraenigera De Greg. p. 110.
Fig. 19. Ostrea Roncaensis De Greg. p. 109.

## Tav. 22.

Fig. 1-3. Ostrea Roncaensis De Greg. valva inferiore da tre lati; — f. 4 valva superiore di profilo p. 109.

## Tav. 23.

Fig. 1 *a b*. Ostrea Roncaensis De Greg. una valva inferiore da due lati; — f. 2 la valva superiore figurata nella tavola 21 vista da fuori; — f. 3 *a b* varietà ovvero forma affine della stessa specie p. 109.
Fig. 4. Ostrea Defrancei Desh. p. 110.

## Tav. 24.

Fig. 1-4. Porocidaris Schmidelii (Münst.) cinque frammenti di aculei p. 111.
Fig. 5-6. Trochosmilia validiuscula De Greg. due esemplari di fianco e di sopra, uno anche in sezione p. 114.
Fig. 7. Porites Pellegrinii D'Arch. p. 117.
Fig. 8. Trochosmilia sp. p. 114.
Fig. 9 *a b*. Plocophillia caliculata (Cat.) Reuss. var. Roncaensis De Greg. un esemplare da due lati p. 118.
Fig. 10-11. Nummulites complanata Lamk. due esemplari di cui uno anche in profilo p. 120.
Fig. 12-13. Nummulites gizehensis Ehrenb. due esemplari da due lati; — f. 14-15 due esemplari da due lati (var. Harpei De Greg. p. 120.
Fig. 16. Nummulites perforata (Montf.) D'Arch. un esemplare da due lati p. 120.
Fig. 17. Nummulites Brongnarti D'Arch. blocco zeppo di questa specie; — f. 18 sezione; — f. 19-20 D'Arch. due esemplari di faccia e in profilo; — f. 31 giovane esemplare in grandezza naturale e ingrandito. — figura 22 dettaglio della superficie di un altro esemplare p. 119.

## Tav. 25.

Fig. 1-6. Cerithium corvinum (Brongt.) De Greg. (sicariforme De Greg.) — f. 7-8 (digitiforme De Greg.) — f. 9-10 corviniforme Opp. — f. 11-12 bimixtum De Greg. — f. 13-15 *a b* fontis felsinae Opp. p. 135.

Fig. 16 17 *a b*. Cerithium variabile Desh. Mut. lignitincola De Greg. due esemplari di cui uno da due lati p. 137.

Fig. 18-19 *a b*. Cerithium Bassani (Opp.) De Greg. ( = C. pullensis De Greg. manuscr. ) declarator De Greg. due esemplari in grand. nat. e ingrand.; — f. 20-23 ebriosum De Greg. — f. 24-25 doryphorum De Greg. — f. 26-29 luculentum De Greg. (quattro esemplari di cui uno ingrandito); — f. 30 luctans De Gregorio grand. nat. e ingrand. — f. 31 semispectrum De Greg. (grand. nat. e ingrand.) p. 137.

Fig. 32 *a b*. Cerithium corvinum Brongt. var. osculum De Greg. grand. nat. e ingrand. p. 137.

## Tav. 26.

Fig. 1. Melanatria propeauriculata De Greg. lo stesso esemplare in grand. nat. e ingrand. da due lati p. 139.

Fig. 3. Melania Stygis Brongt. var. cylindroelongata De Greg. grand. nat. e ingrand. p. 140.

Fig. 4. Var. phasianelloides De Greg. grand. nat. e ingrand. p. 140.

Fig. 5. Cassidaria pullensis De Greg. un esemplare in grand. nat. e ingrandito da due lati p. 140.

Fig. 6. Solarium traviatum De Greg. grand. nat. e ingrand. da due lati p. 140.

Fig. 7. Neritopsis Pullensis De Greg. un esemplare da tre lati p. 141.

Fig. 8. Cardium pullense Opp. p. 142.

Fig. 9. Lucina gigantea Desh. var. subtruncata De Greg. lo stesso esemplare da due lati p. 142.

Fig. 10-12. Lucina vicentina Opp. tre esemplari di cui due da due lati p. 143.

## Tav. 27.

Fig. 1-6. Mytilus Pullincola De Greg. sei esemplari che conservano l' antico colorito in grandezza naturale e ingrandito p. 144.

Fig. 7-12. Var. dactylinus De Greg. sei esemplari in grandezza naturale e ingranditi; l'esemplare f. 11 conserva ancora l'antico colorito p. 144.

Fig. 13-14. Anomia (Paraplacuna) gregaria Bayan due esemplari di cui uno fratturato p. 143.

Fig. 15-16. Modiola (Brachydontes) corrugata (Brongt.) Opp. var. mitis De Greg. due esemplari in grand nat. e ingrand. da più lati. p. 143.

Fig. 17. Teredina personata Lamk. p. 142.

Fig. 18. Clavagella Caillati Desh. ? p. 142.

Fig. 19. Teredo Tournali Leym. Var. subparisiensis De Greg. un pezzo di roccia con un agglomeramento di teredo p. 141.

Fig. 20. Psammechinus n. sp. un frammento in grand. nat. e ingrand. di faccia e in profilo p. 144.

Fig. 21. Astrocoenia sp. (A. cfr. multigranosa Reus) un frammento corroso p. 144.

Fig. 22. Nummulites Pullensis De Greg. un esemplare in grand. nat. e ingrand. p. 145.

# INDICE ALFABETICO

## di tutte le specie e di tutte le forme descritte e citate nel presente lavoro*



* Il punto ammirativo segue il numero della pagina ove la specie è descritta.

# INDICE GENERALE



| ERRATA | CORRIGE |
| --- | --- |
| Pag. 102. Desh. postica | Desh. partim |

Pag. 47. Fusus columbellaeformis (tav. 4) per equivoco non figurato.

» 52. Omesse le citazioni delle figure dell'Hipponyx dilatatus.

ANNALES DE GÉOLOGIE ET DE PALÉONTOLOGIE
PUBBLIEÉS À PALERME SOUS LA DIRECTION
DU MARQUIS ANTOINE DE GREGORIO
Palerme Novembre 1896.

# 5.me BULLETIN BIBLIOGRAPHIQUE

DES OUVRAGES REÇUS PAR LA DIRECTION DES ANNALES DE GÉOLOGIE ET DE PALÉONTOLOGIE
DU 30 JANVIER 1895 JUSQU'AU 30 NOV. 1896

American Philosophical Society. Vol. XXXIII, N. 145 Philadelphia 1894.
» Idem vol. XXXIV, N. 149. 1895.
„ Museum of Natural History (Annual report of the president) 1894.
» Museum of Nat. Hist. Annual Report. 1895.
„ Museum of Natural Hist. vol. VII. 1895.
„ Philosoph. Soc. Proceed. 1896.
Anderson Balt. eruptive alder, 1896 (Upsala Universit.).
Associazione scientifica ligure di Porto Maurizio, anno primo 1895.
Atti del R. Istituto Veneto di Scienze, Lettere ed Arti. Disp. III, 1894-95.
Atti della Società Toscana di Scienze Naturali (Processi verbali v. IX).
Baldwin On Preform. and epigenis 1896.
Baltzer A. Versteinerungen aus dem tunischen Atlas, Rivista, 1895.
Balestra A. Un'escursione Geologica da Bassano a Lavacile. Bollettino Club Alpino Bassanese 1895, vol. 2.
Barus C. High temperature work in Igneous Fusion and ebullition. Chiefly in relation to pressure by (n. 103 Geol. Survey) 1893.
Bassani Prof. F. Avanzi di Carcharodon Auriculatus calc. eoc. di Valle Gallina 1895.
Bayley Schirley The eruptive rocks on Pigeon Point, Minnesota, n. 109 Geol. Survey U. St. 1893.
Bather F. A. Echinoderma (Reprinted, by permission of the Zoolog. Society, 1894) London 1895.
» On uintacrinus a Morphological Study. (Proc. Zool. Soc. London, vol. 1895.
» Record Ind. Liter. Echinoderma (zool. record) 1896.
Bergens Museum of. Nat. History.
Bonami A. Quarta Contribuzione alla Avifauna Tridentina. (Museo Civico di Rovereto) 1895.
Böse E. Heinrich Finkelstein Die mitteljurass. Brach. Castel Tesino Südtirol. (Deutsch. geolog. Geselsch. Iatug.) 1892.
Bollettino della Società Malacologica italiana v. XIX, 1895.
Bulletin de la France. Société Géologique. t. XXII.
Breckinridge Boyle Catalogue and bibliography of North american mesozoz. invertebrata E. n. 102 Geological Survey 1893.
Brogi S. Rivista Itatiana di Scienze Naturali, 1895.
Brusina S. La collection néogène de Hongrie, de Croatie, etc. (Societas historico-Naturalis Croatica) 1896.
California Proc. Acad. Sciences v. 5, 1896.
» Memoires of the Academy of Sciences v. 2, p. 5.
Campbell Big. Stone Gap. Coal. (Geol. Surv.) 1893.
Canavari M. Idrozoi Titoniani (Memorie del Regio Comitato Geologico d'Italia) 1893.
» Memorie di Paleontologia pubblicate nel museo geologico della R. Università di Pisa.
Cannet A Geographic Dictionary of New Iersey (n. 118 Geological Survey) 1894.
» A Geographic Dictionary of Massachuset H. N. 116 Geolog. Survey 1894.
» Result. of primary triangulation by n. 122 geological Survey 1894.
Caruso Ant. Fantasticando (fasc. LXII, Febbraio 1896, del Pensiero Italiano).
Campbell Geology of the Big. Stone Gap. Coal. Field of Virginia and Kentucky M. R. (n. 111 geological Survey) 1893.
Campman F. M. Bulletin of the American Museum of Natural History, vol. XI, 1894.
Cobelli La florula di Serrada (Museo Rovereto) 1896.
Comitato Geologico d'Italia. Bullettino dell'anno 1895, n. 1, vol. XXVI, della raccolta, vol. VI della 3 serie 1895.
Cook Roussel Geol. reconn. central Washington (Geol. Surv.) 1893.
Cope E. D. The Reptilian Order Cotylosauria (American philosophical Society) 1895.
» The Antiquity of Man. in North America (The American Naturalist) 1895.
» Seeley on the Fossil Reptiles: II Pareiasaurus; VI The Anomadontia and thier

Allies; VII Further Observations on Pariasaurus 1889.

Cope E. D. Reply to Baur's critique on Paroccipit-bone 1895.

" Fourth Contribution to the Marina Fauna of the Miocene Period of the United States (American Philosophical Society 1895.

" Contr. Histor. Cotylosauria (Amer. Geol. Soc.) 1896.

Cossmann M. Catalogue illustré des coquilles fossiles de l'éocène des environs de Paris (Société Malac. Belg.) 1896.

" Sur quelques formes nouvelles ou peu connues des faluns du Bordelais (Associations française pour l' avancement des sciences-Congré de Caen) 1894.

" Essais de Paléoconchologie comparée 1895.

" Extrait de l'Annuaire Géologique Universel (Comptoir Géologique de Paris) 1894-1895.

" Mollusques Éocéniques de la Loire inférieure, Fasc. I (Bulletin de la Société des Sciences Naturelles de l'ouest de la France.

" Revue Bibliographique pour l'année 1895.

Clarke Fr. Const. silicates (Bull. geol. Surv. Un. St.) 1895.

Club Alpino Bassanese (bollettino annuale) v. II, 1895.

Dall W. H. Diagnoses of new tertiary fossils from the southern United States (Smithsonian institution).

Dautzenberg Ph. Récolte malacologique de M. Ch. Alluaud aux environs de Diego-Suarez, en 1893.

" Campagne de la Melita, 1892. Mollusque Recueilles sur les côtes de la Tunisie et de l'Algérie (Mémoires de la Soc. Zool. France) 1895.

" Liste de Mollusques Marins iles Glorieuses (Bull. Soc. Scienc. nat. de l'ouest de la France) 1895.

" Descr. espèce Chama provenant des côtes océaniques de France (idem) 1892.

" Du nouv. spéc. corbula Merxem. (Soc. Mol. Belg.) 1890.

Dautzenberg et Fischer Dragages Hirondelle et Princesse Alice 1896.

De Alessandri G. Ricerche pesci fossili di Paranà (Carlo Clausen) 1896.

De Gasparis D. Su di una epatica del Trias (adunanza del 2 marzo 1895).

Delgado I. F. Reconhecimento seientifico dos Iazigos de Marmore e de Alabastro etc. (Communicações da commissão dos trabalhos geologicos Tom. II, fasc. I).

" Sur l'existence de la faune primordiale dans le Alta Alemtejo (idem), 1895.

" Note Exist. anc. gloriers Maudége 1845.

" Contributions a l'étude des terrains anciens du Portugal 1892.

De Nolhac Pierre. Paysage de France et d'Italie 1894.

Del Prato A. Asteroidei terziari del Parmense e del Reggiano (Rivista Ital. di Paleont. 1896).

" Delfinoide fossile del Parmense (idem) 1896.

Deyrolle Le Naturaliste 1895-96.

Di Stefano Dott. G. Lo scisto marnoso con. " Myophoria Vestita „ 1895.

Dollfus G. Bryozoaires (Annuaire Géologique Universel) 1893-94-95.

" Animaux inférieurs (Annuaire Géologique Universel) 1894-95.

" Crustacés inférieurs (idem) 1894-95.

" Quelques mots sur le Tertiaire Sup. de l'Est de l'Angleterre 1895.

Doria G. e Beccari O. Viaggio ad Assab nel Mar Rosso 1880.

Eisen Pacific coast digochaeta (Mem. California etc. I. Sciences) 1896.

Elenco donatori e doni Museo de Rovereto, 1895.

Emerson B. A mines lexicon (Bul. geol. surv. U. St.) 1895.

Fallot M. E. Notice relative a une carte géologique des environs de Bordeaux, 1895.

" Carte Geol. Bordeaux 1896.

Furman Kemp and Treeman Marsters The Trap Dikes of the lake Champlain Region (N. 107, Géological Surrery) 1893.

Foresti Dott. L. Enumerazione dei Brachiopodi e dei Molluschi Plioc. dintorni di Bologna.

" Enumerazione Brachiop. e moll. Plioc. di Bologna.

Fornasini Bibl. Geol. Bolognese 1896.

Fox J. William Proceedings of the California (Accademy of Sciences vol. IV) 1894.

France Bull. de la soc. geol. 1895.

" Vol. 1896.

Gaudrey A. Essai de paléontologie philosph. (ouvrage faisant suite aux enchainements du monde animal) 1896.

Gannet A Geographic Dictionary of Rhode Island (n. 115 Geol. Survey) 1894.

" A Geographic Dictionary of Connecticut by n. 117-118 Geol. Survey 1894.

" Dict. geogr. posit. (Bull. Geol. Surv.) 1895.

Gemmellaro G. G. Sopra due nuovi generi di Brachiopodi provenienti dai calcari con fusulina della provincia di Palermo, 1896.

Geological Literature added to the Geological Society's library. London December 31, 1895.

Giacosa Prof. Pietro. Studi sull' azione farmacologica della Malachina (Giorn. R. Accad. Med. Torino), 1894.

Giuffrè L' influenza della dottrina della evoluzione nella patologia 1896.

Halbherr B. Elenco sistematico dei Coleotteri finora raccolti nella Valle Lagarina (Museo civico di Rovereto) 1896.

Halbherr B. Elenco sistem. Coleotteri Valle Lagarina (idem) 1894.

Haus Dr P. Sur la structure de la coquille des Discina (Bull. Soc. Belge de Géologie) 1889.

" Sur un important exemplaire du Cervus Euryceros Hiberniae (Owen) Bulletin de la Société Belge de Géologie).

" Le primier Crâne complet du Rhinocéros (Caenopus) occidentalis Leidy (Bull. Soc. Belge de Géologie) 1893.

Harwey Weed. The glaciation of the yellow stone valley North of the parck (Geological Survey) 1893.

" The Laramie and the overlying livingston formation in montana with report on flora by Knowltan (idem.) 1893.

Hodgkin T. La battaglia degli Appennini fra Totila e Narsete. Modena 1884.

" Th. The Dinasty of Theodosius Oxfora at the Clarendon press. 1889.

Homans Eldrige A geological Reconnaissance in North-west Wyoming Geolog. Surv. 1894.

Issel A. Cenno di un parossismo eruttivo sorgenti bituminifere di Zante. (Ann. Ufficio centr. Meter. e Geod. vol. XV, parte 1) 1894.

" I bradisismi d'Italia secondo i più recenti studi (Secondo congresso geografico italiano) 1895

Karpinsky A., Nikitin S., Tschernyschew Th., Sokolov N., Mikhalsky A. etc. Carte géologique de la Russie D'Europe 1893.

Koen A. Auswahl Punkte Göttigen 1895.

Kook Russel A Geological Reconnaissance in Central Washington (n. 108 geol. surv.) 1893.

La Feuille des jeunes naturalistes. Revue mensuelle di histoire naturelle, 1er Février, III Série, 26e année n. 304, 1 Avril 1896.

Lenotti V. Osservazioni idrotermiche dell' Adige, fatte dalla Accademia di Verona dell'anno 1894.

Le naturaliste. Revue Illustrée des Sciences naturelles. Paris.

Lindström G. Beschreibung einiger obersilurischer Korallen aus der insel gotland 1896.

" Om Gotlands Nutida Mollusker Wisby 1868.

" On the " Corallia baltica " of Linnaeus 1895.

" On Remains of a Cyathospis from the Silurian Strata of Gotland, 1895.

" The Ascoceratidae and The Lituitidae of The Upper Silurian Formation of Gotland. 1890.

" Index to The Generic Names Corals of Pal. Form. (Royal Swedish Acad. Sciences) 1883.

Lioy P. Due ditteri 1895.

" Intorno ad una particolare stridulazione delle notti estive. Venezia 1896.

" Le misteriose barchette della Fontega (Fimon) Venezia 1895.

Lioy P. Ditteri Italiani, 1896.

Locard A. La pseudoconchyliologie (Essai monogr. Crustacés, Insectes ou vers confondus avec les Mollusques) 1896.

Mac Gee The Potable waters East. Un. St. 1894.

Mattina Dr C. Orbita definitiva della cometa 1890.

Memorie dell'accad. d'agric. Verona, vol. LXX della serie III, 1894.

Monterosato Note intorno alle Najadi Siciliane 1896.

Mortillaro Mar. V. Leggende Storiche Siciliane dal XIII al XIX secolo, 1887.

Munthe Foraminifer (Upsala Universit.) 1896.

Museo Civico di Rovereto. Alcune lettere inedite dirette a Giov. Antonio Scopoli Rovereto (V. Sottochiesa) 1895.

Newell Report prog. divis. Hydroprophus (G. Surv.Un. St.) 1895.

Newton B. On fossils fram Madagascar (from the Quartee by Journal of the Geological Society).

" New British Eocene Gastropoda (Proceedings of the Malacological Society). 1895.

Nicolis E. Idrologia del Veneto occidentale 1896.

" Depositi Quaternari nel Veronese 1895.

Parona C. F. Nuove osservazioni fauna posidonomya alpina sette comuni, 1895.

Peale A. Pal. section Forks, Montana weth petrographie Notes by Porkins Merril (Geol. Surv.) 1893.

Perrine C. D. Earthquakes in California in 1893 (N. 114 Geological Surv.) 1894.

" Earthquakes in California in 1892. (N.112 Geolog. Surv.) 1893.

" Earthquakes in California (B. g. s. U. St.) 1895.

Pohlig H. Die ersten Fuado monstroser Bienenhirschgeweihe.

Powell I. W. Fifteen Ann. Rep. U. St. Geol. Surv. p. 755 (1875).

" Fourteenth annual report of the Director of the Un. St. geolog. Surv. part. II.

" Fourteenth annual report (Un. St. Geolog. Surv.) part. I, 1892-93.

Pumpelly R., Wolff I. E., Nelson Dale. Geology of the Green Mountaines in Massachussetts 1894.

Prosser C. S. Devonian System of Eastern Pennsylvania and New Jork (Geol. Surv.) 1894.

Procès verbaux des séances de la Société Royale Malacologique de Belgique 1895.

Proceedings of the American Philosophical Society Philadelphia 1895.

Idem Idem Vol. XXXII, n. 143 (1894).

Idem Idem Vol. XXXIII, N. 146 Dicembre 1894.

Idem Idem Vol. XXXIV, n. 148 (1895.

Proceedings California Acad. Sciences by Eisen G. Vol.V. Part. I, 1895.

Idem Idem Vol. IV. Part. 2. Second Serie, 1895.

Quarterly Journal Geolog. Society Vol.LII, Part. I, N. 205, 1896.
Idem Idem Vol LI, Part. 4, N. 204 (1896).
Idem Idem Vol. I. part 3, N. 203 (1895-96.
Idem Idem Vol. I, N. 200, part 4 (1895).
Idem Idem Vol. I, part. I, (1894).
Idem Idem 1894-95.
Idem Idem Vol. 52, N. 208 (1896).
Rajna M. L'undecima conferenza generale dell' assoc. geod. intern. a Berlino (Rivista Topografia Vol. VIII) 1895.
» Sull'escursione diurna della declinazione magnetica a Milano (Rendiconti R. Istit. Lombardo Serie II, vol. XXVIII) 1895.
» Nota sull'apparato esaminatore di Livelle. 1895.
Ricci Paternò Castello M. A Villombrosa (Set.1894) 1895.
Ricci A. Memorie Storiche di Carmignano, 1895.
Riccò A. Riassunto meter. (Accademia dei Lincei) 1896.
» The Astrophysical Journal, 1895.
Ribolla-Nicodemi L. L'odantologia (rivista bimestrale).
Rolliny Keyes C. A Bibl. North Amer. Paleont. 1882 1892, N. 121 Geolog. Surv. 1894.
Rovereto Civico Museo. Elenco alfabetico donatori, 1894.
Sacco Dr Fed. Appunti Paleontologici V. (Trionix di Monteviale) Accad. Reale delle Scienze di Torino 1894-1895.
» Schema orog. dell'Europa (Cosmos Guido Cora, Serie II, vol. XII, (1894-95).
» Essai sur l'orogénie de la terre, 1895.
» Les rapports Géo-Tectoniques Alpes et Apennis. (Bull. soc. Belge de Géologie de Paléont. et D'Hydrologie) 1895.
Salamone-Marino S. La vita dei contadini Siciliani del tempo andato descritta da essi 1894.
» Tradizione Aleramici presso il popolo di Sicilia, 1894.
» Le orazioni del presepe in Sicilia (uso popolare).
Scudder S. H. Revision Americ. foss. Coockrooch. (Bull. geol. Surv.) 1895.
» Quenst. Fauna Rhode (Geol. Surv.) 1894.
» Insect fauna of the Rhode Island. (Geologie Surv. Bull. of the United States N. 101) 1893.
Schur W. Ergebnisse Pendelmessungen.
Skuphos Dr T. Die stratigraph. Stellung und Bayer. Alpen 1892.
Shirley Bayley. Eruptive sedim. cokes (Geol. Surv.) 1892.
Sicula. Rivista del Club Alpino Sic. 1896.
Societé Géologique de France. Troisième Série, T. 24, N. 1-2 (1896).
Idem Troisième Série. T. 24, N. 4 (1896).
Idem Troisième Série. T. 23, N. 1-7 (1895).
Idem 3 Sér. T. 22, N. 10, (1894).
Idem Conte-rendu des séances Année 1895. 3e Serie, T. XXIII, N. 18.
Société Royale Malacologique de Belgique. Procès-Verbal du 14 Décembre 1895-96.

South Australia. Transaction of Royal Society, V. 20, part 1 (1896).
Stanton Contr. Cret. Paleont. (Geol. Surv.) 1895.
» The Colorado Formation (idem) 1893.
» Contr. poleont. Knoxville 1895.
Starrabba R. Mons.re Isid. Carini. Commemorazione, 1895.
Stevenson J. J. The Cerrillos Coals Field (Academy of sciences) 1896.
» Notes on the geology of indian territory. 1895.
Sauvaigo Em. Le Phoenix Melanocarpa, 1896.
Stewart Gane H. Contrib. Neocene Corals of the Unit. States (Iohus Hopkity Univers. N. 121 1895.
Sweden. List of the Fossil Faunas (Palaeontological Department of the Swedish State Museum N. H.) 1388.
Tansini I. Iscuria permanente da ipertrofia prostatica, cauterizzazione termo-galvanica della prostata. Guarigione, 1888.
» Sopra un caso di rara ubicazione di un fibroma uterino (Osservazione clinica).
Tate. Trans. R. Soc. Conth. Australia, Vol. 19-20 (1894-95).
Tellini A. Vita e Opere G. A. Picona 1897.
Torossi G. B. Varietà di Storia Naturale, 1895.
Trabucco G. Sulla vera età del calcare di Gassino, 1895.
Transaction of the Wagner Free Institute of Science, 1895.
Trautschold H. Vom Ufer des mittelländischen Meeres extrait du Bull. Soc. Impér. des Naturalistes de Moscou, 1895.
» Polarland und Tropenflora 1896.
United States Geolog. Surv. Bull. N. 100-121 (1892-94.
Upsala Bull. Geol. Inst, 1896.
Van Ertborn O. et Cogels P. Les puits artesiens de la station de Denderleeuw, 1886.
Verona. Memorie della Accad. di Verona, 1895-1896.
Vinassa De Regny P. E. Il Platycarcinus Sismandai (Rivista di Paleont.) 1896.
Wayland T. Vaughan Te Stratigr. Northwestern Louisiana (Amer. Géoiogist.) 1895.
Warman Bibliography index publ. Geol. surv. N. 100 (1893).
White The bear river formation (B. g. surv. U. St.) 1895.
Wigglesworth Clarke Report Work Done in the Division of Chemistry 1893.
Whitfield R. P. Memoirs of the American Museum of Nat. Hist. Vol. I, part II, 1895.
» Moll. au crust. mioc. form. New. Jersey (Geol. Surv.) 1894.
» Notice Descr. new spec. Phyllocaridae, 1896.
» Descr. new genus foss. brachiop. helderberg, 1896.
Winslow Disseminated ores of southeastern Miss. 1896.
Walcott The cambrian Rocks Pennsylvania 1896.
» Sixteenth Ann. Report U. St. Geol. surv. part 1, p. 598-735 (1894-95).
Part 2, p. 598 (1895).
Part 3, p. , (1895).

TAV I.

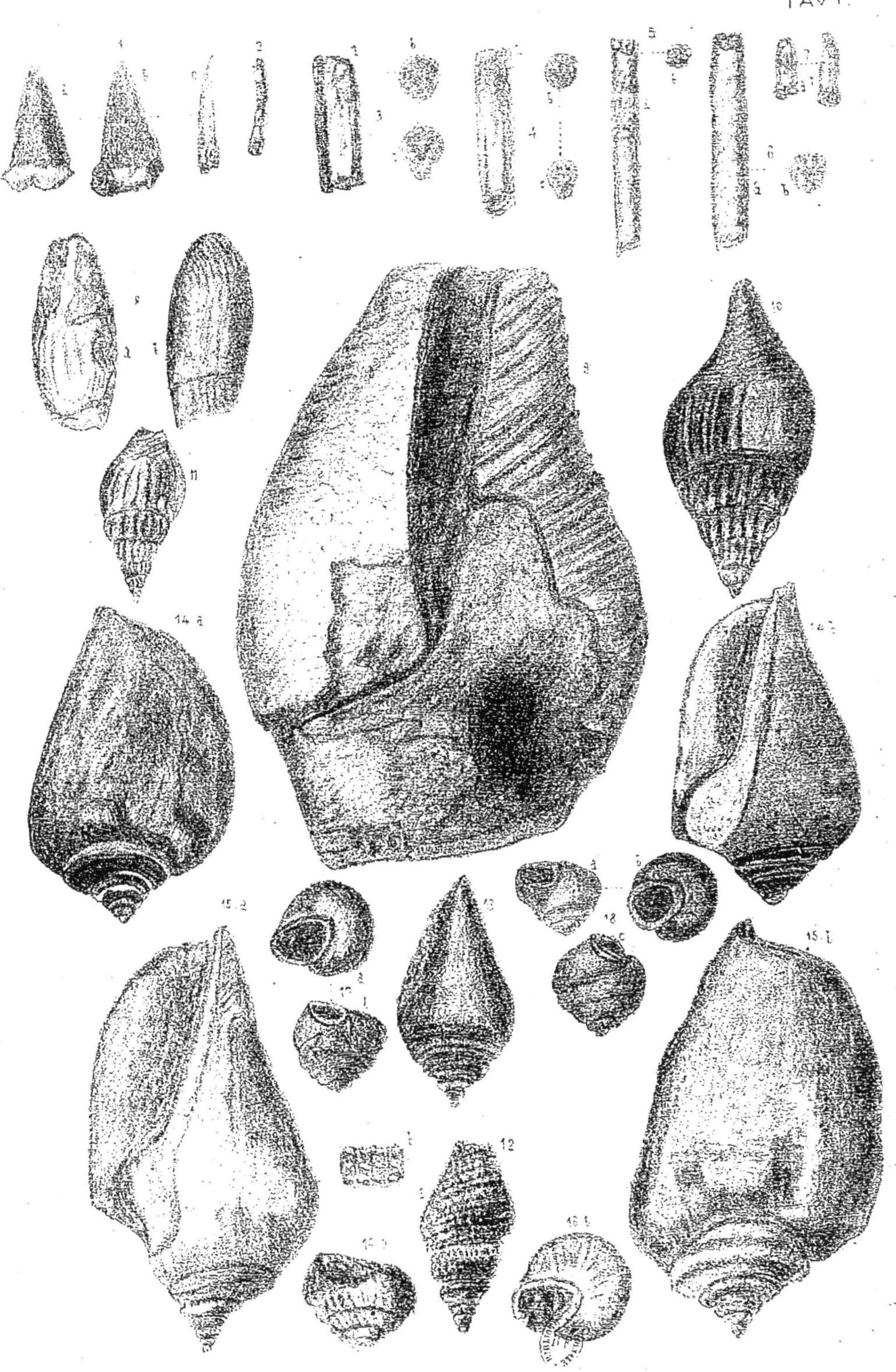

TAV. II.

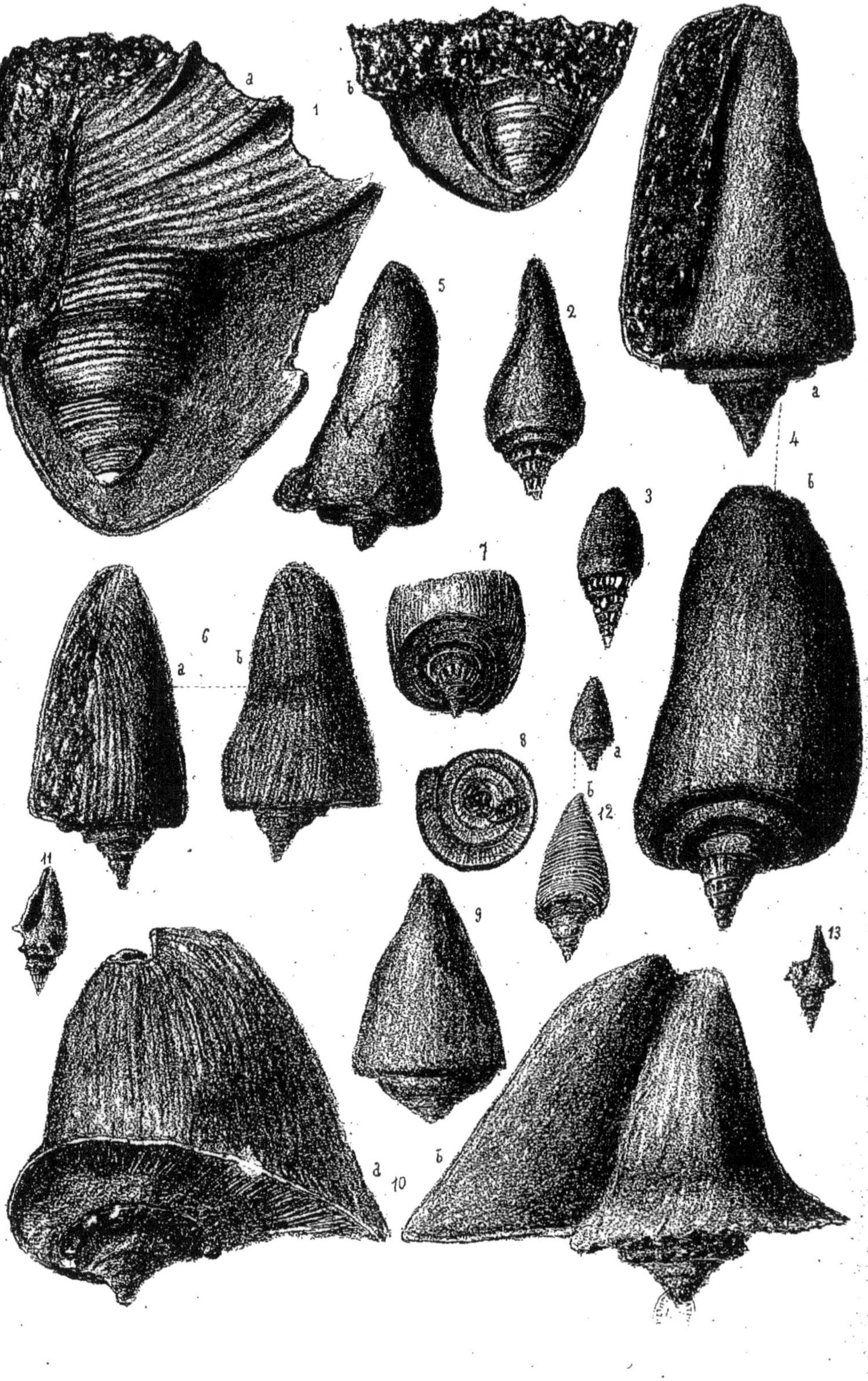

TAV. III

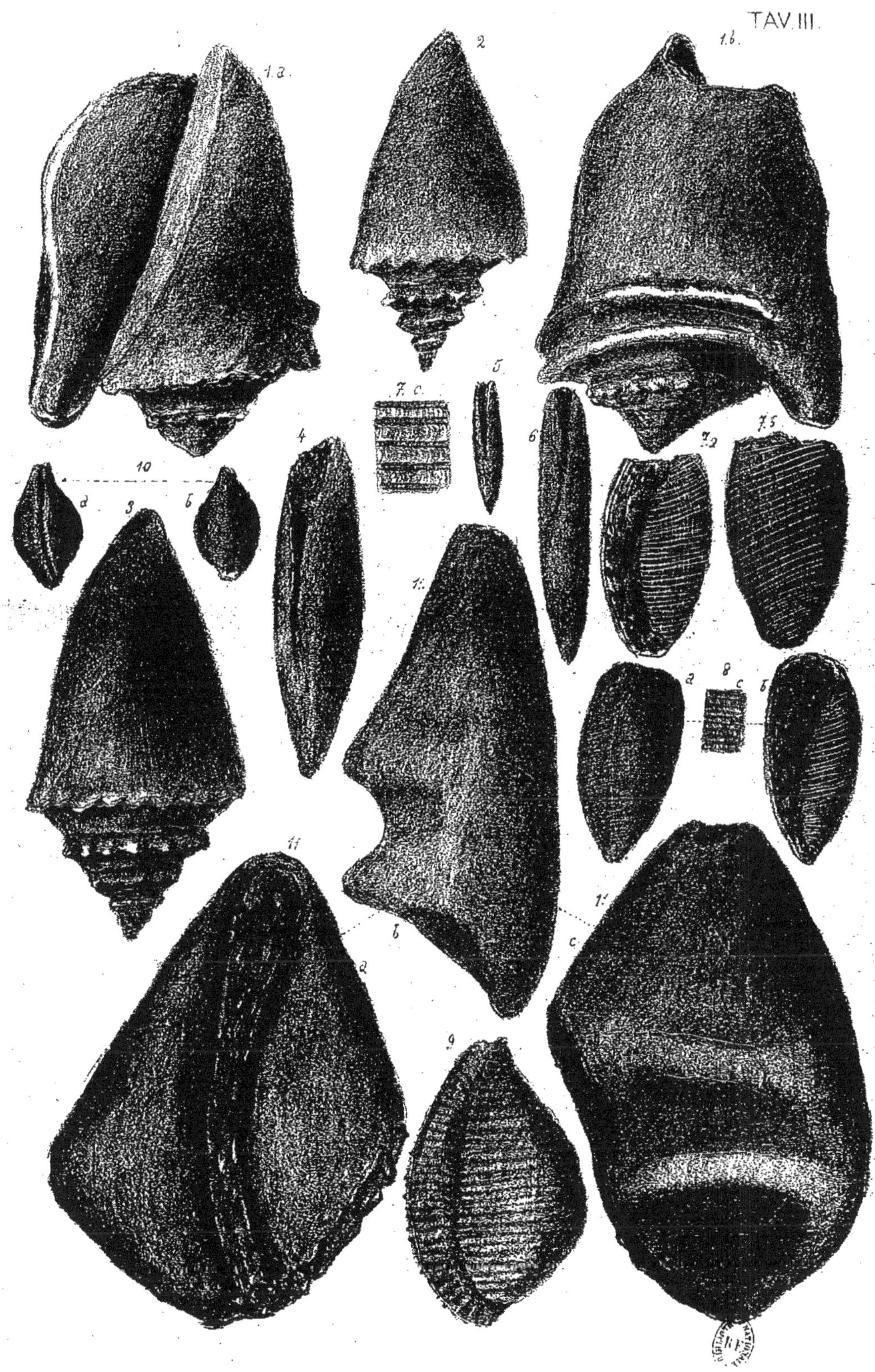

TAV. IV.

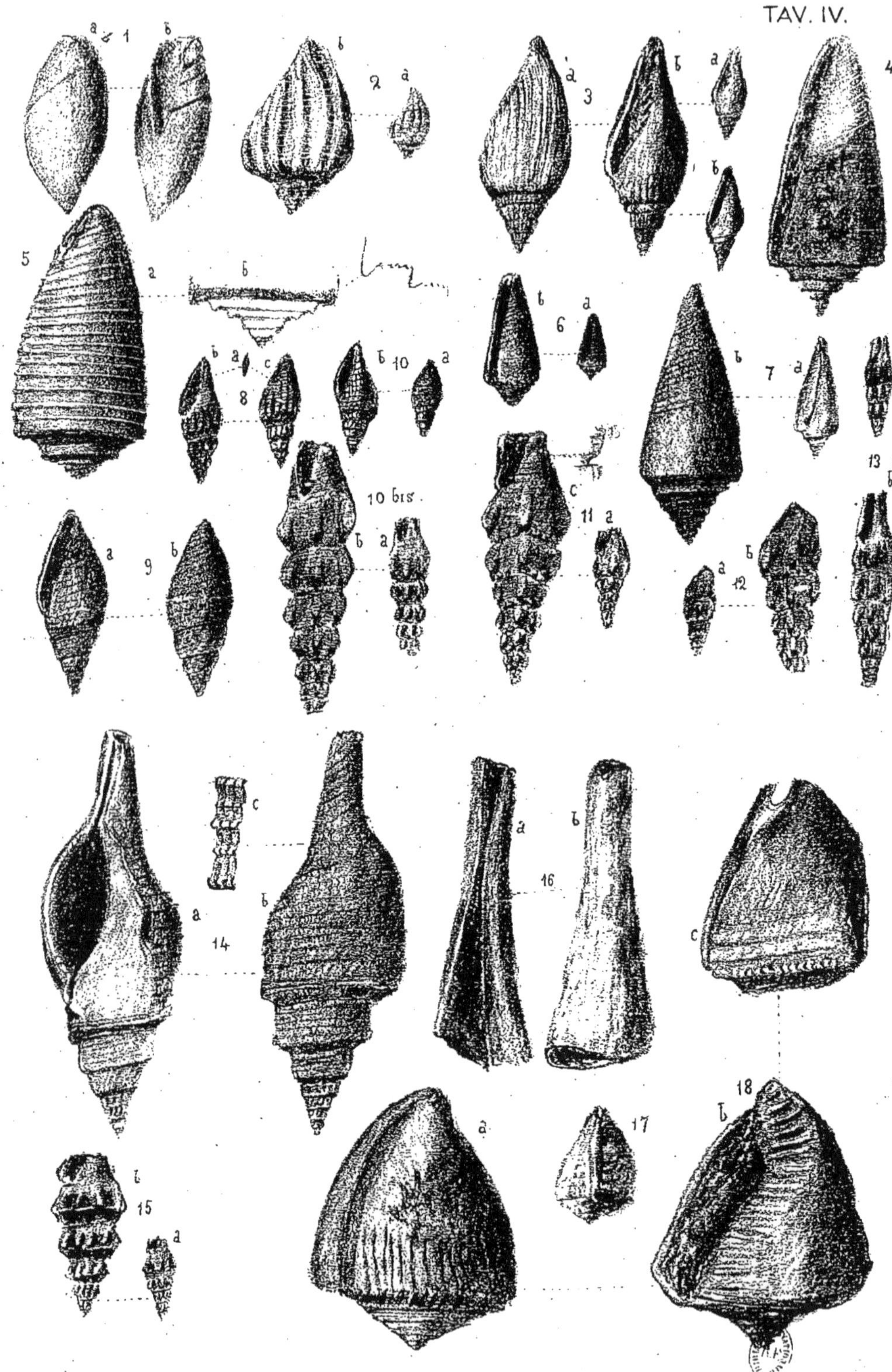

TAV. V.

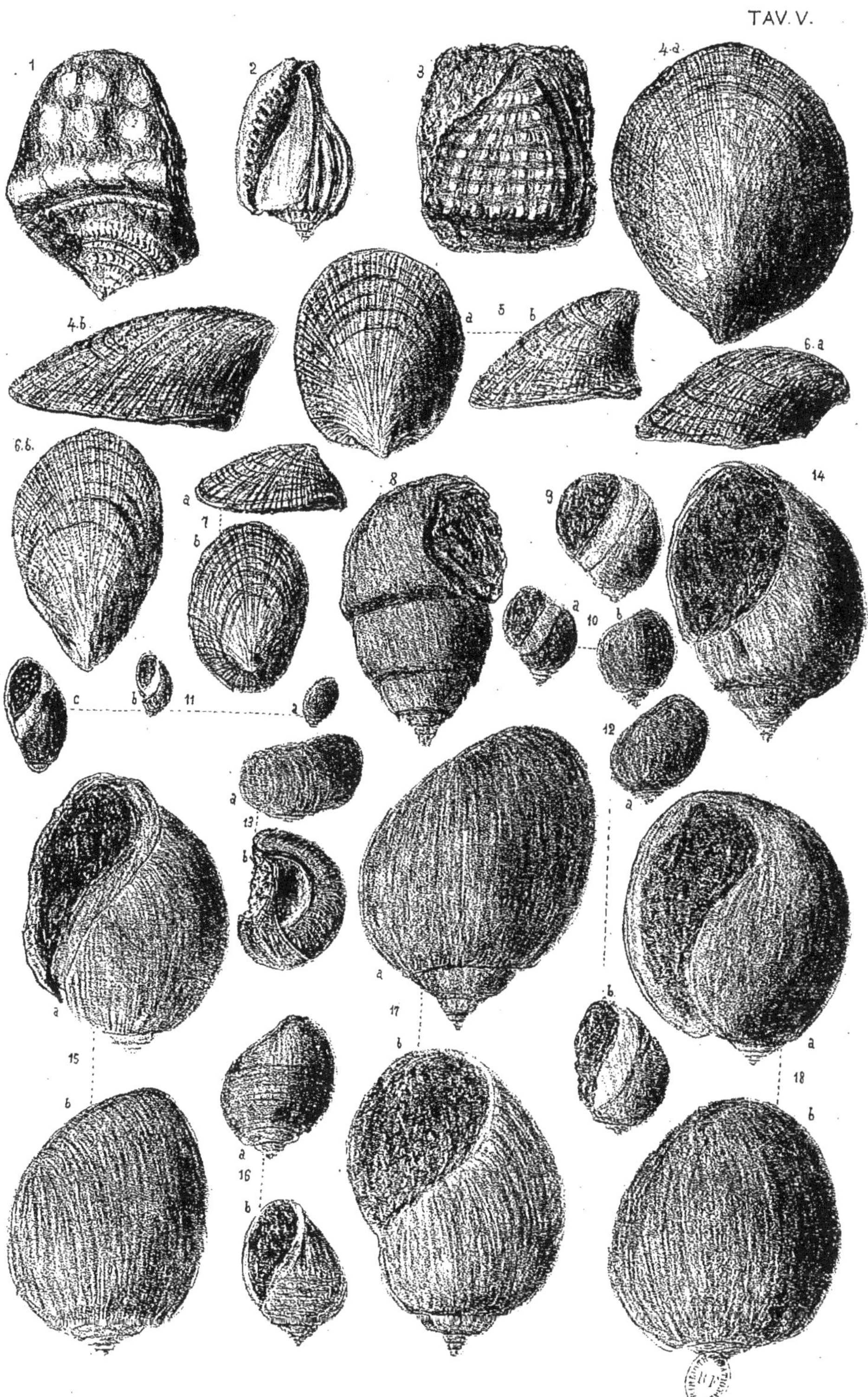

TAV. VI

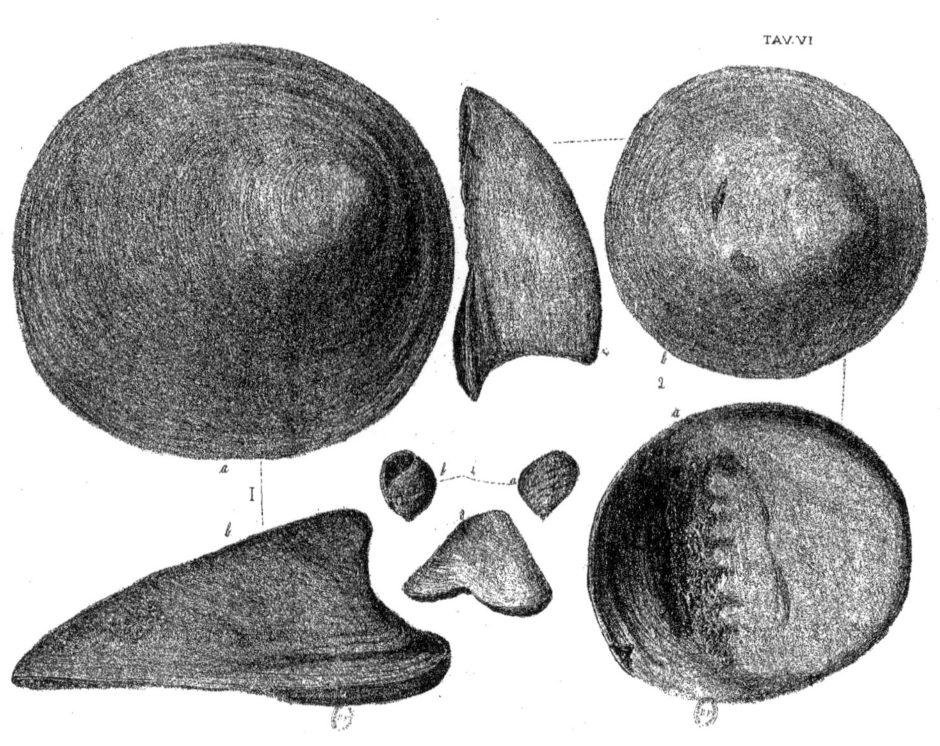

TAV. VII

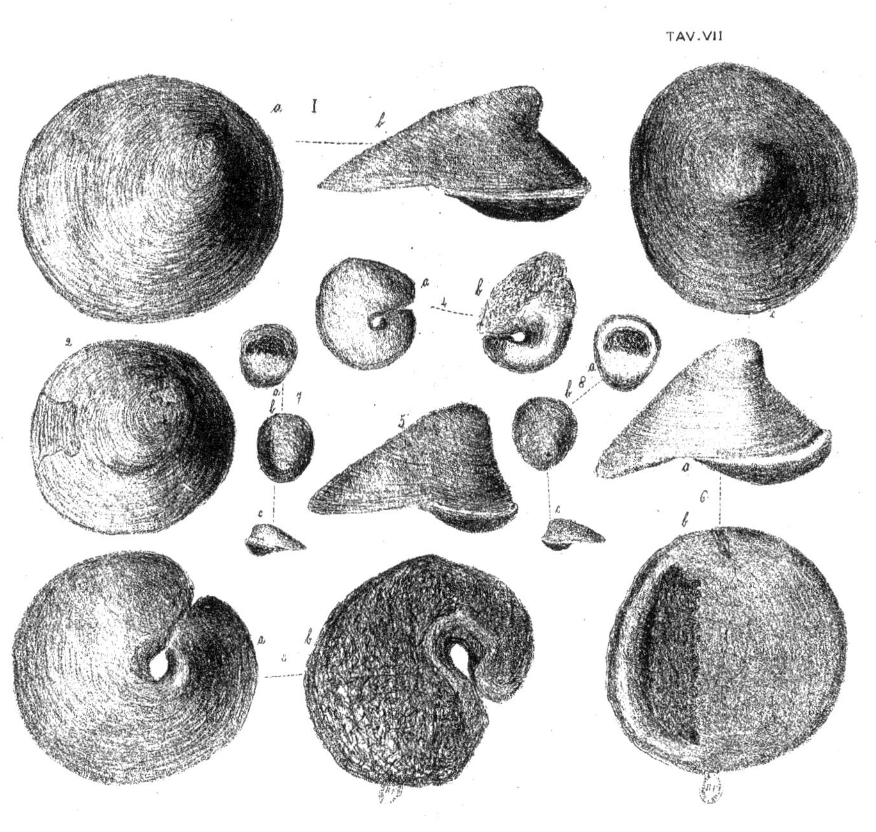

TAV. VIII

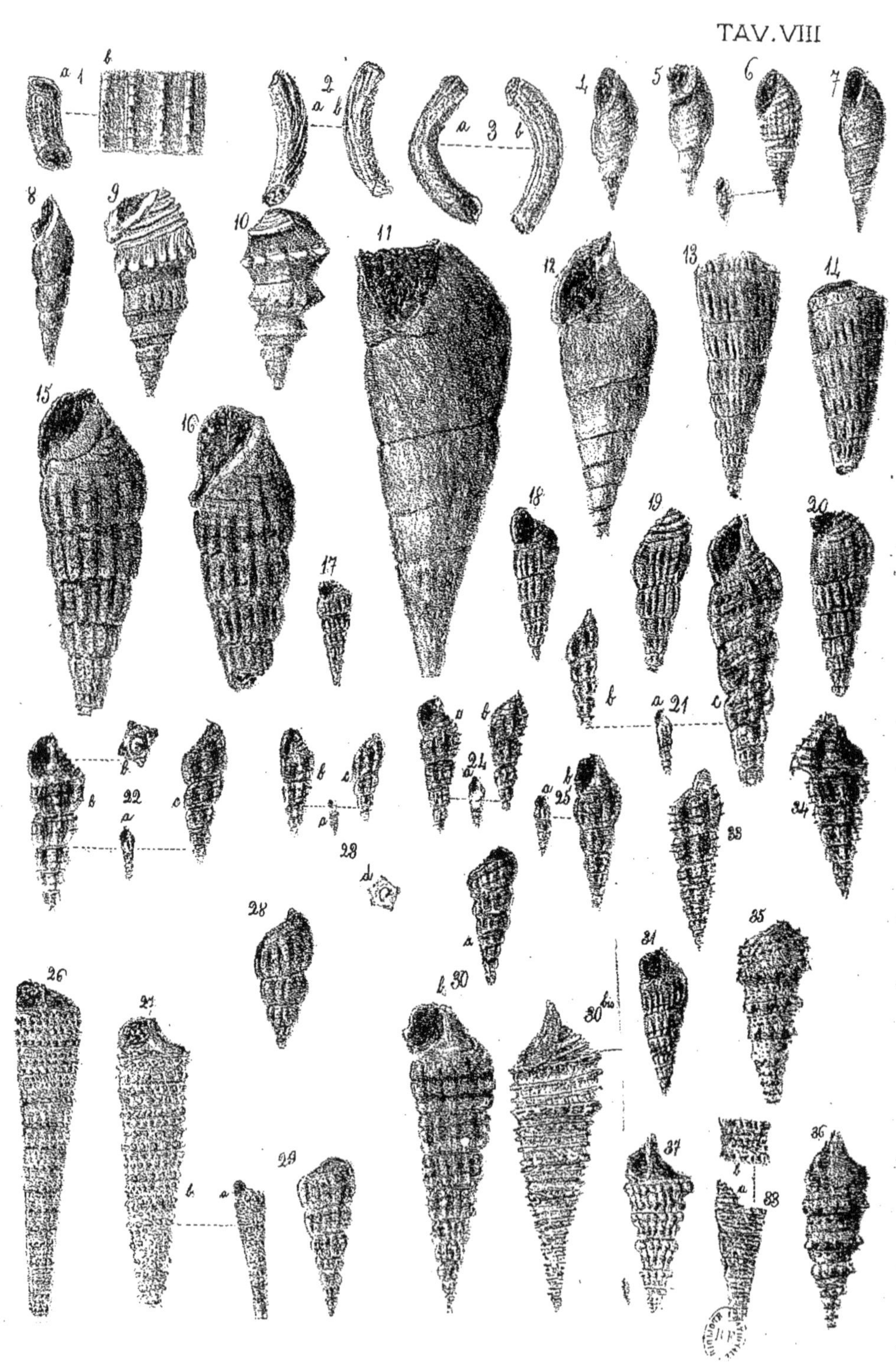

TAV IX

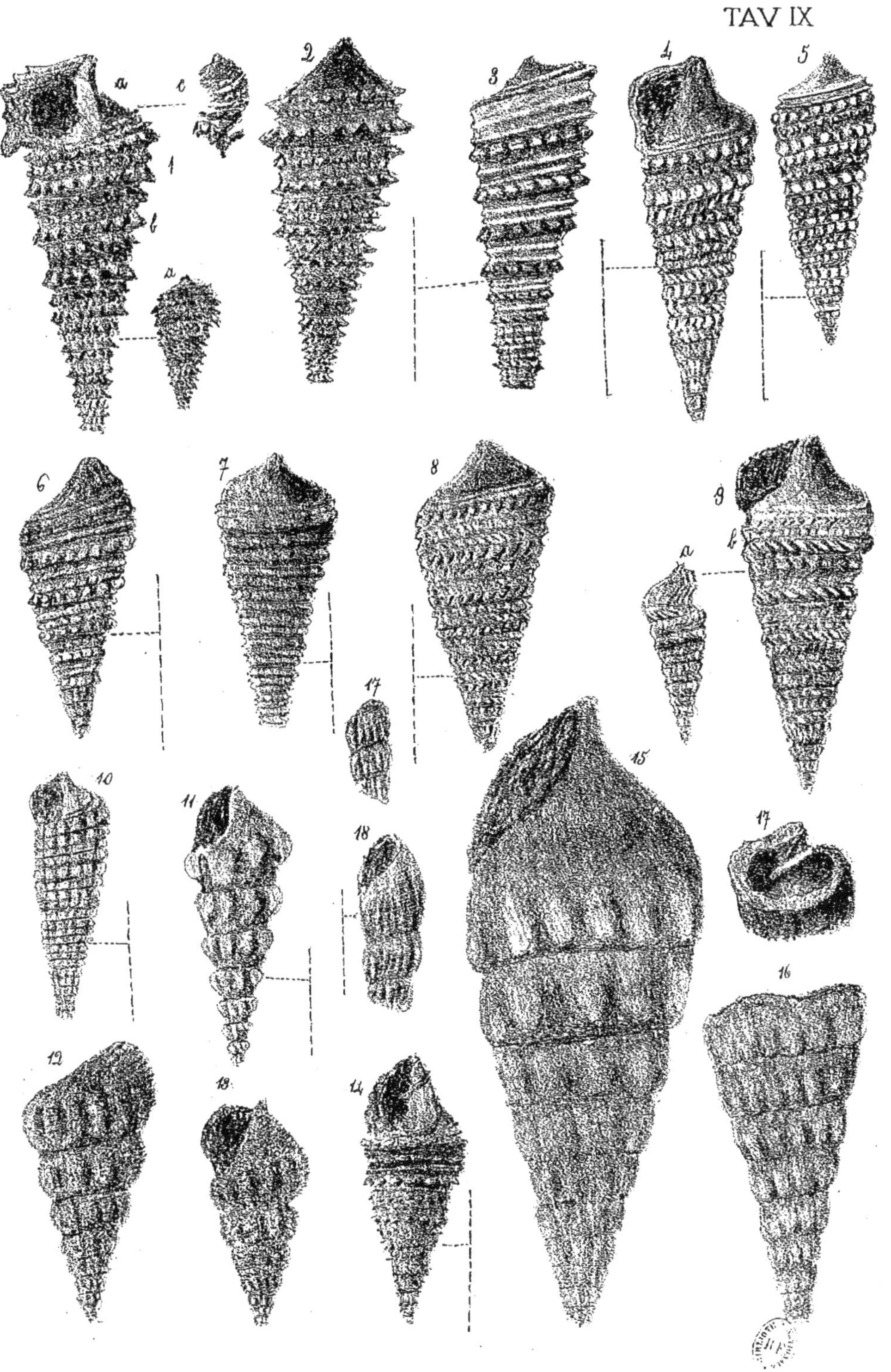

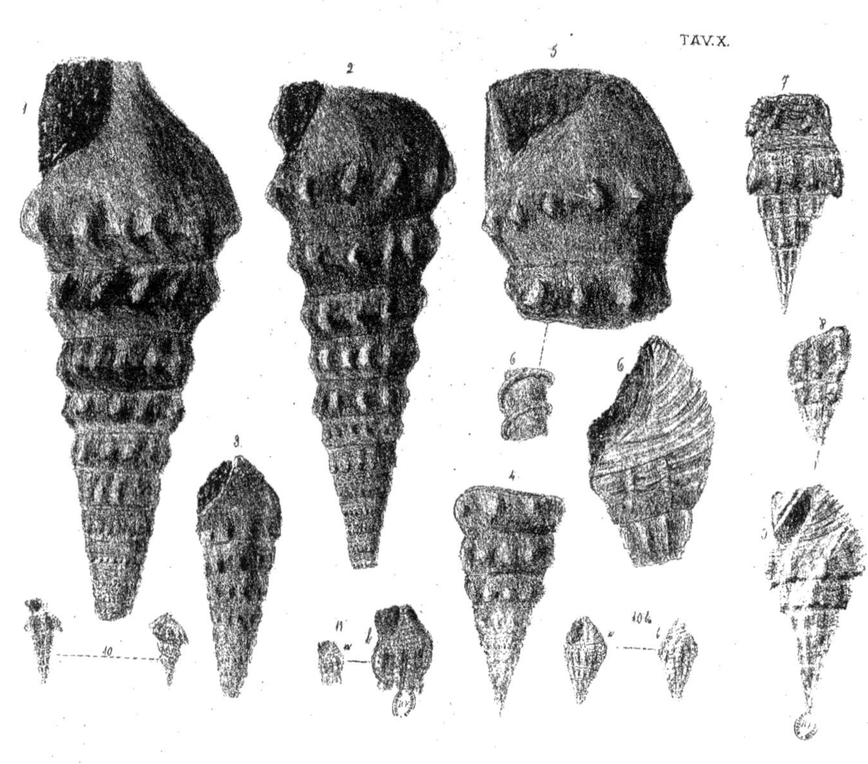
TAV.X.

TAV. XI

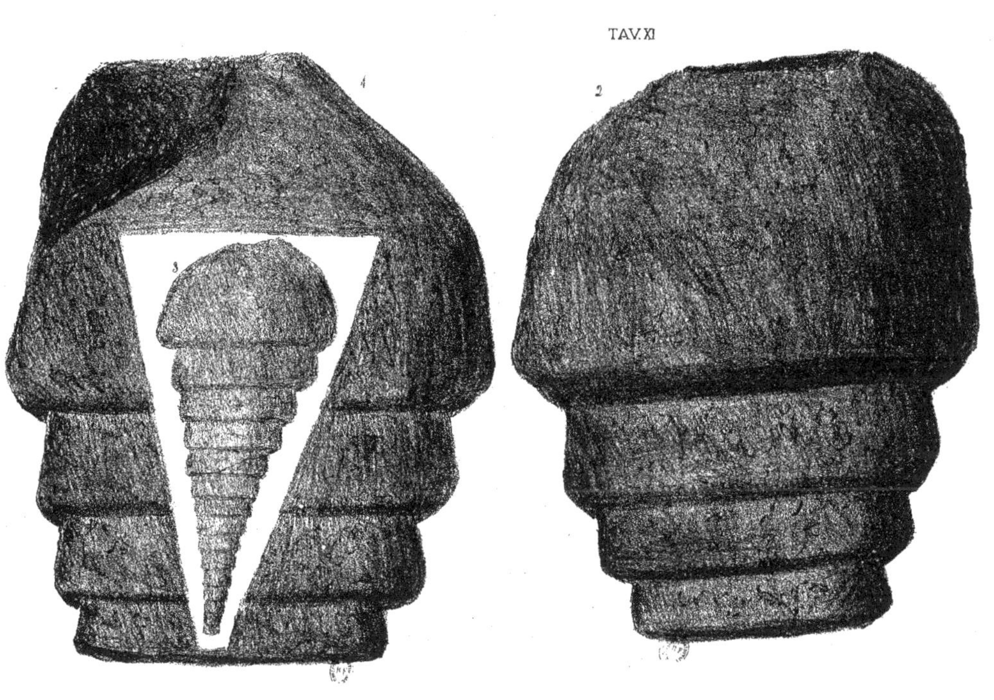

TAV. XII

TAV XIII

TAV. XIV.

TAV. XV.

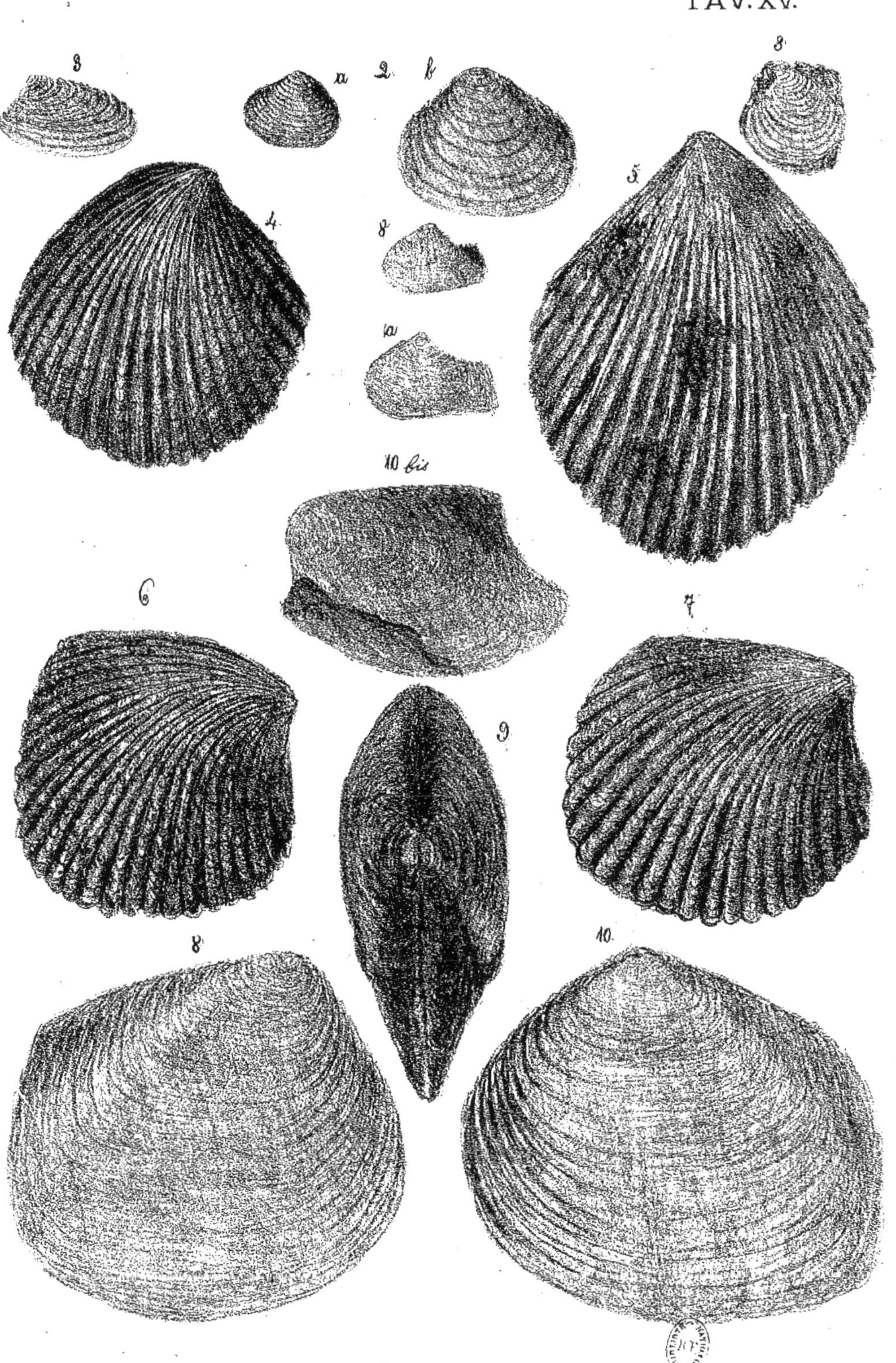

TAV XVI

TAV XVII

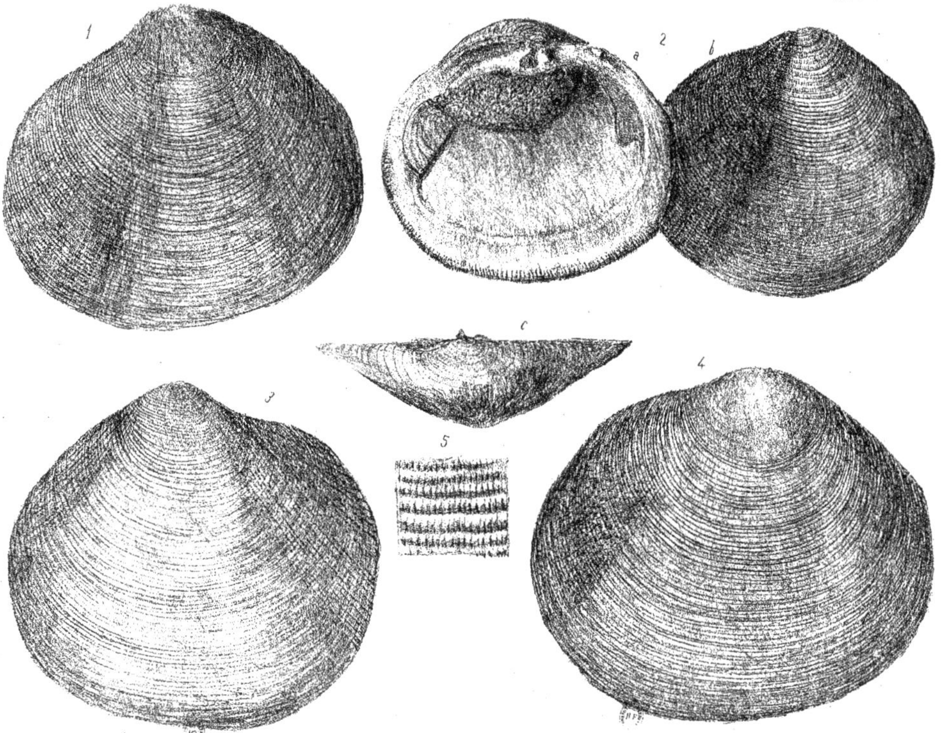

1

2

a

b

c

3

4

5

TAV. XVIII.

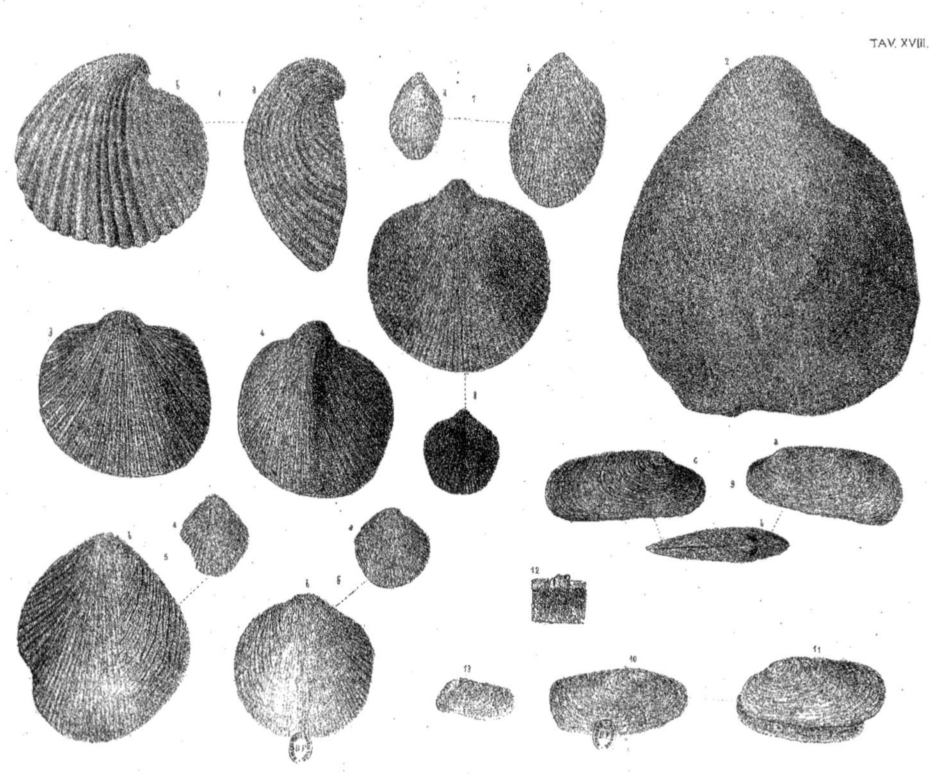

TAV. XIX.

TAV. XX.

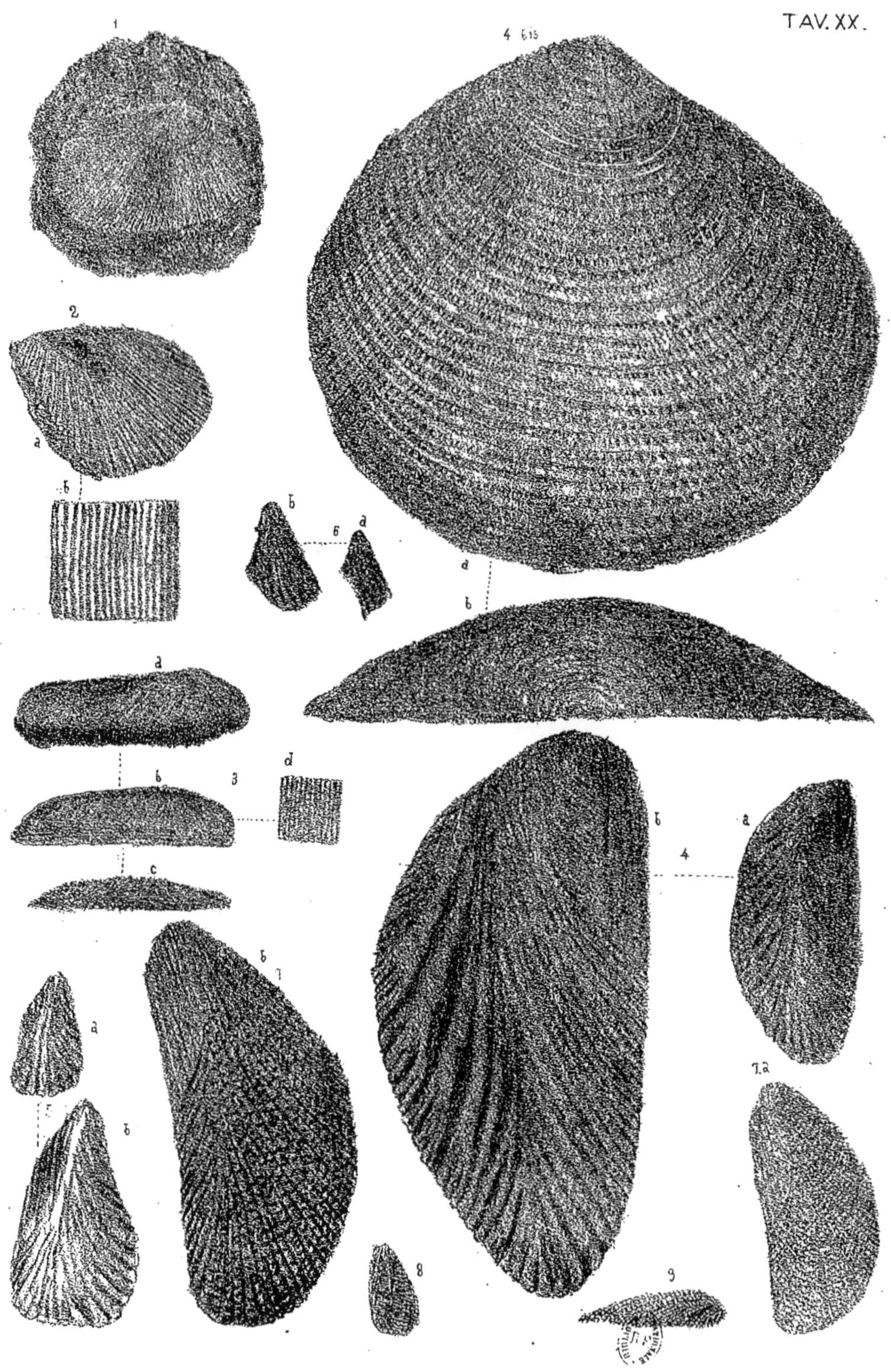

TAV. XXI.

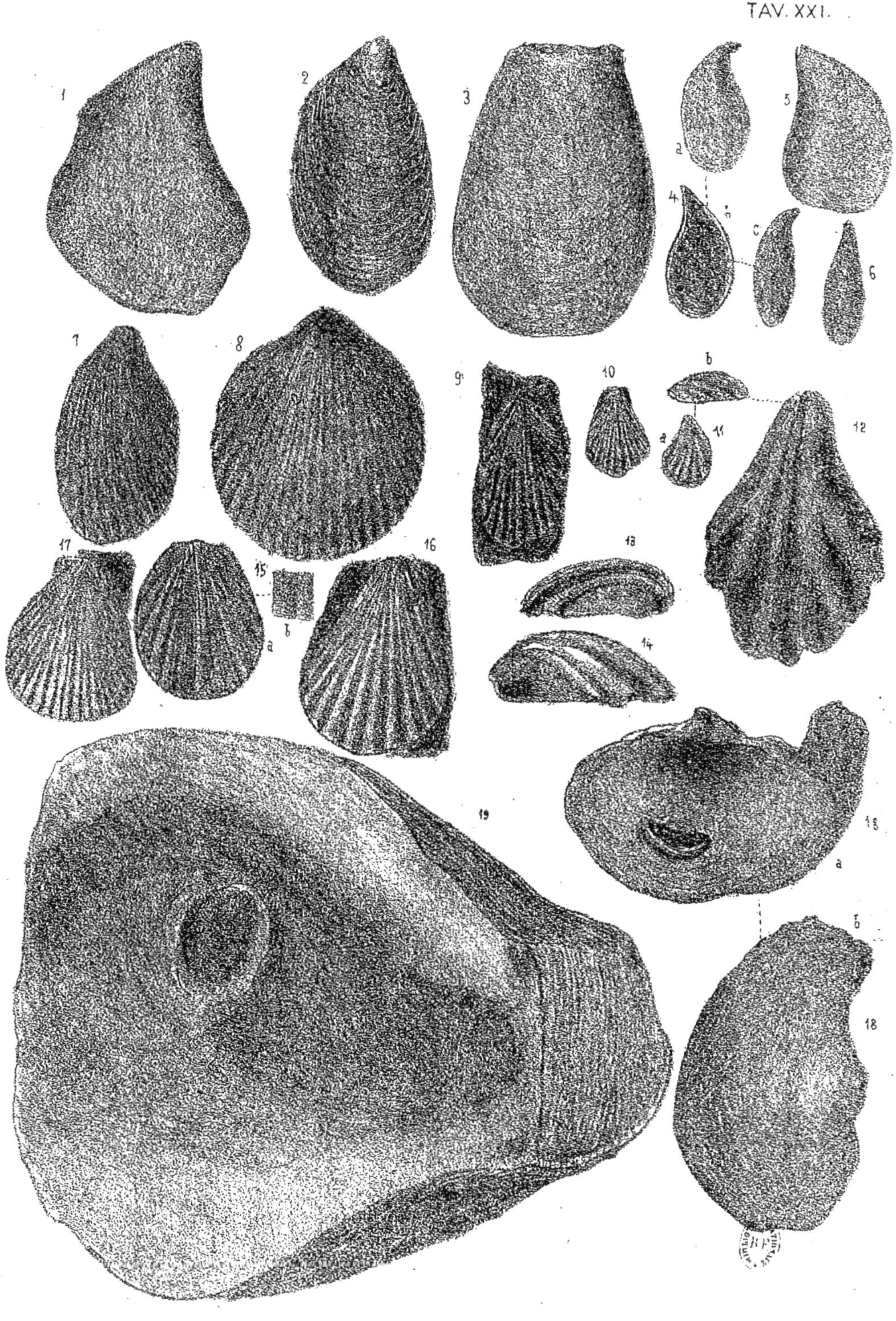

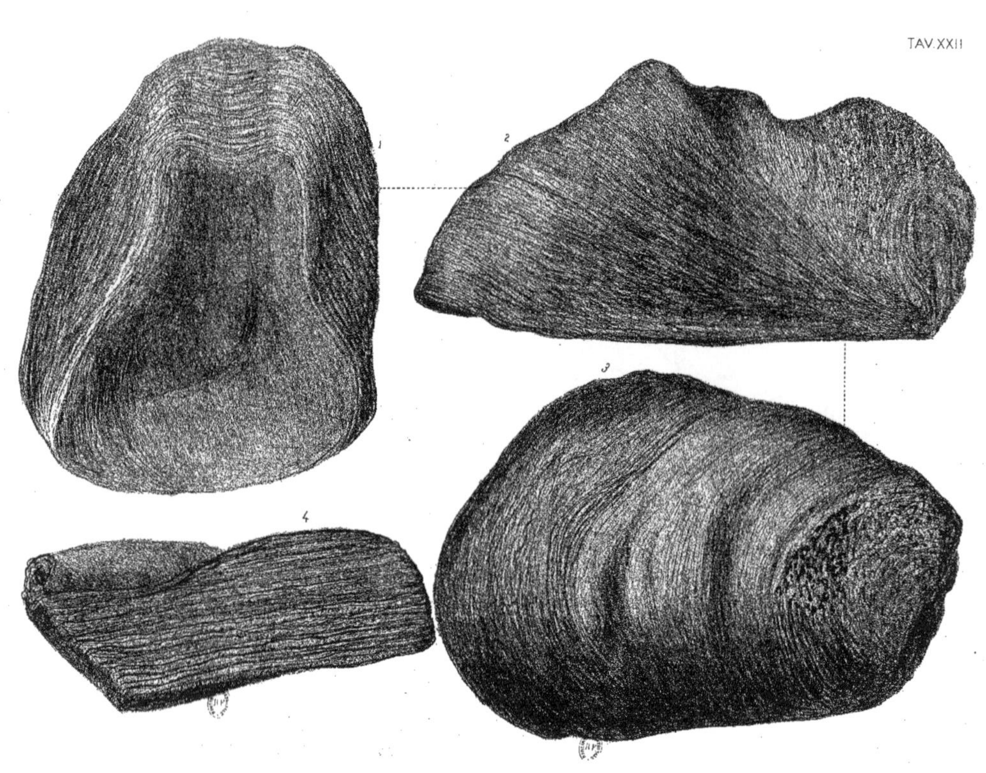
1
2
3
4

TAV. XXIII.

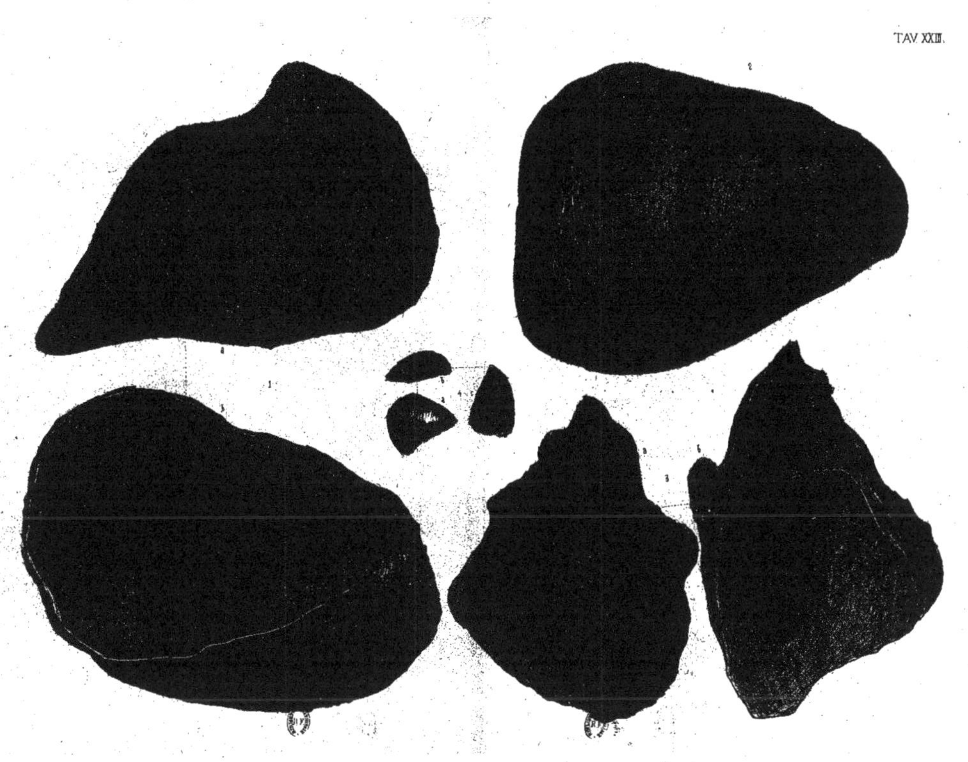

TAV. XXIV.

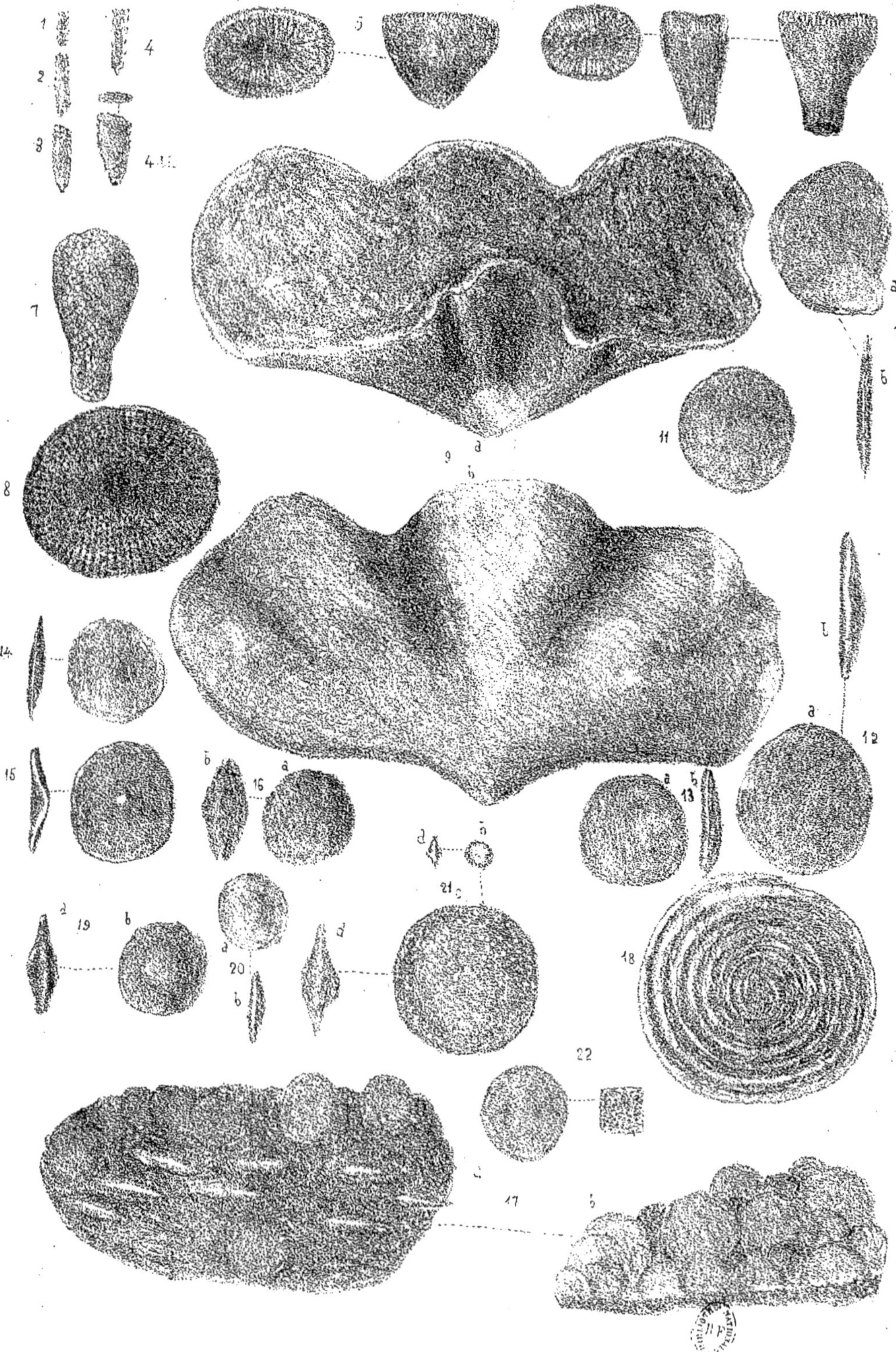

TAV XXV

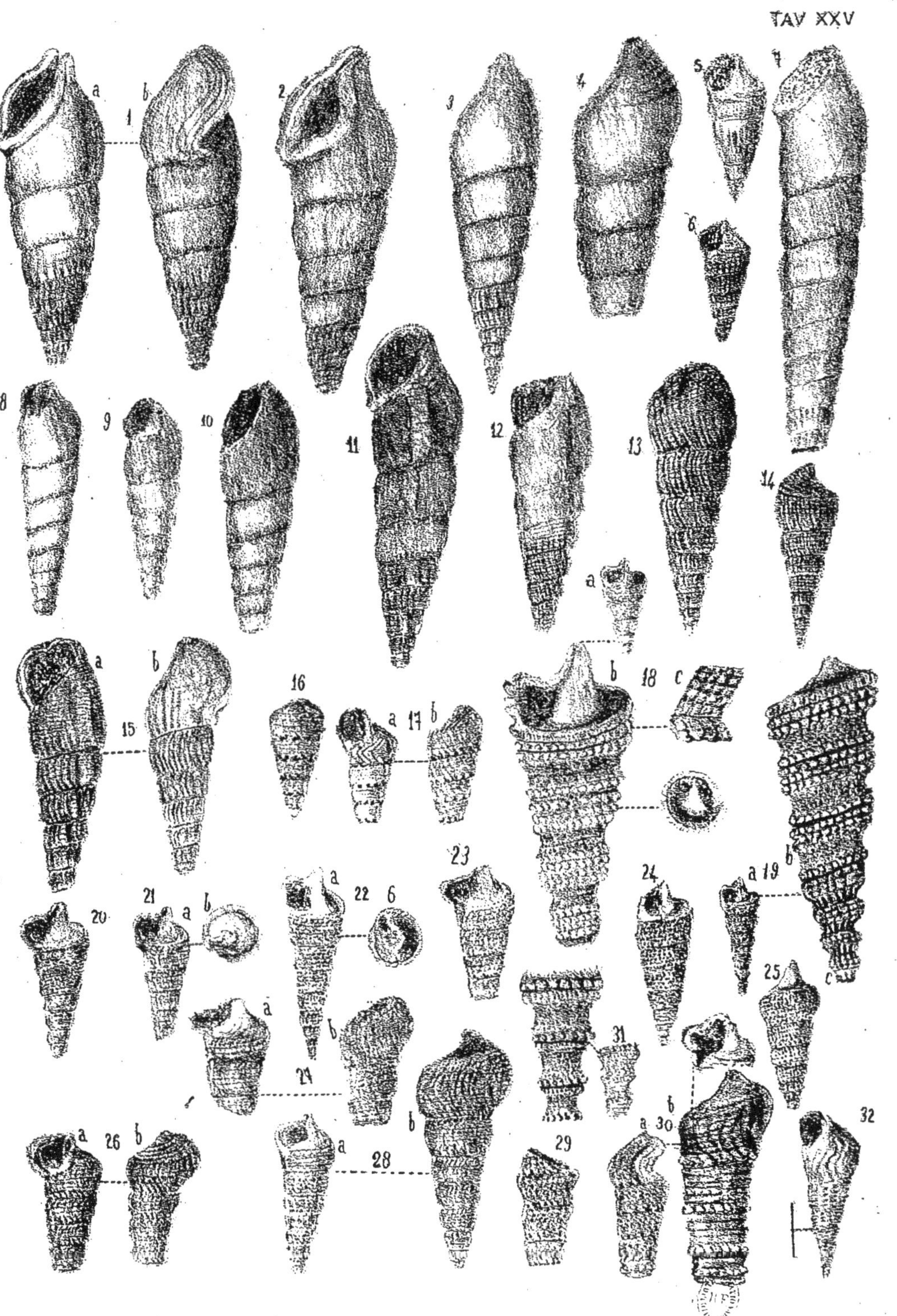

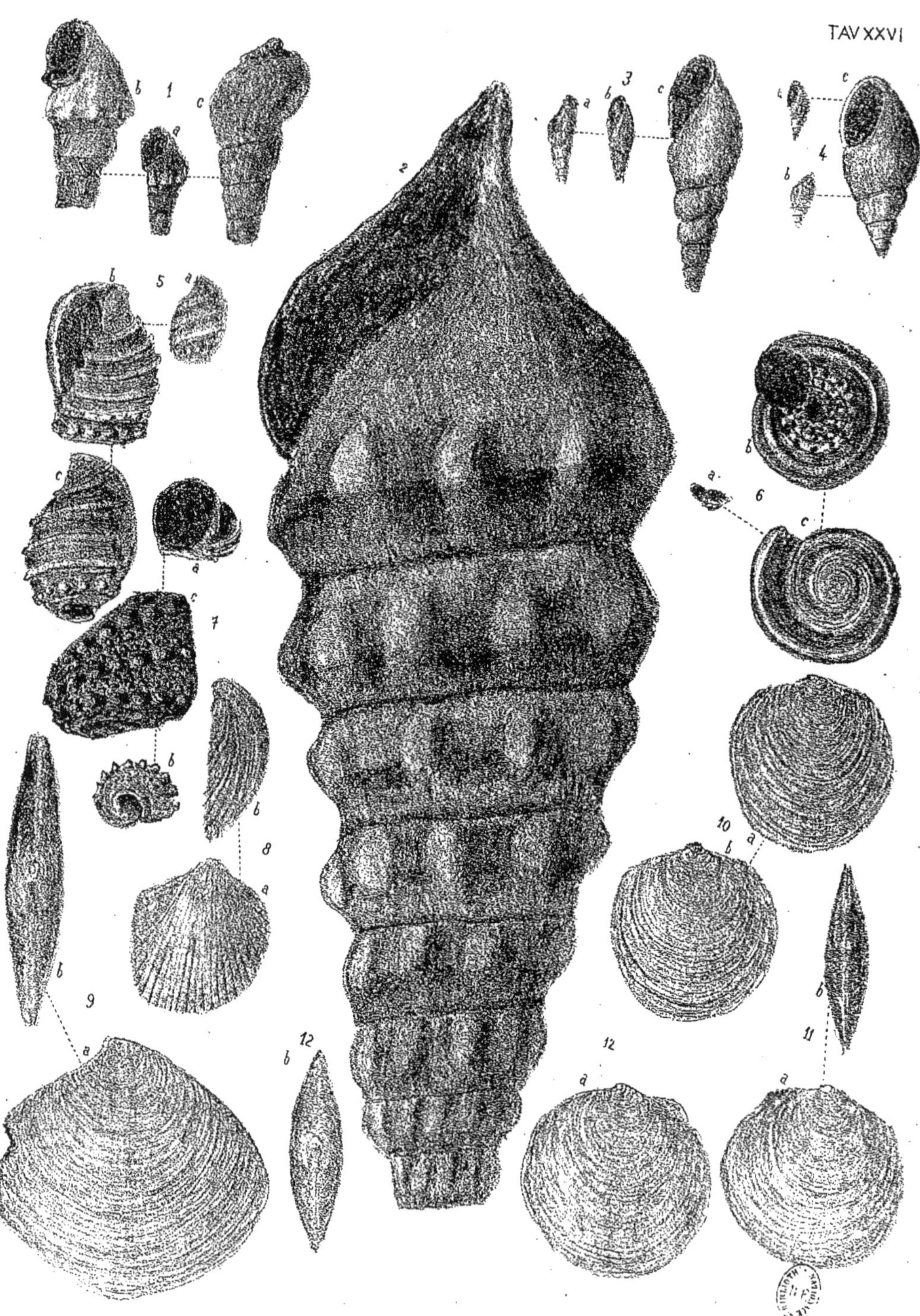
TAV XXVI

TAV. XXVII

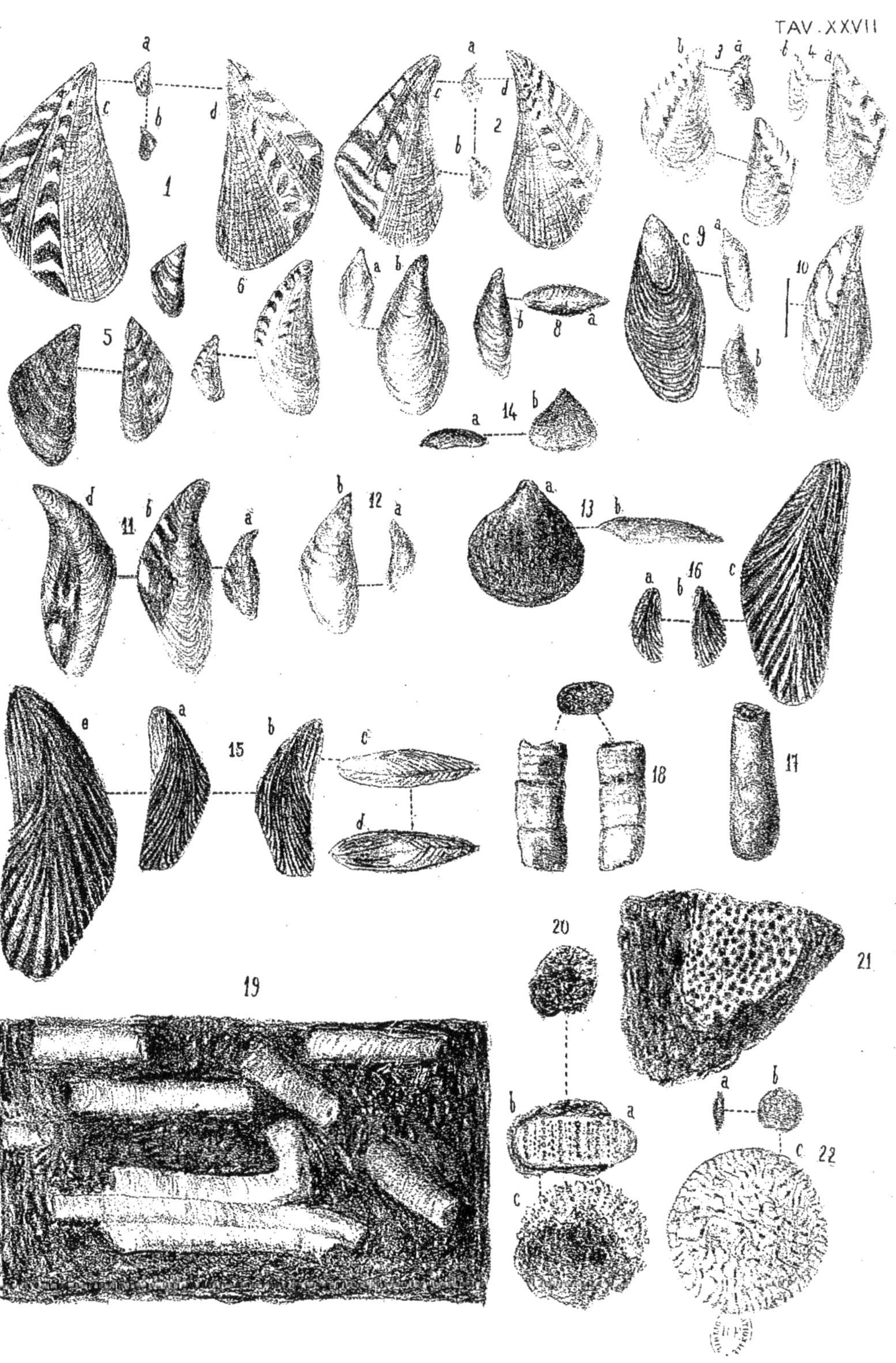

Les Annales de Géologie et de Paleontologie paraissent par livraisons à intervalles pendant l'année. Le prix de chaque livraison dépend du nombre des planches.

Pour les souscripteurs il est de 3 fr. à planche, c'est à dire qu'une livraison, qui aura 2 pl. coûtera 6 fr., si elle aura 3 pl. coûtera 9 fr. et ainsi de suite. — Si la livraison ne contiendra aucune planche, son prix sera de 1 fr. chaque 8 pages.

Pour les non souscripteurs le prix de chaque livraison est de 4 fr. à 6 fr. à planche, selon l'importance de la livraison. Si la livraison ne contiendra aucune planche, son prix sera de 2 fr. chaque 8 pages.

Une fois par an sera publié un bulletin où seront annoncés tous les ouvrages envoyés au directeur (à Palerme, Rue Molo) et il sera délivré gratis aux donateurs.

Les planches seront exécutées toujours avec grand soin et tirées sur de très-beau papier in 4.° S'il y en aura in folio (c'est a dire doubles) le prix sera proportionnément doublé.

---

Depuis le 1er Janvier 1886 jusqu'à Novembre 1896 vingt-et-un livraisons ont été publiées:

1. Monographie des fossiles du sous-horizon ghelpin De Greg., avec 5 pl.
   Prix: 15 fr. pour les abonnés, 20 fr. pour le public.
2. Monographie des fossiles du sous-horizon grappin De Greg., avec 6 pl.
   Prix: 18 fr. pour les abonnés, 25 fr. pour le public.
3. Nouveaux fossiles des « Stramberg Schicthten » de Roveré di Velo, avec 1 pl. in folio.
   Prix: 6 fr. pour les abonnés, 10 fr. pour le public.
4. Essai paléontologique à propos de certains fossiles da la contrée Casale-Ciciù, avec 1 pl.
   Prix: 3 fr. pour les abonnés, 5 fr. pour le public.
5. Monographie des fossiles de S. Vigilio du sous-horizon De Greg., avec 14 pl.
   Prix: 42 fr. pour les abonnés, 60 fr. pour le public.
6. Iconografia Conchiologia Mediterranea gen. Scalaria, avec 1 pl.
   Prix: 3 fr. pour les abonnés, 5 fr. pour le public.
7. Monographie de la Faune éocénique de l'Alabama. — 1re Partie. — Pag. 15-16, pl. 1-17.
   Prix: 51 fr. pour les abonnés, 68 fr. pour le public.
8. Idem 2me Partie. — Pag. 157-316, pl. 18-46.
   Prix: 87 fr. pour les abonnés, 116 pour le public.
9. Iconografia Conchiologia Mediterranea gen. Fissurella, Emarginula, Rimula avec 3 pl.
   Prix: 9 fr. pour les abonnés, 12 fr. pour le public.
10. Description de certains fossiles extramarins du Vicentin avec 2 pl.
    Prix: 6 fr. pour les abonné, 8 fr. pour le public.
11. Iconografia Conchiologia Medit. viv. e terziaria, Muricidae 1re Partie, Tritoninae 1re Partie, avec 5 pl.
    Prix: 15 fr. pour les abonnés, 20 fr. pour le public.
12. Notes complémentaires Faune Alabama avec 2 pl.
    Prix: 6 fr. pour les abonnés, 8 fr. pour le public.
13. Description des faunes tert. Vénétie: Fossiles des environs de Bassano avec 5 pl.
    Prix: 15 fr. pour les abonnés, 20 fr. pour le public.
14. Description des faunes ter. Vénétie: Monogr. foss. éoc. Mt Postale avec 9 pl.
    Prix: 27 fr. pour les abonnés, 36 fr. pour le public.
15. Description de quelques ossements des cavernes des environs de Cornedo et Valdagno dans le Vicentin avec 3 pl.
    Prix: 9 fr. pour les abonnés, 12 fr. pour le public.
16. Appunti zoolog. e paleont. sull'isola di Levanzo (Conch. terrestr. viv. e foss. e avanzi paletnolog.) avec 1 pl.
    Prix: 3 fr. pour les abonnés, 5 fr. pour le public.
17. Note sur un astéride et un cirripède du postplioc. de Sicile des genres Astrogonium et Coronula avec 1 pl.
    Prix: 3 fr. pour les abonnés, 5 fr. pour le public.
18. Description des faunes tertiaires de la Vénétie. Note sur certains crustacés (brachiures) éocénique avec 6 pl.
    Prix: 18 fr. pour les abonnés, 24 fr. pour le public.
19. Description de quelques fossiles tertiaires de Malte surtout miocènes avec 4 pl.
    Prix: 12 fr. pour les abonnés, 20 fr. pour le public.
20. Descr. des faun. tert. de la Vénétie: Foss. de Lavacille (des assises de S. Gonini à Conus diversiformis Desh.) avec 2 pl.
    Prix: 6 fr. pour les abonnés, 10 fr. pour le public.
21. Descr. des faunes tert. de la Vénétie. Monografia della auna eocenica di Roncà avec 27 pl.
    Prix: 81 fr. pour les abonnés, 95 fr. pour public.

www.ingramcontent.com/pod-product-compliance
Ingram Content Group UK Ltd.
Pitfield, Milton Keynes, MK11 3LW, UK
UKHW021052230726
13926UKWH00004B/1809